単体の性状 注2

	気体
	液体
	固体（融点500℃以下）
	固体（融点500℃以上）
	未確定

注2 固体の状態は，常温・常圧におけるふつうの結晶型の場合を示す。リンには黄リンと赤リンとが存在するが，ここでは黄リンの場合を示す。なお，100～118番元素は，いずれも放射性の人工元素で，寿命が短いため正確なデータが得られていない。

陰性・非金属性 → 大

陰性・非金属性 ↑

10	11	12	13	14	15	16	17	18
								2 He ヘリウム 4.003
			5 B ホウ素 10.81	6 C 炭素 12.01	7 N 窒素 14.01	8 O 酸素 16.00	9 F フッ素 19.00	10 Ne ネオン 20.18
			13 Al アルミニウム 26.98	14 Si ケイ素 28.09	15 P リン 30.97	16 S 硫黄 32.07	17 Cl 塩素 35.45	18 Ar アルゴン 39.95
28 Ni ニッケル 58.69	29 Cu 銅 63.55	30 Zn 亜鉛 65.38	31 Ga ガリウム 69.72	32 Ge ゲルマニウム 72.63	33 As ヒ素 74.92	34 Se セレン 78.97	35 Br 臭素 79.90	36 Kr クリプトン 83.80
46 Pd パラジウム 106.4	47 Ag 銀 107.9	48 Cd カドミウム 112.4	49 In インジウム 114.8	50 Sn スズ 118.7	51 Sb アンチモン 121.8	52 Te テルル 127.6	53 I ヨウ素 126.9	54 Xe キセノン 131.3
78 Pt 白金 195.1	79 Au 金 197.0	80 Hg 水銀 200.6	81 Tl タリウム 204.4	82 Pb 鉛 207.2	83 Bi ビスマス 209.0	84 Po ポロニウム (210)	85 At アスタチン (210)	86 Rn ラドン (222)
110 Ds ダームスタチウム (281)	111 Rg レントゲニウム (280)	112 Cn コペルニシウム (285)	113 Nh ニホニウム (278)	114 Fl フレロビウム (289)	115 Mc モスコビウム (289)	116 Lv リバモリウム (293)	117 Ts テネシン (293)	118 Og オガネソン (294)
			典型元素					
			3	4	5	6	7	0
							ハロゲン	貴ガス

64 Gd ガドリニウム 157.3	65 Tb テルビウム 158.9	66 Dy ジスプロシウム 162.5	67 Ho ホルミウム 164.9	68 Er エルビウム 167.3	69 Tm ツリウム 168.9	70 Yb イッテルビウム 173.0	71 Lu ルテチウム 175.0
96 Cm キュリウム (247)	97 Bk バークリウム (247)	98 Cf カリホルニウム (252)	99 Es アインスタイニウム (252)	100 Fm フェルミウム (257)	101 Md メンデレビウム (258)	102 No ノーベリウム (259)	103 Lr ローレンシウム (262)

遷移元素

本書の特徴と使い方

本書は，大学入学共通テストの対策を目的とした問題集です。大学入学共通テストは，「知識の理解の質を問う問題」や「思考力・判断力・表現力を発揮して解く問題」を中心に作成されています。このような問題に対応するためには，きちんとした知識の習得と，それを活用する問題演習が重要となります。そのうえで，学習しやすいように「問題タイプ別」に編集しました。自分の弱いタイプの問題が攻略できるように工夫してあります。

使いやすい「問題タイプ別」の構成で，短期完成にも最適。

○知識の確認

表や図などを用いて重要事項をまとめました。さらにその内容を空欄補充して，記憶に定着するようにしました。

↓

○計算問題対策／**実験・グラフ問題**対策／**思考問題**対策

- 計算問題の解き方をていねいに説明しました。別解も取りあげ，いろいろなアプローチを試みることでより確かな計算力が身につくように配慮しました。
- 実験問題を解くときのポイント，必要な知識をまとめました。また，グラフ問題については，具体例を示しながら解き方のコツを解説しました。
- 長文問題やデータ分析問題を中心に取りあげました。問題文の読みとり方に重点を置いて説明しました。

↓

○模擬問題

巻末に２回分の模擬問題を収録しました。大学入学共通テストに近い形式で問題作成を行っています。実力を確実なものにするため，あるいは，最後のチェックとして利用してください。

※問題の項目の横に解答時間の目安，右端にセンター試験，共通テストの出題年度を示しました。

別冊解答は２色刷りで，ていねいな解説。内容が理解しやすい。

▶攻略のPoint	解法の方針を示しました。
まとめ	問題を解くうえでのポイントを示しました。
注意！	間違えやすい箇所をまとめました。

大学入学共通テスト「化学基礎」の分析と対策

最新の大学入学共通テスト「化学基礎」の分析を右記の Web ページに掲載しました。入試傾向の把握とその対策にご活用ください。

問題タイプ別

大学入学共通テスト対策問題集 化学基礎 Chemistry

実教出版

目次 | contents

裏表紙のQRコードより，右記のコンテンツをご覧いただけます。

①問題（Microsoft Forms）
②解答（pdf）
③POINT（第1編）の解説動画
④思考問題（第4編）の解説動画

1―1　原子の構造と電子配置

1 ●―物質の種類と元素

point!

- 物質
  - 純物質
    - 単体 …………1種類の元素だけからできている物質　(例)O_2，H_2，Cu
    - 化合物 ………2種類以上の元素からできている物質　(例)H_2O，NaCl
  - 混合物 ……………………2種類以上の純物質を含む　(例)空気，食塩水

1　混合物は2種類以上の純物質が混ざり合ったもの。例えば，空気は約80％の窒素と約20％の①＿＿＿＿が混ざり合っている。混合物から純物質を取り出すための方法には，沸点の差を利用した②＿＿＿＿や，溶解度の差を利用した③＿＿＿＿，液体に溶けない固体を分離する場合の④＿＿＿＿などがある。

2　単体と化合物は，化学式を書いてみると区別がつく。例えば，単体の酸素，水素，銅の化学式は⑤＿＿＿＿，⑥＿＿＿＿，⑦＿＿＿＿であり，1種類の元素で構成されている。一方，化合物の化学式は，塩化ナトリウムが⑧＿＿＿＿，水が⑨＿＿＿＿であり，2種類以上の元素から構成されている。このように化学式を見れば，単体か化合物かを判断することができる。

3　同じ元素の単体で，性質の異なるものを互いに⑩＿＿＿＿といい，次のようなものがある。

炭素　C	⑪＿＿＿＿，⑫＿＿＿＿(グラファイト)，フラーレンなど
酸素　O	酸素，⑬＿＿＿＿
リン　P	黄リン，赤リンなど
硫黄　S	斜方硫黄，単斜硫黄，ゴム状硫黄

2 ●―成分元素の検出

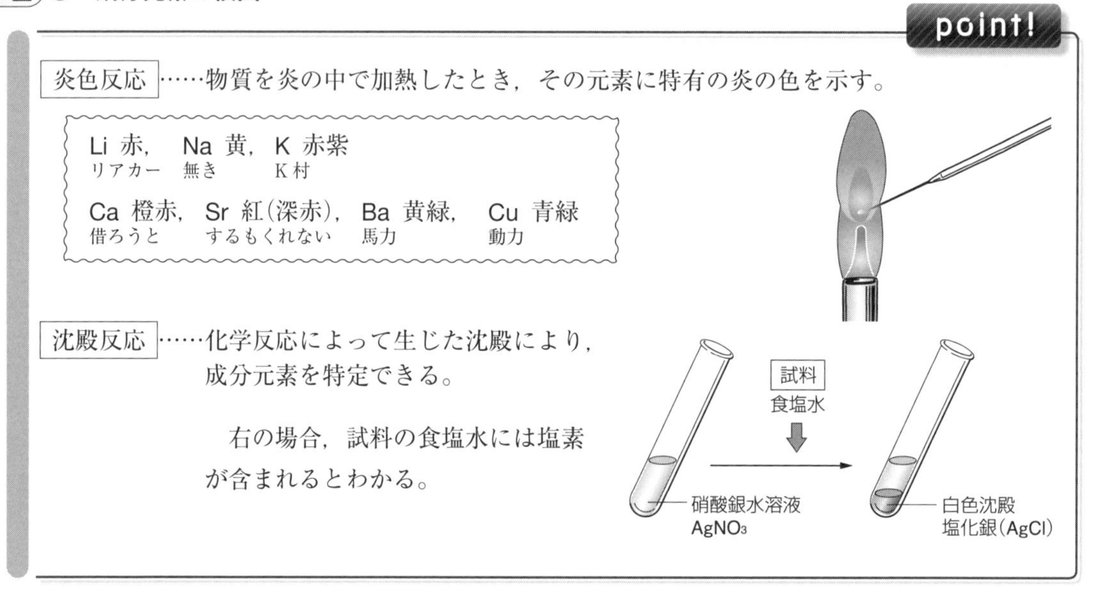
point!
炎色反応……物質を炎の中で加熱したとき，その元素に特有の炎の色を示す。
Li 赤，Na 黄，K 赤紫
リアカー　無き　K村
Ca 橙赤，Sr 紅(深赤)，Ba 黄緑，Cu 青緑
借ろうと　するもくれない　馬力　動力
沈殿反応……化学反応によって生じた沈殿により，成分元素を特定できる。
右の場合，試料の食塩水には塩素が含まれるとわかる。
試料
食塩水
硝酸銀水溶液
AgNO₃
白色沈殿
塩化銀(AgCl)

石灰水($Ca(OH)_2$の飽和水溶液)に二酸化炭素を通じると，炭酸カルシウム$CaCO_3$の白色沈殿が生じる。このことから，二酸化炭素には，⑭＿＿＿＿が含まれるとわかる。

答 ①酸素　②蒸留　③再結晶　④ろ過　⑤O_2　⑥H_2　⑦Cu　⑧NaCl　⑨H_2O　⑩同素体　⑪ダイヤモンド　⑫黒鉛　⑬オゾン　⑭炭素

3 ●—物質の三態と熱運動

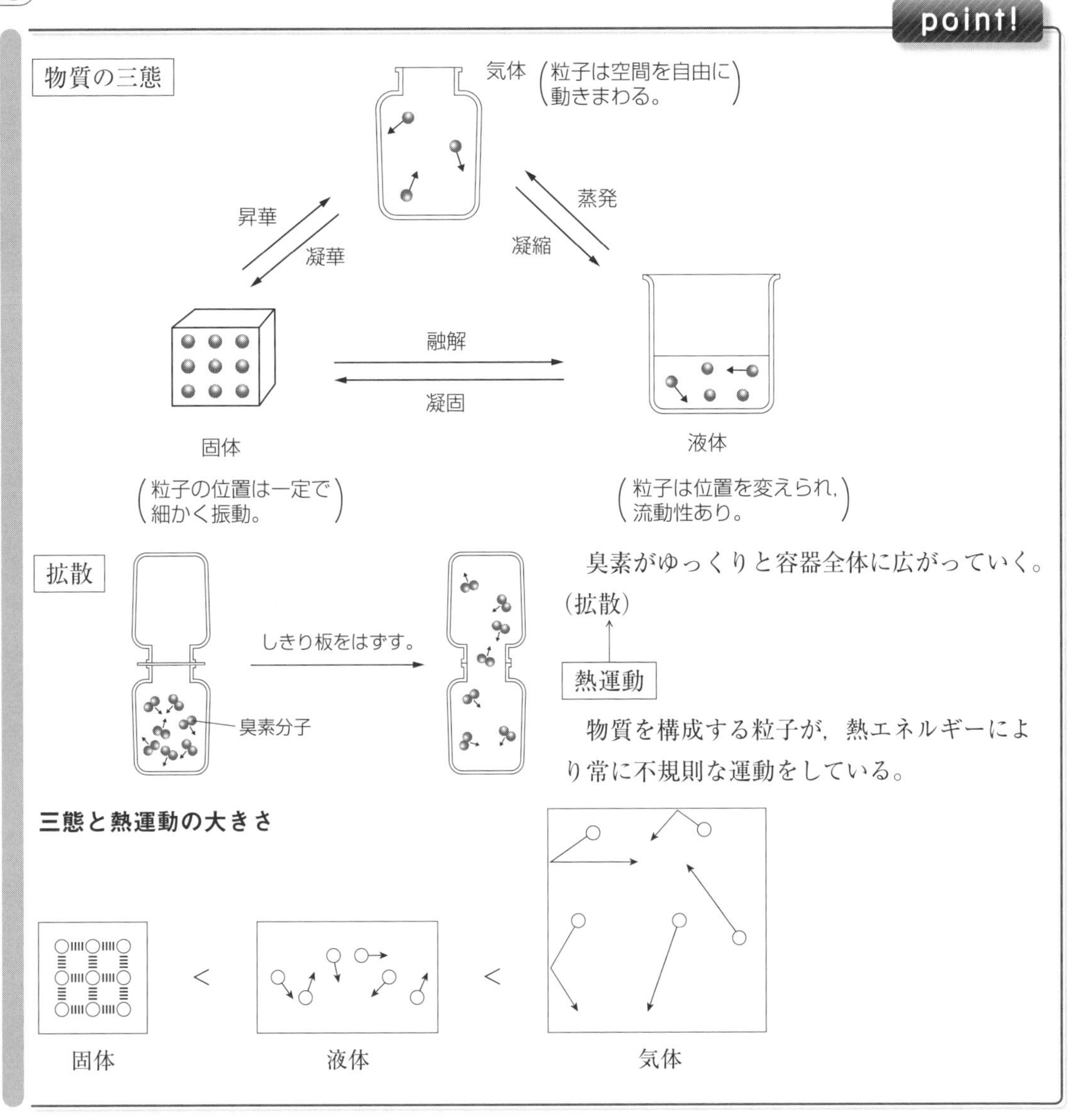

1 物質には，①＿＿＿＿，②＿＿＿＿，③＿＿＿＿の3つの状態があり，これを物質の④＿＿＿＿といい，その間の変化を⑤＿＿＿＿という。

例えば，氷がだんだん融けて小さくなるのは⑥＿＿＿＿，寒い朝に地面に霜柱ができるのは⑦＿＿＿＿である。また，天気のよい日に洗濯物が乾くのは⑧＿＿＿＿，冷水を入れたコップの表面に水滴がつくのは⑨＿＿＿＿である。ケーキの箱の中にあるドライアイスがなくなるのは⑩＿＿＿＿である。

2 物質を構成している粒子は，静止しておらず，常に運動している。この運動が熱運動である。熱運動により，自然に散らばって広がることを⑪＿＿＿＿という。

答 ①・②・③固体，液体，気体　④三態　⑤状態変化　⑥融解　⑦凝固　⑧蒸発　⑨凝縮　⑩昇華　⑪拡散

4 ●—原子の構造

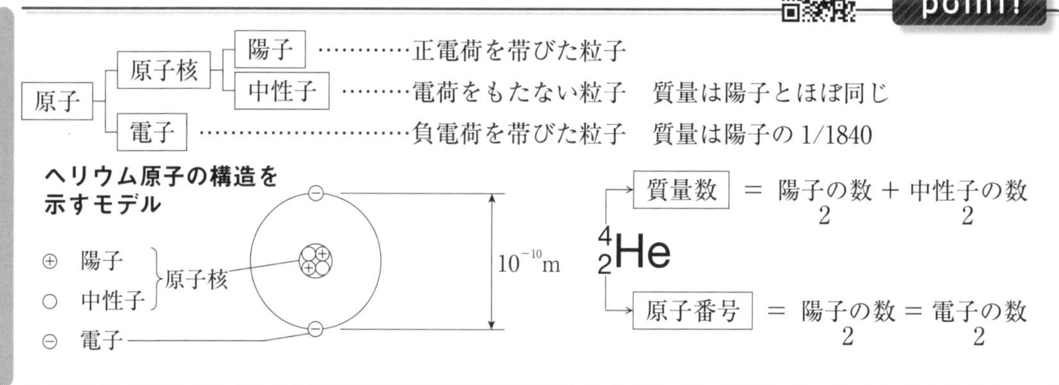

1 原子の中心には，原子核がある。これは正の電荷をもつ①＿＿＿＿＿と電荷をもたない②＿＿＿＿＿からできている。また，原子核のまわりを負の電荷をもつ③＿＿＿＿＿が回っている。電子の質量は非常に小さいので，原子の質量は①の数と②の数の和で決まる。この和を④＿＿＿＿＿という。

原子核中の①の数と，そのまわりを回っている③の数は等しいので，原子全体としては電荷をもたず，電気的に⑤＿＿＿＿＿である。

2 元素記号の左下に⑥＿＿＿＿＿を，左上に④を付記する。⑥が等しく，④が異なる原子を互いに同位体(アイソトープ)という。同位体は，⑦＿＿＿＿＿の数が異なるだけで，その化学的性質はほとんど同じになる。

答 ①陽子　②中性子　③電子　④質量数　⑤中性　⑥原子番号　⑦中性子

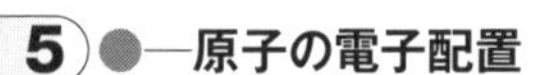

5 ●—原子の電子配置

point!

N殻 (32)
M殻 (18)
L殻 (8)
K殻 (2)
電子殻

原子核

( )内の数は，各電子殻に入ることのできる電子の最大数

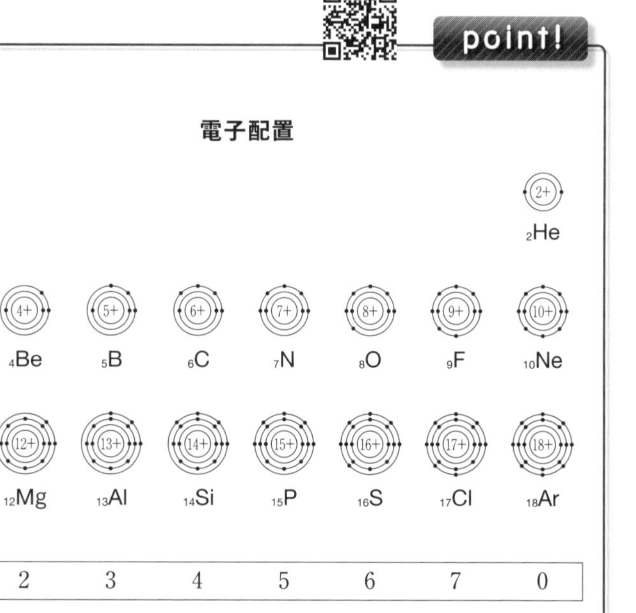

価電子数	1	2	3	4	5	6	7	0

1 電子はいくつかの層(電子殻という)に分かれて，原子核のまわりを回っている。電子殻は内側から順に①＿＿＿＿殻，②＿＿＿＿殻，③＿＿＿＿殻と呼ばれる。それぞれの電子殻に入ることのできる電子の最大数は決まっていて，内側から n 番目の電子殻に入る最大数は④＿＿＿＿＿と表すことができる。例えば，内側から3番目のM殻では⑤＿＿＿＿個の電子が入ることができる。

2 原子番号順に見ていくと，最外殻電子(最も外側の電子殻の電子)の数は周期的に変化する。最外殻電子は，原子核からの引力が弱いこと，最も外側にあることから，原子がイオンになったり，原子どうしが結合するときに重要な役割を果たす。そのため⑥＿＿＿＿と呼ばれる。ただし，貴ガスは安定でイオンになったり結合することがないので，⑥の数は⑦＿＿＿＿とみなす。

6 ●―元素の周期表

point!

周期	……周期表の横の行で 1 ～ 7 周期からなる。
族	……周期表の縦の列で 1 ～ 18 族からなる。
重要な族	……**アルカリ金属，アルカリ土類金属，ハロゲン，貴ガス**

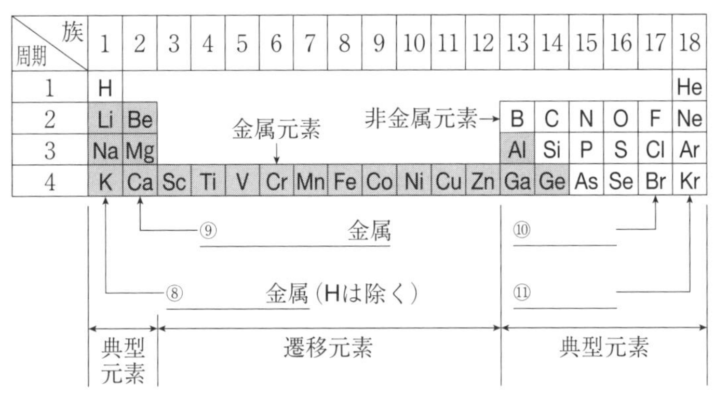

原子番号 20 までの元素は確実に覚えておこう。

H, He, Li, Be
水　兵　リーベ

B, C, N, O, F, Ne
僕　の　船

Na, Mg, Al, Si, P
なーに 間が ある シップ

S, Cl, Ar, K, Ca
ス クー ル 閣 下

周期表の同じ族に属する元素を⑫＿＿＿＿元素といい，典型元素は⑬＿＿＿＿の数が同じであるため，化学的性質が似ている。

遷移元素は⑭＿＿＿＿の隣り合った元素どうしの性質が似ている。また，遷移元素はすべて⑮＿＿＿＿元素である。

7 ●―単体

point!

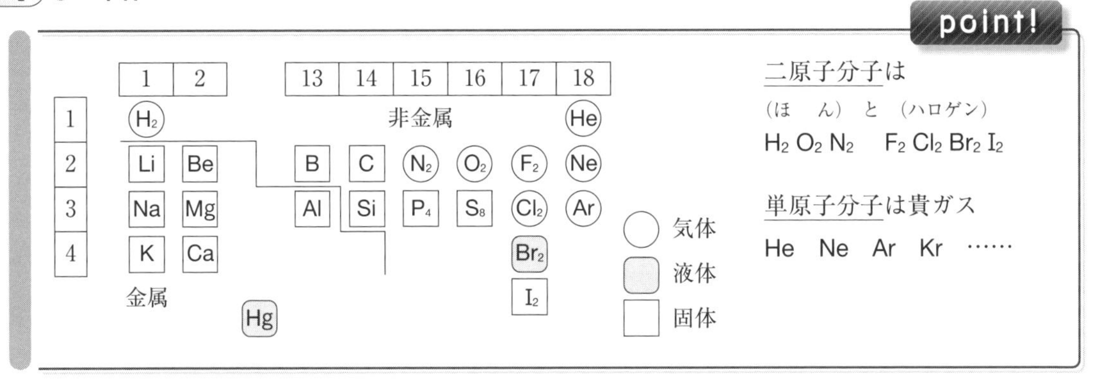

二原子分子は
(ほ ん) と (ハロゲン)
H_2 O_2 N_2　F_2 Cl_2 Br_2 I_2

単原子分子は貴ガス
He　Ne　Ar　Kr　……

常温・常圧で気体の単体は H_2，⑯＿＿＿＿，⑰＿＿＿＿とハロゲンの⑱＿＿＿＿，⑲＿＿＿＿の二原子分子と，単原子分子の貴ガス(He，Ne，……)である。

常温・常圧で液体の単体は二つあり，ハロゲンの臭素 Br_2 と，金属の⑳＿＿＿＿である。

答 ①K　②L　③M　④$2n^2$　⑤$(2\times3^2=)18$　⑥価電子　⑦0　⑧アルカリ　⑨アルカリ土類　⑩ハロゲン　⑪貴ガス　⑫同族　⑬価電子　⑭同一周期　⑮金属　⑯・⑰ N_2，O_2　⑱・⑲ F_2，Cl_2　⑳水銀 Hg

8 ●─イオン

point!

原子は電子をやりとりして，安定した(貴ガスと同じ)電子配置になろうとする。➡**イオン**になる

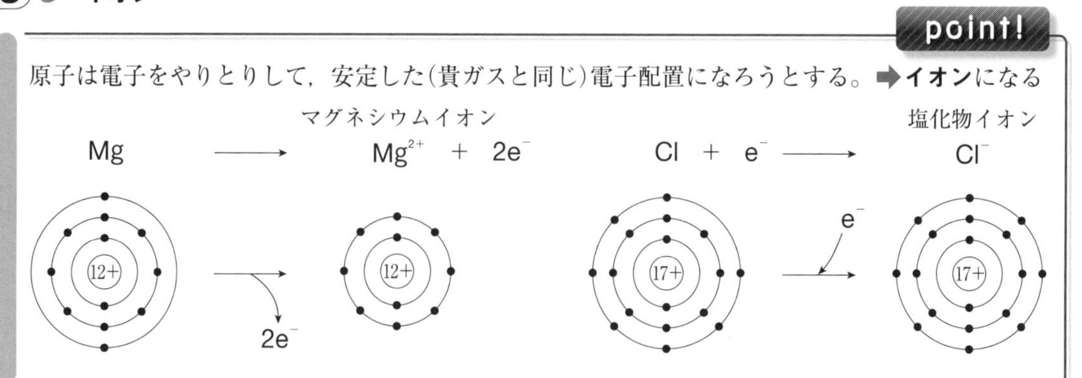

単原子の陽イオンの名称は，元素名に「～イオン」，単原子の陰イオンの名称は「～化物イオン」とする。次のイオンは重要である。

陽イオン	化学式	名称	陰イオン	化学式	名称
1価の陽イオン	①＿＿	水素イオン	1価の陰イオン	④＿＿	塩化物イオン
	Na^{+}	②＿＿		⑤＿＿	水酸化物イオン
	NH_4^{+}	③＿＿		NO_3^{-}	⑥＿＿
				MnO_4^{-}	⑦＿＿
2価の陽イオン	⑧＿＿	カルシウムイオン	2価の陰イオン	⑫＿＿	酸化物イオン
	Ba^{2+}	⑨＿＿		S^{2-}	⑬＿＿
	Fe^{2+}	⑩＿＿		SO_4^{2-}	⑭＿＿
	Cu^{2+}	⑪＿＿		CO_3^{2-}	⑮＿＿
3価の陽イオン	Al^{3+}	アルミニウムイオン	3価の陰イオン	PO_4^{3-}	リン酸イオン
	Fe^{3+}	鉄(Ⅲ)イオン			

9 ●─イオン化エネルギーと電子親和力

point!

イオン化エネルギーが小さい原子
→ 陽イオンになりやすい。

電子親和力が大きい原子
→ 陰イオンになりやすい。

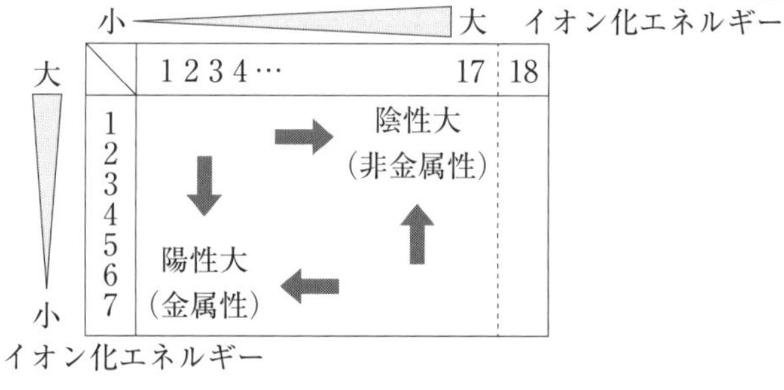

1　原子から電子を1個取り去って陽イオンにするために必要なエネルギーを原子の⑯＿＿＿＿エネルギーという。同一周期の元素では⑰＿＿＿＿族が最小で最も陽イオンになりやすく，18族が最大。

2　原子が電子を1個受け取って陰イオンになるときに放出するエネルギーを原子の⑱＿＿＿＿という。同一周期の元素では，17族の⑲＿＿＿＿が最大で，陰イオンになりやすい。

答 ①H^{+}　②ナトリウムイオン　③アンモニウムイオン　④Cl^{-}　⑤OH^{-}　⑥硝酸イオン　⑦過マンガン酸イオン　⑧Ca^{2+}　⑨バリウムイオン　⑩鉄(Ⅱ)イオン　⑪銅(Ⅱ)イオン　⑫O^{2-}　⑬硫化物イオン　⑭硫酸イオン　⑮炭酸イオン　⑯イオン化　⑰1　⑱電子親和力　⑲ハロゲン

例題 1　混合物，中性子，電子配置

次のa～cに当てはまるものを，それぞれの解答群の①～⑤のうちから一つずつ選べ。

a　混合物であるもの
① 塩化ナトリウム　② 塩酸　③ アルゴン
④ アンモニア　⑤ 臭素

b　中性子の数が9である原子
① ^{14}N　② ^{15}N　③ ^{17}O　④ ^{18}O　⑤ ^{35}Cl

c　最外殻に電子を7個もつ原子
① B　② Cl　③ Mg　④ N　⑤ Ne

a　②塩酸は(ア　　　)の水溶液のことである。
したがって，アと水の混合物になる。他は純物質である。

b　中性子の数 = 質量数 − 陽子の数 = 質量数 − 原子番号となる。
① $^{14}_{7}N$…14 − 7 = 7　② $^{15}_{7}N$…(イ　　　)　③ $^{17}_{8}O$…(ウ　　　)
④ $^{18}_{8}O$…(エ　　　)　⑤ $^{35}_{17}Cl$…(オ　　　)

c　典型元素の原子では，最外殻電子の数は，Heを除いて族の番号の一の位の数に一致する。(Heは2個)

周期＼族	1	2	13	14	15	16	17	18
1	H							He
2	Li	Be	B	C	N	O	F	Ne
3	Na	Mg	Al	Si	P	S	Cl	Ar
4	K	Ca						

最外殻電子の数は，①B(カ　　　)，②Cl(キ　　　)，③Mg(ク　　　)，④N(ケ　　　)，⑤Ne(コ　　　)になる。

答 ア 塩化水素　イ 15 − 7 = 8　ウ 17 − 8 = 9　エ 18 − 8 = 10　オ 35 − 17 = 18
カ 3　キ 7　ク 2　ケ 5　コ 8

解法のコツ

a　混合物は2種類以上の純物質からなるもの。
HClが「塩化水素」，
HClの水溶液が「塩酸」
➡名称に注意。

b・c　原子番号20番目までの元素名と元素記号は絶対に覚える。
各元素の原子番号は，Nは7，Oは8，Clは17である。

c　原子の周期表の位置で最外殻電子の数がわかる。

例題①の解答
a ②　b ③　c ②

例題 2　原子の構造

原子に関する次の記述①～⑤のうちから，正しいものを一つ選べ。
① 原子の大きさは，原子核の大きさにほぼ等しい。
② 自然界に存在するすべての原子の原子核は，陽子と中性子からできている。
③ 陽子の数と電子の数の和が，その原子の質量数である。
④ 中性子の数が等しく，陽子の数が異なる原子どうしを，互いに同位体という。
⑤ 原子核のまわりの電子の数が原子番号と異なる粒子も存在し，そのような粒子をイオンと呼ぶ。

② 水素原子には(ア　　　)のみで原子核ができているものがある。
③ 陽子の数と(イ　　　)の数の和が質量数になる。
④ 陽子の数が等しく，(ウ　　　)の数が異なるのが同位体。
⑤ 原子は電子をやりとりしてイオンになる。したがって，イオンになったときは，電子の数は原子番号とは異なる。

答 ア 陽子　イ 中性子　ウ 中性子

解法のコツ

① 原子核の大きさは，原子の大きさの約10万分の1程度である。
② 「すべての原子の原子核」が落とし穴。水素原子に注意する。

水素原子 $^{1}_{1}H$
電子
陽子

例題②の解答
⑤

第1編 知識の確認　第2編 計算問題対策　第3編 実験・グラフ問題対策　第4編 思考問題対策　第5編 模擬問題

演 習 問 題

1 物質の種類 3分

次のa～cに当てはまるものを，それぞれの解答群の①～⑤または⑥のうちから一つずつ選べ。

a **純物質でないもの** 1

① ナフサ　② ミョウバン　③ ダイヤモンド　④ 氷　⑤ 硫酸銅(Ⅱ)五水和物

b **単体でない物質** 2

① アルゴン　② オゾン　③ ダイヤモンド　④ マンガン　⑤ メタン

c 同素体である組合せ 3

① ヘリウムとネオン　② ^{35}Clと^{37}Cl　③ メタノールとエタノール

④ 一酸化窒素と二酸化窒素　⑤ 塩化鉄(Ⅱ)と塩化鉄(Ⅲ)　⑥ 黄リンと赤リン

2 物質の三態・熱運動 3分

身のまわりの現象に関する記述として，**誤りを含むもの**を，次の①～⑤のうちから一つ選べ。

4

① 温度を上げると気体の拡散が速くなるのは，気体分子がエネルギーを得て，熱運動が活発になるからである。

② お湯を沸かしたときに見える白い湯気は，水蒸気が凝縮してできた水滴である。

③ 皮膚をアルコールで消毒したときに冷たく感じるのは，蒸発にともなってアルコールが体から熱を奪うためである。

④ −20℃の冷凍庫の中に保存していた氷が小さくなるのは昇華が起こるからである。

⑤ 密閉容器内の液体の量が一定であるのは，液体の表面から飛び出した気体分子が再び液体中に戻らないからである。

3 原子 2分

炭素の同位体$^{14}_{6}C$に関する次の文章中の空欄 a ～ d に入れる数値の組合せとして正しいものを，右の①～⑤のうちから一つ選べ。 5

$^{14}_{6}C$は， a 個の陽子， b 個の中性子，および c 個の電子で構成されている。これらの電子のうち d 個はL殻に入っている。

	a	b	c	d
①	8	6	6	4
②	8	6	14	8
③	6	8	6	2
④	6	8	6	4
⑤	6	14	14	8

4 原子の構造 3分

陽子を◎，中性子を○，電子を●で表すとき，質量数6のリチウム原子の構造を示す模式図として最も適当なものを，図1の①～⑥のうちから一つ選べ。ただし，破線の円内は原子核とし，その外側にある実線の同心円は内側から順にK殻，L殻を表す。 6

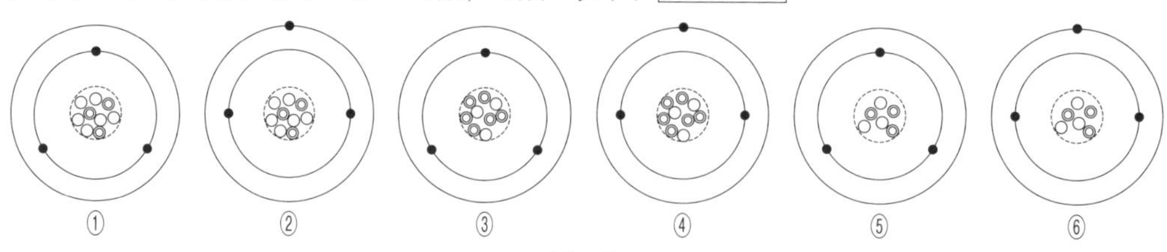

図 1

5　原子番号・中性子・同位体・電子配置　9分

次の a ～ e に当てはまるものを，それぞれの解答群の①～⑤または⑥のうちから一つずつ選べ。

a　原子番号と必ず同じ数値になるもの　[7]

①　原子量　②　質量数　③　陽イオンに含まれる電子の数
④　原子核に含まれる中性子の数　⑤　中性の原子に含まれる電子の数

b　中性子の数が最も少ない原子　[8]

①　$^{35}_{17}Cl$　②　$^{37}_{17}Cl$　③　$^{40}_{18}Ar$　④　$^{39}_{19}K$　⑤　$^{40}_{20}Ca$

c　塩素の同位体どうしで異なるもの　[9]

①　価電子数　②　原子番号　③　全電子数　④　中性子数　⑤　陽子数
⑥　イオンの価数

d　二つの原子の最外殻電子数の和が 8 と**ならない**組合せ　[10]

①　B と N　②　Be と O　③　C と Si　④　Li と F　⑤　Mg と Al

e　Na^{+}と電子数が同じであるもの　[11]

①　Ar　②　Cl^{-}　③　Cu^{2+}　④　F^{-}　⑤　K^{+}

6　化合物をつくるイオン　2分

マグネシウムイオンと物質量の比 1：1 で化合物をつくるイオンを，次の①～⑤のうちから一つ選べ。[12]

①　塩化物イオン　②　酸化物イオン　③　硝酸イオン　④　炭酸水素イオン
⑤　リン酸イオン

7　イオン化エネルギー・電子親和力　3分

イオンに関する記述として**誤りを含むもの**を，次の①～⑤のうちから一つ選べ。[13]

①　原子がイオンになるとき放出したり受け取ったりする電子の数を，イオンの価数という。
②　原子から電子を取り去って，1 価の陽イオンにするのに必要なエネルギーを，イオン化エネルギー(第一イオン化エネルギー)という。
③　イオン化エネルギー(第一イオン化エネルギー)の小さい原子ほど陽イオンになりやすい。
④　原子が電子を受け取って，1 価の陰イオンになるときに放出するエネルギーを，電子親和力という。
⑤　電子親和力の小さい原子ほど陰イオンになりやすい。

8　原子・イオンの電子配置　3分

右の図 1 に示す電子配置をもつ原子 a ～ c に関する記述として**誤りを含むもの**を，次の①～⑤のうちから一つ選べ。ただし，図の中心の丸は原子核を，その中の数字は陽子の数を表す。また，外側の同心円は電子殻を，黒丸は電子を表す。　[14]

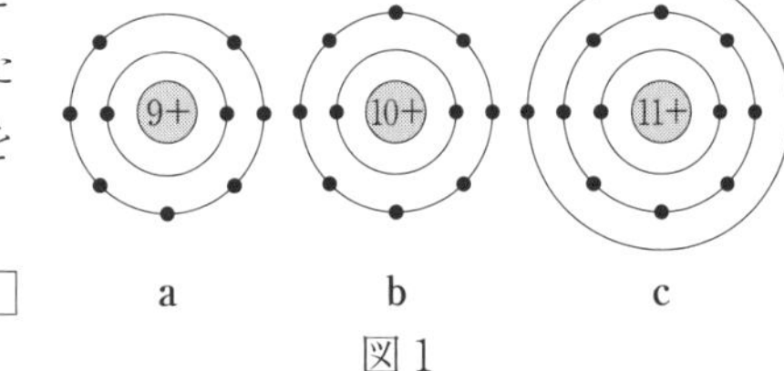

図 1

①　a ～ c は，すべて周期表の第 2 周期に属する。
②　a とヨウ素は，周期表の同じ族に属する。
③　a ～ c のなかでイオン化エネルギーが最も小さいのは c である。
④　a ～ c のなかで 1 価の陰イオンに最もなりやすいのは a である。
⑤　b の電子配置は，Mg^{2+}の電子配置と同じである。

第1編 知識の確認　第2編 計算問題対策　第3編 実験・グラフ問題対策　第4編 思考問題対策　第5編 模擬問題

1―2 イオン・分子

1 結合の種類

point!

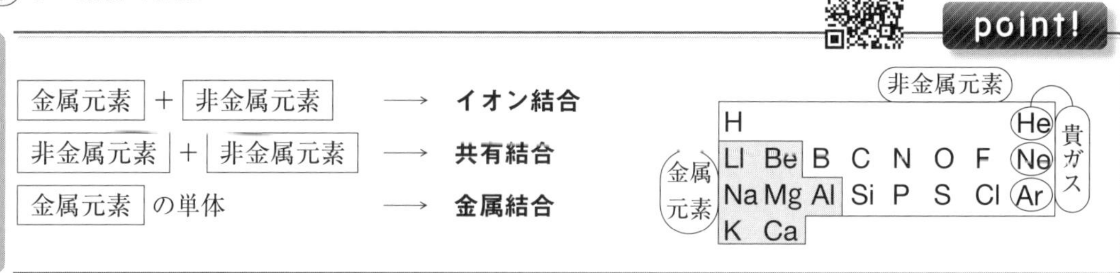

金属元素 ＋ 非金属元素 ⟶ イオン結合
非金属元素 ＋ 非金属元素 ⟶ 共有結合
金属元素 の単体 ⟶ 金属結合
非金属元素
金属元素
貴ガス
H He
Li Be B C N O F Ne
Na Mg Al Si P S Cl Ar
K Ca

結合の種類は，一般にその物質を構成する元素で判断することができる。アンモニア分子 NH_3 は①________結合，塩化カルシウム $CaCl_2$ は②________結合，カリウム K の単体は③________結合でできている。

2 イオン結合

point!

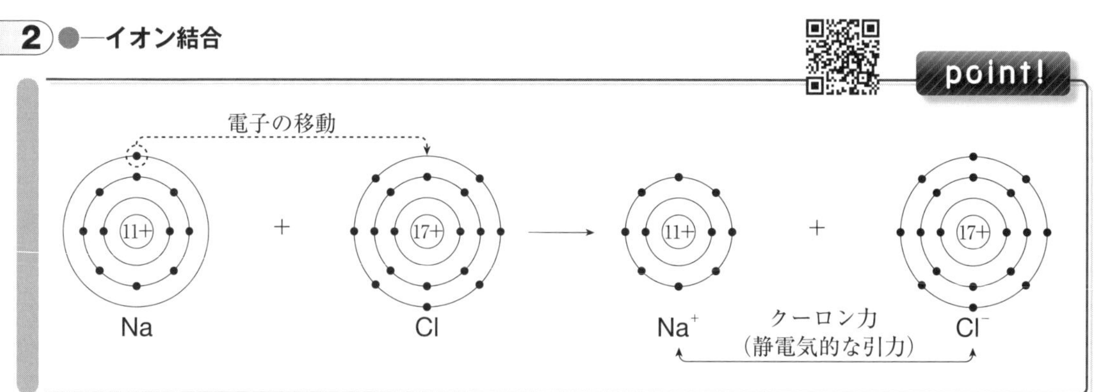

イオン結合とは，価電子の授受により，金属元素の原子が④________イオンに，非金属元素の原子が⑤________イオンとなり，これが互いに静電気的な引力である⑥________力で引き合って結びついている結合である。

3 金属結合

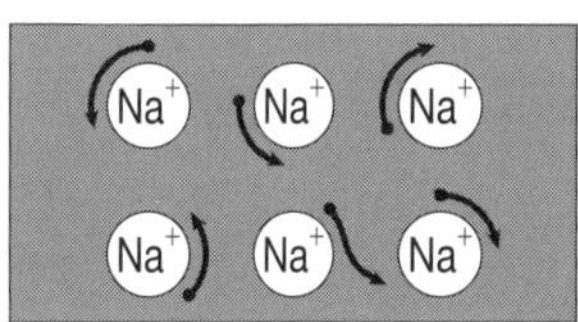

自由電子……

原子の最外電子殻の一部が重なり合い，この重なり合った電子殻を伝わって金属全体を自由に移動する。

※金属の電気伝導性
銀を 100 として表したグラフは右のようになる。
電気伝導性のよい金属は，熱もよく伝える。

金属	元素記号	電気伝導性
銀	Ag	100
銅	Cu	95
金	Au	72
アルミニウム	Al	59
鉄	Fe	17

金属原子間を移動する⑦________による結合を金属結合という。この電子の移動により金属は電気や⑧________をよく伝える。電気伝導性，熱伝導性ともに最大の金属は⑨________である。また，たたくと広がる性質(⑩________)や，引っ張ると延びる性質(⑪________)をもつ。

答 ①共有 ②イオン ③金属 ④陽 ⑤陰 ⑥クーロン ⑦自由電子 ⑧熱 ⑨銀 ⑩展性 ⑪延性

4 ―共有結合

point!

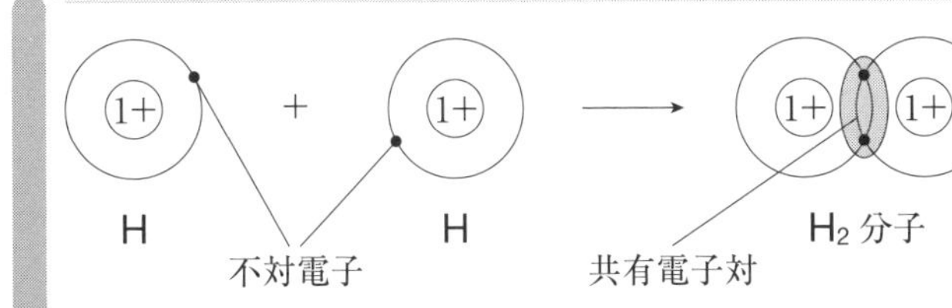

K 殻に電子•を2個もち，各々のH原子がHeと同じ電子配置になっている。

価標で示すと，H−H

H_2O分子を電子式で示すと，

非共有電子対

H。 + •Ö• + 。H ⟶ H :Ö: H　　H−O−H

非金属元素の原子どうしが，それぞれの不対電子を共有することにより①＿＿＿＿原子と同じ電子配置となる。このように電子を共有することにより形成される結合が②＿＿＿＿結合である。

電子式で表したとき，各原子のまわりに③＿＿＿＿個の電子があると安定になる。(Hでは2個)

共有結合に使われている電子対を④＿＿＿＿，はじめから電子対になっており，原子間で共有されていない電子対を⑤＿＿＿＿という。

価標を用いて表した化学式が⑥＿＿＿＿式になる。

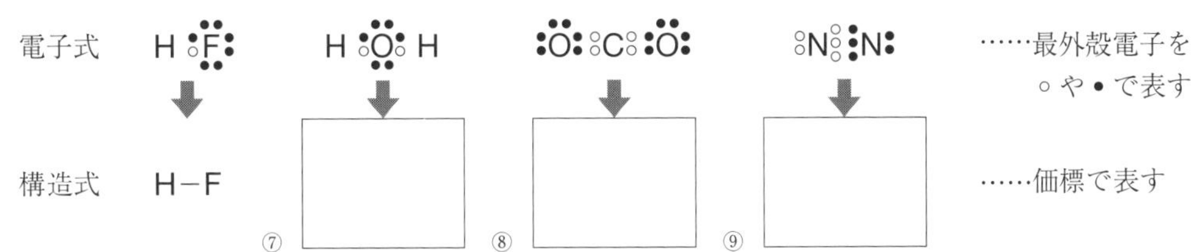

5 ―分子の形

point!

分子	水素H_2	水H_2O	二酸化炭素CO_2	アンモニアNH_3	メタンCH_4
構造式	H−H	H−O−H	O=C=O	H−N−H ｜ H	H ｜ H−C−H ｜ H
分子の形	Ⓗ−Ⓗ	Ⓗ Ⓞ Ⓗ	Ⓞ=Ⓒ=Ⓞ	Ⓝ Ⓗ Ⓗ Ⓗ	Ⓗ Ⓒ Ⓗ Ⓗ Ⓗ

構造式は原子間の結合を表すが，分子の形を示すものではない。実際には，水は⑩＿＿＿＿形，二酸化炭素は⑪＿＿＿＿形，アンモニアは⑫＿＿＿＿形，メタンは⑬＿＿＿＿形をしている。

答 ①貴ガス ②共有 ③8 ④共有電子対 ⑤非共有電子対 ⑥構造 ⑦H−O−H ⑧O=C=O ⑨N≡N ⑩折れ線 ⑪直線 ⑫三角錐 ⑬正四面体

6 ●—配位結合

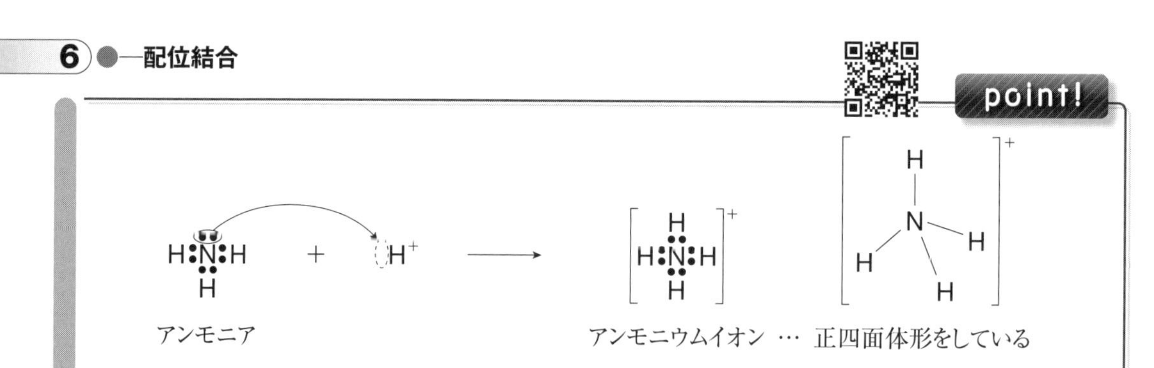

一方の原子の①＿＿＿＿＿が，もう一方の原子にそのまま提供されてできる共有結合を配位結合という。アンモニアや水の分子の①が H^+ に提供され共有されると安定な②＿＿＿＿＿イオンや③＿＿＿＿＿イオンができる。

このとき，配位結合は，もとからある共有結合と結合のできる過程が異なるだけで区別することはできない。

金属イオンに分子またはイオンが配位してできたイオンが④＿＿＿＿＿である。例えば，Cu^{2+} にアンモニア分子 NH_3 が4個配位すると⑤＿＿＿＿＿(化学式)になる。

7 ●—電気陰性度と分子の極性

point!

電気陰性度 …電子を引きつける力の強さを示す。

周期表の右上にあるほど
　陰性が強い ⟶ 電気陰性度(大)
周期表の左下にあるほど
　陽性が強い ⟶ 電気陰性度(小)
＊貴ガス原子はほとんど結合しないので，電気陰性度は定められない。

周期＼族	1	2	13	14	15	16	17	18
1	H 2.2							He
2	Li 1.0	Be 1.6	B 2.0	C 2.6	N 3.0	O 3.4	F 4.0	Ne
3	Na 0.9	Mg 1.3	Al 1.6	Si 1.9	P 2.2	S 2.6	Cl 3.2	Ar

	二原子分子		多原子分子		
無極性分子	水素 H−H	塩素 Cl−Cl	二酸化炭素 $O^{\delta-}=C^{\delta+}=O^{\delta-}$ (直線形)	メタン $C^{\delta-}$, $H^{\delta+}$ (正四面体形)	四塩化炭素 $C^{\delta+}$, $Cl^{\delta-}$ (正四面体形)
極性分子	塩化水素 $H^{\delta+}-Cl^{\delta-}$		水 $O^{\delta-}$, $H^{\delta+}$ (折れ線形)	アンモニア $N^{\delta-}$, $H^{\delta+}$ (三角錐形)	

電気陰性度の大きな原子ほど，電子を⑥＿＿＿＿＿ので，結合に電荷のかたよりを生じる。これを結合の⑦＿＿＿＿＿という。

分子全体として極性を示す分子を⑧＿＿＿＿＿，極性を示さない分子を⑨＿＿＿＿＿という。CO_2 は，C＝O 結合に極性があるが，分子が直線形であるため，互いに打ち消し合って⑩＿＿＿＿＿分子になる。H_2O は分子が⑪＿＿＿＿＿であるため，分子全体で極性が打ち消されず，⑫＿＿＿＿＿分子になる。

答 ①非共有電子対　②アンモニウム　③オキソニウム　④錯イオン　⑤$[Cu(NH_3)_4]^{2+}$　⑥引きつける　⑦極性　⑧極性分子　⑨無極性分子　⑩無極性　⑪折れ線形　⑫極性

8 —分子間力

point!

分子間力 ── ファンデルワールス力 ── すべての分子間に働いている力 / 極性分子間に働く静電気的な引力
分子間力 ── 水素結合

無極性分子でも分子間には弱い引力が働いており，構造が似ている分子では分子量が大きいほど分子間力が①＿＿＿くなる。そのため融点や沸点は，②＿＿＿くなる。

また，極性分子ではさらに静電気的な引力が加わるため，分子量が同程度の物質では，極性分子と無極性分子を比べると，融点や沸点は③＿＿＿の方が高い。これらの分子間に働く力を④＿＿＿＿＿という。

電気陰性度の大きな原子(F，O，N)が，隣接する分子の水素原子と引き合うことでできるのが⑤＿＿＿であり，これは④よりも10倍程度大きい。例えば，⑥＿＿＿，⑦＿＿＿，⑧＿＿＿などの分子間に働き，融点や沸点は⑨＿＿＿＿。

9 —結晶の分類と性質

point!

結晶	共有結合の結晶	イオン結晶	金属結晶	分子結晶
構成粒子	原子	陽イオンと陰イオン	原子(自由電子を含む)	分子
おもな結合	共有結合	イオン結合	金属結合	分子間力
融点	高←			→低
硬さ	きわめて硬い	硬いがもろい	しなやか	やわらかい
電気伝導性	×	×	○	×
物質例	ダイヤモンド C	塩化ナトリウム NaCl	アルミニウム Al	ドライアイス CO_2

結合力の強さは，一般に共有結合 ＞ イオン結合 ＞ 金属結合 ＞ 分子間力の順である。結晶の硬さや融点の高低は，この結合力の強弱に起因する。

共有結合の結晶は電気を通さないが，ダイヤモンドの同素体である⑩＿＿＿は例外的に電気を通す。また，イオン結晶は水に溶かして水溶液にしたり，⑪＿＿＿したりすると電気を通す。

分子間力により分子が規則正しく配列してできた結晶が分子結晶である。例えば，CO_2 は共有結合でできた分子であるが，これが弱い分子間力で互いに結ばれると結晶(ドライアイス)になる。

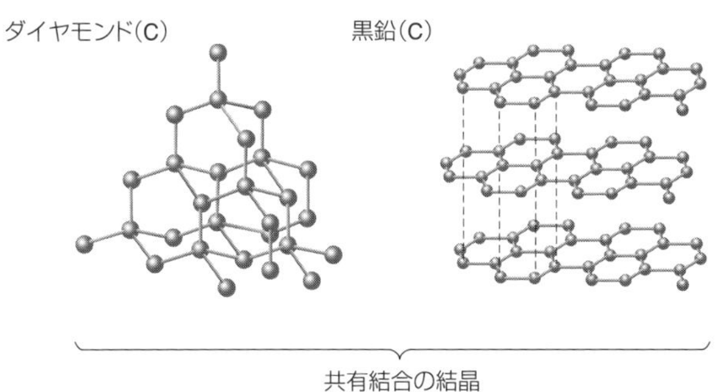

共有結合の結晶

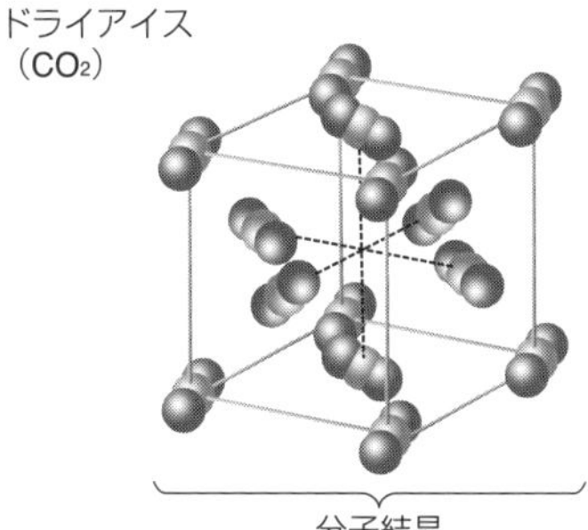

分子結晶

答 ①強 ②高 ③極性分子 ④ファンデルワールス力 ⑤水素結合 ⑥・⑦・⑧水，アンモニア，フッ化水素 ⑨非常に高い ⑩黒鉛 ⑪融解

例題 1　電子配置と結合

次に示した５種類の元素１～５の原子の電子配置は，それぞれ次のように示すことができる。

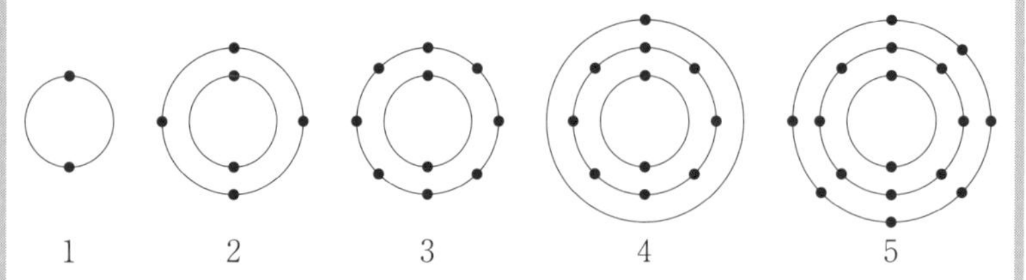

a～cに当てはまる組合せを，下の①～⑨のうちから，それぞれ一つずつ選べ。ただし，同じ組合せを繰り返し選んでもよい。

a　周期表で同じ族に属する元素の組合せ
b　組成比が１:１のイオン結合の化合物をつくる元素の組合せ
c　組成比が１:４の共有結合の化合物をつくる元素の組合せ

①　1，2　　②　1，3　　③　1，4　　④　1，5　　⑤　2，3
⑥　2，5　　⑦　3，4　　⑧　3，5　　⑨　4，5

解法のコツ

まず，１～５の原子は何かを考える。

電子の数 ＝ 原子番号を使うとよい。

次に，金属元素と非金属元素のどちらに属すかを分類するのがポイント。

金属元素 ＋ 非金属元素 ⟶ イオン結合

非金属元素 ＋ 非金属元素 ⟶ 共有結合

原子の電子配置より，元素１～５はそれぞれ次のようにわかる。

1　ヘリウム　He　　2　炭素　C　　3　ネオン　Ne
4　ナトリウム　Na　　5　塩素　Cl

a　このうち，１のHeと３のNeは(ア　　　)に属す同族元素である。

b　HeとNeは化学結合しにくいので，これを除いた残りを金属元素と非金属元素に分類してみると，

金属元素は(イ　　　)，非金属元素は(ウ　　　)である。

４のNaは，電子１個を放出してNa^{+}，５のClは電子１個を受け取って(エ　　　)となりやすい。この２つのイオンが静電気的な引力(クーロン力)で結びつく(オ　　　)結合で，組成比１:１のNaClができる。

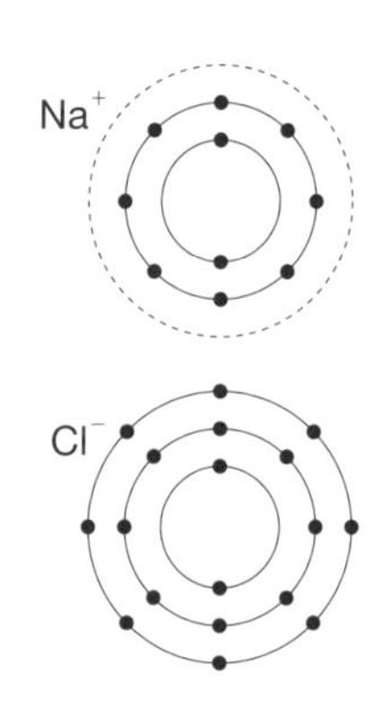

c　最外殻電子の数は，２のCでは(カ　　　)個(これらはすべて不対電子)，５のClでは７個(このうち不対電子は(キ　　　)個)である。この原子が右図のように電子を共有することによって，貴ガスと同じ電子配置となる。これが(ク　　　)結合で，組成比が１:４である分子式(ケ　　　)の化合物をつくる。右図を価標で表すと(コ　　　)となる。

Cl
Cl　C　Cl
Cl

答　ア 18族　イ Na　ウ C，Cl　エ Cl^{-}　オ イオン　カ 4　キ 1　ク 共有
ケ CCl_4　コ
```
    Cl
    |
Cl－C－Cl
    |
    Cl
```

例題①の解答
a ②　b ⑨　c ⑥

演習問題

9　結合の種類　3分

次の a ～ c に当てはまるものを，それぞれの解答群の①～⑤のうちから一つずつ選べ。

a　2 個の水素原子から水素分子ができるときのしくみに最も関係の深いもの　［ 1 ］

①　陽子の共有　②　電子の共有　③　中性子の共有　④　陽子と中性子の反発
⑤　陽子と電子の反発

b　総電子数が CH_4 と同じ分子　［ 2 ］

①　CO　②　NO　③　HCl　④　H_2O　⑤　O_2

c　**共有結合をもたない**物質　［ 3 ］

①　塩化ナトリウム　②　ケイ素　③　塩素　④　二酸化炭素　⑤　アセチレン

10　共有結合と極性分子　8分

次の a ～ d に当てはまるものを，それぞれの解答群の①～⑤または⑥のうちから一つずつ選べ。

a　結合に使われている電子の総数が最も多い分子　［ 4 ］

①　水素　②　窒素　③　塩素　④　メタン　⑤　水　⑥　硫化水素

b　最も多くの価標をもつ原子　［ 5 ］

①　窒素分子中の N　②　フッ素分子中の F　③　メタン分子中の C
④　硫化水素分子中の S　⑤　酸素分子中の O

c　二重結合をもつ直線形分子　［ 6 ］

①　H_2O　②　CO_2　③　NH_3　④　C_2H_2　⑤　C_2H_4

d　極性分子であるもの　［ 7 ］

①　二酸化炭素　②　エタノール　③　アセチレン　④　ベンゼン　⑤　エチレン

11　イオン，イオン結合　3分

12●

イオンに関する記述として**誤りを含むもの**を，次の①～⑤のうちから一つ選べ。　［ 8 ］

①　イオン結晶である KI の式量は，K の原子量と I の原子量の和である。
②　硫化物イオンは，2 価の陰イオンである。
③　O^{2-} と F^- の電子配置は，Ne と同じである。
④　Ne のイオン化エネルギー(第一イオン化エネルギー)は，周期表の第 2 周期の元素のなかで最も小さい。
⑤　イオンの大きさを比べると，F^- の方が Cl^- より小さい。

12　化学結合　3分

化学結合に関する記述として**誤りを含むもの**を，次の①～⑤のうちから一つ選べ。　［ 9 ］

①　アンモニウムイオンの 4 個の N−H 結合の性質は，互いに区別できない。
②　ナフタレン分子の原子間の結合は共有結合である。
③　塩化ナトリウムの結晶はイオン結合からなる。
④　ダイヤモンドでは，炭素原子が共有結合でつながっている。
⑤　金属ナトリウムでは，ナトリウム原子の価電子は，金属全体を自由に動くことができない。

13　配位結合　3分

アンモニウムイオン NH_4^+ に関する記述として正しいものを，次の①～⑤のうちから一つ選べ。

10

① アンモニア NH_3 と水素イオン H^+ で NH_4^+ ができるように，NH_3 と Cu^{2+} のイオン結合で錯イオンの $[Cu(NH_3)_4]^{2+}$ が形成される。

② 立体的な形がメタン CH_4 とは異なる。

③ それぞれの原子の電子配置は，貴ガス原子の電子配置と同じである。

④ 四つの N−H 結合のうちの一つは，配位結合として他の結合と区別できる。

⑤ 電子の総数は 11 個である。

14　電気陰性度と分子の極性　3分

電気陰性度および分子の極性に関する記述として正しいものを，次の①～⑤のうちから一つ選べ。

11

① 共有結合からなる分子では，電気陰性度の小さい原子は，電子をより強く引きつける。

② 第2周期の元素のうちで，電気陰性度が最も大きいのはリチウムである。

③ ハロゲン元素のうちで，電気陰性度が最も大きいのはフッ素である。

④ 同種の原子からなる二原子分子は極性をもつ。

⑤ 酸素原子と炭素原子の電気陰性度には差があるので，二酸化炭素は極性分子である。

15　結晶の性質　3分

次の記述 **a**～**c** は，ダイヤモンド，塩化ナトリウム，アルミニウムの性質に関するものである。記述中の物質A～Cの組合せとして最も適当なものを，以下の①～⑥のうちから一つ選べ。 12

a　A，B，Cのうち，固体状態で最も電気伝導性がよいのはAである。

b　AとBは水に溶けないが，Cは水に溶ける。

c　AとCの融点に比べて，Bの融点は非常に高い。

	A	B	C
①	ダイヤモンド	塩化ナトリウム	アルミニウム
②	ダイヤモンド	アルミニウム	塩化ナトリウム
③	塩化ナトリウム	アルミニウム	ダイヤモンド
④	塩化ナトリウム	ダイヤモンド	アルミニウム
⑤	アルミニウム	塩化ナトリウム	ダイヤモンド
⑥	アルミニウム	ダイヤモンド	塩化ナトリウム

16　結晶の分類と性質　3分

13(追)●

身のまわりにある固体に関する記述として**誤りを含むもの**を，次の①～⑤のうちから一つ選べ。

13

① 食塩(塩化ナトリウム)はイオン結合の結晶であり，融点が高い。

② 金は金属結合の結晶であり，たたいて金箔(きんぱく)にできる。

③ ケイ素の単体は金属結合の結晶であり，半導体の材料として用いられる。

④ 銅は自由電子をもち，電気や熱をよく伝える。

⑤ ナフタレンは分子どうしを結びつける力が弱く，昇華性がある。

2-1 物質量(mol)と化学反応式・溶液の濃度

1 ●―原子量・分子量・式量

point!

原子量……質量数12の炭素原子 $^{12}_{6}C$ の質量を12と定め，これを基準とした各原子の相対質量。自然界には同位体が存在するので，各元素の同位体の相対質量と存在比から求まる平均値を用いる。

分子量……分子を構成している原子の原子量の総和。

式量………組成式やイオン式から求めた原子量の総和。

塩素には，相対質量が35.0の ^{35}Cl と相対質量が37.0の ^{37}Cl の二つの同位体がある。各々の存在比は75.8%と24.2%である。塩素の原子量を求めると，

$35.0 \times \frac{75.8}{100} + 37.0 \times \frac{24.2}{100} =$ ①＿＿＿＿と計算される。

原子量　H＝1.0，N＝14，O＝16，Na＝23，Cl＝35.5とすると，例えば，水素 H_2 の分子量は②＿＿＿＿，窒素 N_2 の分子量は③＿＿＿＿，水 H_2O の分子量は④＿＿＿＿，アンモニア NH_3 の分子量は⑤＿＿＿＿，塩化ナトリウム NaCl の式量は⑥＿＿＿＿となる。

2 ●―物質量

point!

6.02×10^{23} 個の粒子の集団を1 molという。1 molあたりの粒子の数はアボガドロ定数と呼ばれ，N_A で表す。$N_A = 6.02 \times 10^{23}$/mol である。

モル質量〔単位 g/mol〕……物質1 molあたりの質量。

アボガドロの法則……同温・同圧で，同体積の気体は，気体の種類によらず，同数の分子を含む。

1 molの気体の体積は，標準状態（0℃，1.013×10^5 Pa）で22.4 L。

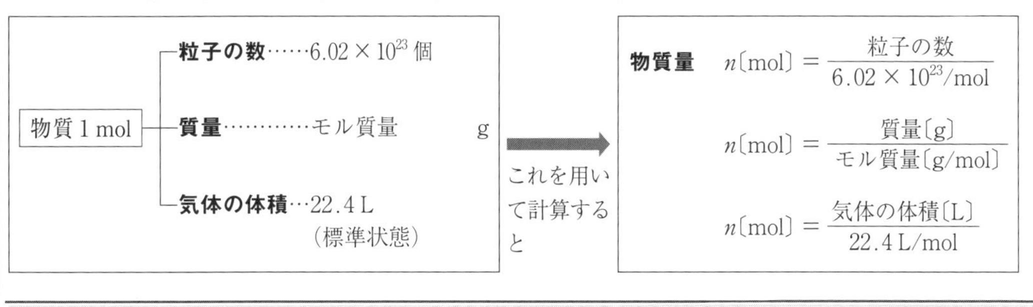

物質1 mol
粒子の数……6.02×10²³ 個
質量…………モル質量　g
気体の体積…22.4 L（標準状態）
これを用いて計算すると
物質量
n〔mol〕＝粒子の数 / 6.02×10²³/mol
n〔mol〕＝質量〔g〕/ モル質量〔g/mol〕
n〔mol〕＝気体の体積〔L〕/ 22.4 L/mol

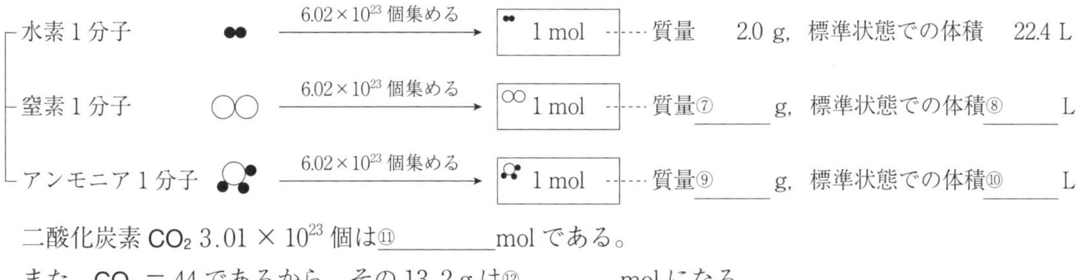

二酸化炭素 CO_2 3.01×10^{23} 個は⑪＿＿＿＿mol である。

また，CO_2 ＝44であるから，その13.2 gは⑫＿＿＿＿mol になる。

標準状態で5.6 Lを占める CO_2 は⑬＿＿＿＿mol である。

答 ①35.5　②2.0　③28　④18　⑤17　⑥58.5　⑦28　⑧22.4　⑨17　⑩22.4

⑪0.5 $\left(\frac{3.01 \times 10^{23}}{6.02 \times 10^{23}} = 0.5 \text{より}\right)$　⑫0.3 $\left(\frac{13.2}{44} = 0.3 \text{より}\right)$　⑬0.25 $\left(\frac{5.6}{22.4} = 0.25 \text{より}\right)$

標準状態で1Lの質量が1.25gの気体の分子量は，22.4Lの体積を占める気体の質量を求めて①________になる。

空気は分子量が28の窒素と分子量が32の酸素が4：1の体積比(物質量比)で混ざっている混合気体なので，見かけの分子量(分子量の平均値)を求めると，

$28 \times \frac{4}{5} + 32 \times \frac{1}{5} =$ ②________　これは“空気”という仮想的な分子の分子量とみなしてよい。したがって，8.64gの空気の物質量は③________molと求めることができる。

3 ●—化学反応式の示すことがら　反応式の係数比 ＝ 物質量の比

point!

	N_2	＋ $3H_2$	⟶ $2NH_3$
分子	1分子	3分子	2分子
物質量の比	1 mol	3 mol	2 mol
質量の比	28 g × 1	2.0 g × 3	17 g × 2
標準状態での体積の比	22.4 L × 1	22.4 L × 3	22.4 L × 2

メタン CH_4 が燃焼する反応は，$CH_4 + 2O_2 \longrightarrow CO_2 + 2H_2O$ と表すことができる。

2molのCH_4が燃焼すると，酸素が④________mol消費され，二酸化炭素⑤________molと水⑥________molが生成する。

また，0.1molのCH_4では，酸素が⑦________mol消費され，二酸化炭素⑧________molと水⑨________molが生成する。

4 ●—溶液の濃度　質量パーセント濃度とモル濃度

point!

(1)　質量パーセント濃度：溶液の質量に対する溶質の質量の百分率。

$$質量パーセント濃度〔\%〕 = \frac{溶質〔g〕}{溶液〔g〕} \times 100$$

(2)　モル濃度：溶液1Lあたりに溶けている溶質の物質量。

$$モル濃度〔mol/L〕 = \frac{溶質の物質量〔mol〕}{溶液の体積〔L〕}$$

1.00 mol/Lの塩化ナトリウムNaCl(式量58.5)水溶液100 mLをつくる手順

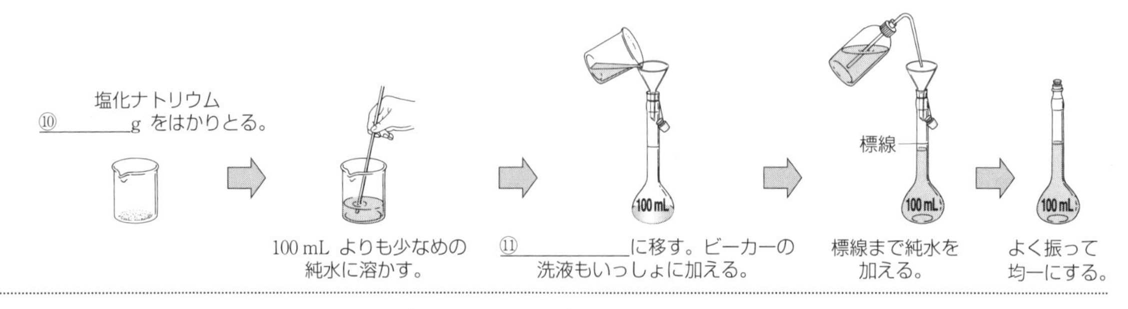
塩化ナトリウム
⑩________gをはかりとる。
100 mLよりも少なめの純水に溶かす。
⑪________に移す。ビーカーの洗液もいっしょに加える。
標線
100 mL
標線まで純水を加える。
よく振って均一にする。

答 ①28(＝1.25×22.4)　②28.8　③0.3$\left(\frac{8.64}{28.8} = 0.3より\right)$　④4　⑤2　⑥4　⑦0.2　⑧0.1　⑨0.2　⑩5.85　⑪(100 mLの)メスフラスコ

例題 1　物質量(mol)と分子量

標準状態で 2.8 L を占める気体の質量が 2.0 g である物質として正しいものを，次の①～⑤のうちから一つ選べ。H = 1.0，He = 4.0，C = 12，N = 14，O = 16，Cl = 35.5 とする。

① He　② N_2　③ O_2　④ Cl_2　⑤ CH_4

この気体の分子量を M とする。この気体の物質量 n〔mol〕は，

質量が 2.0 g であることから，　n = (ア　　　) …(1)

標準状態での体積が 2.8 L であることから，n = (イ　　　) …(2)

(1) = (2)より，M = (ウ　　　)

①～⑤の気体の分子量は，① He = (エ　　　)

② N_2 = (オ　　　)　③ O_2 = (カ　　　)

④ Cl_2 = (キ　　　)　⑤ CH_4 = (ク　　　)

よって，⑤になる。

解法のコツ

mol ⇄ 質量〔g〕
mol ⇄ 体積〔L〕
の換算ができることが大切。

答 ア $\frac{2.0}{M}$　イ $\frac{2.8}{22.4}$　ウ 16　エ 4.0　オ 28　カ 32　キ 71　ク 16

例題①の解答
⑤

例題 2　溶液の濃度

40 g の硝酸カリウム KNO_3 を水 100 g に溶かした。

a　この硝酸カリウム水溶液の質量パーセント濃度〔%〕として最も適当な数値を，次の①～⑤のうちから一つ選べ。

① 80　② 58　③ 50　④ 40　⑤ 29

b　この水溶液 10.0 mL の質量は 12.0 g であった。この溶液のモル濃度〔mol/L〕として最も適当な数値を，次の①～⑤のうちから一つ選べ。ただし，硝酸カリウムの式量は 101 である。

① 34　② 29　③ 4.8　④ 4.1　⑤ 3.4

a　$\frac{溶質}{溶液} = \frac{溶質}{溶媒 + 溶質}$ ……… $\frac{(イ\quad)}{(ア\quad)} \times 100$ = (ウ　　　)%

b　KNO_3 = 101 より，

溶質の物質量……… $\frac{40}{101}$ mol

溶液の質量は 100 + 40 = 140 g，密度が 1.20 g/cm^3 なので体積は

$\frac{140}{1.20} \times \frac{1}{1000}$ L になる。

よって，モル濃度は

$\frac{40}{101}$ mol ÷ $\left(\frac{140}{1.20} \times \frac{1}{1000}\ \mathrm{L}\right)$

= (エ　　　)mol/L

解法のコツ

$\frac{溶質}{溶液} = \frac{溶質}{溶媒 + 溶質}$

になる。溶液と溶媒をまちがえないようにすること。

10.0 mL = 10.0 cm^3 になる。この溶液の密度は

密度 = $\frac{質量}{体積} = \frac{12.0\ \mathrm{g}}{10.0\ \mathrm{cm^3}}$

= 1.20 g/cm^3

この溶液の密度が 1.20 g/cm^3 となることから体積を計算する。

体積 = $\frac{質量}{密度}$

答 ア 140　イ 40　ウ 28.5 ≒ 29　エ 3.39 ≒ 3.4

例題②の解答
a ⑤　b ⑤

演習問題

17 化学反応式 3分

我が国の火力発電所では，燃料の燃焼で生じるガス中に含まれる微量の一酸化窒素を，触媒の存在下でアンモニアおよび酸素と反応させる方法で，無害な窒素に変えて排出している。このことに関連する次の化学反応式中の係数（*a* ～ *c*）の組合せとして正しいものを，右の①～⑥のうちから一つ選べ。［ 1 ］

$$aNO + bNH_3 + O_2 \longrightarrow 4N_2 + cH_2O$$

	a	*b*	*c*
①	2	4	4
②	2	6	4
③	2	6	9
④	4	4	6
⑤	4	9	6
⑥	6	2	3

18 化学反応式と分子数の変化 3分

反応の前後において**分子の総数に変化がない反応**を，次の①～⑤のうちから一つ選べ。［ 2 ］

① 窒素 ＋ 水素 ⟶ アンモニア
② 窒素 ＋ 酸素 ⟶ 一酸化窒素
③ 二酸化窒素 ⟶ 四酸化二窒素
④ アンモニア ＋ 酸素 ⟶ 一酸化窒素 ＋ 水
⑤ 一酸化窒素 ＋ 酸素 ⟶ 二酸化窒素

19 原子の質量 3分 原子量 He＝4.0とする。

物質を構成している原子はきわめて小さい。ヘリウム原子について次の**a**・**b**に当てはまる数値を，それぞれの解答群の①～④のうちから一つずつ選べ。ただし，アボガドロ定数を 6.0×10^{23}/mol とする。

a ヘリウム原子の直径 ［ 3 ］m程度
① 10^{-20}　② 10^{-15}　③ 10^{-10}　④ 10^{-5}

b ヘリウム原子の質量 ［ 4 ］g
① 6.7×10^{-24}　② 7.5×10^{-24}　③ 1.3×10^{-10}　④ 1.5×10^{-23}

20 物質量・式量 6分 原子量 C＝12，N＝14，O＝16，F＝19，Na＝23，Mg＝24，S＝32，Cl＝35.5，K＝39とする。

次の**a**～**c**に当てはまるものを，それぞれの解答群の①～⑤のうちから一つずつ選べ。

a 式量ではなく分子量を用いるのが適当なもの ［ 5 ］
① 水酸化ナトリウム　② 黒鉛　③ 硝酸アンモニウム　④ アンモニア　⑤ 金

b 式量の値が最も小さいもの ［ 6 ］
① $NaCl$　② $MgCl_2$　③ MgO　④ Na_2SO_4　⑤ K_2SO_4

c 1gの気体中に含まれる分子の数が最も多いもの ［ 7 ］
① N_2　② O_2　③ F_2　④ NO　⑤ CO_2

21 物質量と粒子の数 5分

次の記述**ア**～**ウ**で示される物質量 a ～ c の大小関係として最も適当なものを，以下の①～⑥のうちから一つ選べ。ただし，アボガドロ定数を 6.0×10^{23}/mol とする。[8]

ア　塩化物イオン 8.0×10^{23} 個を含む塩化マグネシウムの物質量 a

イ　分子数が 5.0×10^{23} 個のアルゴンの物質量 b

ウ　水素原子 9.0×10^{23} 個を含むアンモニアの物質量 c

①　$a > b > c$　②　$a > c > b$　③　$b > c > a$　④　$b > a > c$　⑤　$c > a > b$
⑥　$c > b > a$

22 気体の密度 3分 原子量　H = 1.0，C = 12，O = 16，S = 32，Cl = 35.5，Ar = 40 とする。

標準状態における密度〔g/L〕が最も大きい気体として最も適当なものを，次の①～⑤のうちから一つ選べ。[9]

①　O_2　②　Cl_2　③　CO_2　④　H_2S　⑤　Ar

23 気体の分子量 4分 原子量　H = 1.0，C = 12，N = 14，O = 16，Ar = 40，Xe = 131 とする。

標準状態で，ある体積の空気の質量を測定したところ 0.29 g であった。次に，標準状態で同体積の別の気体の質量を測定したところ 0.58 g であった。この気体は何か。最も適当なものを，次の①～⑤のうちから一つ選べ。ただし，空気は窒素と酸素の体積比が 4：1 の混合気体であるとする。

[10]

①　アルゴン　②　キセノン　③　プロパン　④　ブタン　⑤　二酸化炭素

24 元素の原子量 5分 原子量　Cl = 35.5 とする。

周期表を考えたメンデレーエフは，炭素やケイ素と同族で当時は未発見であった元素 X の存在を予言し，この原子 1 個と複数の塩素原子だけからなる化合物の分子量を予想した。その後，この元素 X が発見されて，塩素との化合物の分子量は 215 と測定され，予想値とほぼ同じであった。この元素 X の原子量として最も適当なものを，次の①～⑤のうちから一つ選べ。[11]

①　38　②　73　③　109　④　119　⑤　180

25 溶液の濃度 4分 原子量　H = 1.0，O = 16，Na = 23 とする。

質量パーセント濃度 8.0％の水酸化ナトリウム水溶液の密度は 1.1 g/cm^3 である。この溶液 100 cm^3 に含まれる水酸化ナトリウムの物質量は何 mol か。最も適当な数値を，次の①～⑥のうちから一つ選べ。[12] mol

①　0.18　②　0.20　③　0.22　④　0.32　⑤　0.35　⑥　0.38

2-2 酸・塩基の反応

1 ●―酸と塩基

point!

	アレニウスの定義	ブレンステッドの定義
酸	水溶液中で H^+ を生じる物質	H^+ を与える分子・イオン
塩基	水溶液中で OH^- を生じる物質	H^+ を受け取る分子・イオン

価数	酸の価数	酸1化学式が放出できる H^+ の数 (例)硫酸 $H_2SO_4 \longrightarrow 2H^+ + SO_4^{2-}$ で2価
	塩基の価数	塩基1化学式が放出できる OH^- の数 (例)水酸化ナトリウム $NaOH \longrightarrow Na^+ + OH^-$ で1価

強弱	強酸・強塩基	水溶液中で，ほとんど完全に電離している。(電離度 α はほぼ1)
	弱酸・弱塩基	水溶液中で，ごく一部しか電離していない。(α は1よりかなり小さい)

$$電離度\ \alpha = \frac{電離している酸(塩基)の物質量〔mol〕}{溶かした酸(塩基)の物質量〔mol〕}$$

水素イオン H^+ は，実際には水溶液中で，水 H_2O と結合して，H_3O^+(①＿＿＿＿イオン)として存在している。ただ，ふつうは H^+ と表すことが多い。おもな酸・塩基には次のようなものがある。

酸	強酸	塩酸	$HCl \longrightarrow H^+ + Cl^-$(1価)
		硝酸	②＿＿＿＿
		硫酸	③＿＿＿＿
	弱酸	酢酸	④＿＿＿＿
		シュウ酸	⑤＿＿＿＿
			$(COOH)_2 \rightleftarrows 2H^+ + (COO^-)_2$ でも可

塩基	強塩基	水酸化ナトリウム	$NaOH \longrightarrow Na^+ + OH^-$(1価)
		水酸化カリウム	⑥＿＿＿＿
		水酸化カルシウム	⑦＿＿＿＿
		水酸化バリウム	⑧＿＿＿＿
	弱塩基	アンモニア水	⑨＿＿＿＿
			(水との反応)

CO_2 の水溶液は弱酸であり，⑩＿＿＿＿と呼ばれる。

2 ●―水素イオン濃度と pH

point!

水はわずかに電離している。 $H_2O \rightleftarrows H^+ + OH^-$　$[H^+] = [OH^-] = 1.0 \times 10^{-7}$ mol/L(25℃)

$[H^+]$と$[OH^-]$の値は，一方が増加すると他方が減少する。

酸性……$[H^+] > 1.0 \times 10^{-7}$ mol/L　$[H^+] > [OH^-]$

中性……$[H^+] = 1.0 \times 10^{-7}$ mol/L　$[H^+] = [OH^-]$　のときである。

塩基性……$[H^+] < 1.0 \times 10^{-7}$ mol/L　$[H^+] < [OH^-]$

$[H^+] = 10^{-n}$ mol/L ➡ pH $= n$

《発展》 $[H^+]$と$[OH^-]$の関係(25℃)　$[H^+][OH^-] = 1.0 \times 10^{-14}$ $(mol/L)^2$ が成立

$[H^+] = a$〔mol/L〕のとき　pH $= -\log_{10} a$ になる。

酸を水に溶かすと$[H^+]$は大きくなり，$[OH^-]$は小さくなる。逆に，塩基を水に溶かすと$[OH^-]$が⑪＿＿＿＿なり，$[H^+]$が⑫＿＿＿＿なる。

$[H^+] = 10^{-2}$ mol/L の水溶液の pH の値は⑬＿＿＿＿である。

答 ①オキソニウム　② $HNO_3 \longrightarrow H^+ + NO_3^-$(1価)　③ $H_2SO_4 \longrightarrow 2H^+ + SO_4^{2-}$(2価)
④ $CH_3COOH \rightleftarrows CH_3COO^- + H^+$(1価)　⑤ $H_2C_2O_4 \rightleftarrows 2H^+ + C_2O_4^{2-}$(2価)　⑥ $KOH \longrightarrow K^+ + OH^-$(1価)
⑦ $Ca(OH)_2 \longrightarrow Ca^{2+} + 2OH^-$(2価)　⑧ $Ba(OH)_2 \longrightarrow Ba^{2+} + 2OH^-$(2価)　⑨ $NH_3 + H_2O \rightleftarrows NH_4^+ + OH^-$(1価)
⑩炭酸　⑪大きく　⑫小さく　⑬2

3 ●—中和

point!

中和反応　（形式）［酸］ ＋ ［塩基］ ⟶ ［塩］ ＋ ［水］

　　　　　（例）　HCl ＋ $NaOH$ ⟶ $NaCl$ ＋ H_2O

　　　　　（実質）H^+ ＋ OH^- ⟶ H_2O

量的関係　（酸からの H^+ の物質量）＝（塩基からの OH^- の物質量）

c〔mol/L〕の a 価の酸 V〔L〕と，c'〔mol/L〕の b 価の塩基 V'〔L〕がちょうど中和したとき

$$a \times c \times V = b \times c' \times V'$$

　酢酸と水酸化ナトリウムの中和反応

$$CH_3COOH + NaOH \longrightarrow CH_3COONa + H_2O$$

において，弱酸の CH_3COOH の場合，電離している H^+ の量は少ないが，中和反応で H^+ が消費されるにつれて，次々と電離して H^+ を生じる。最終的には CH_3COOH 中の H^+ がすべて放出される。つまり，**酸・塩基の強弱に関係なく**上記の量的関係は成立する。

　硫酸と水酸化ナトリウムの中和反応 ➡ H_2SO_4 は2価，$NaOH$ は1価なので，

①＿＿＿＿＿＿＿＿＿＿の反応式になる。

　塩酸とアンモニア水の中和反応 ➡ HCl は1価，NH_3 は1価なので，

$HCl + (NH_3 + H_2O) \longrightarrow NH_4Cl + H_2O$ となるが，左辺と右辺に H_2O を含んでいるので，両辺から H_2O を除いて②＿＿＿＿＿＿＿＿の反応式になる。

4 ●—滴定曲線と指示薬

……pHジャンプ（pHが急激に変化する部分）の範囲内に変色域をもつ指示薬を用いる。

point!

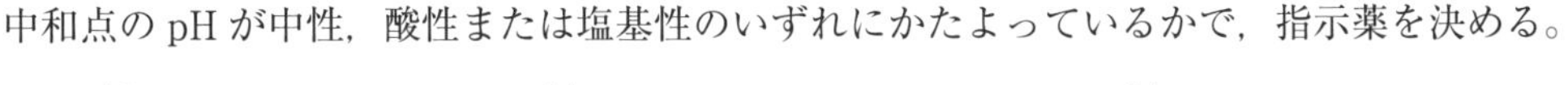

中和点のpHが中性，酸性または塩基性のいずれにかたよっているかで，指示薬を決める。

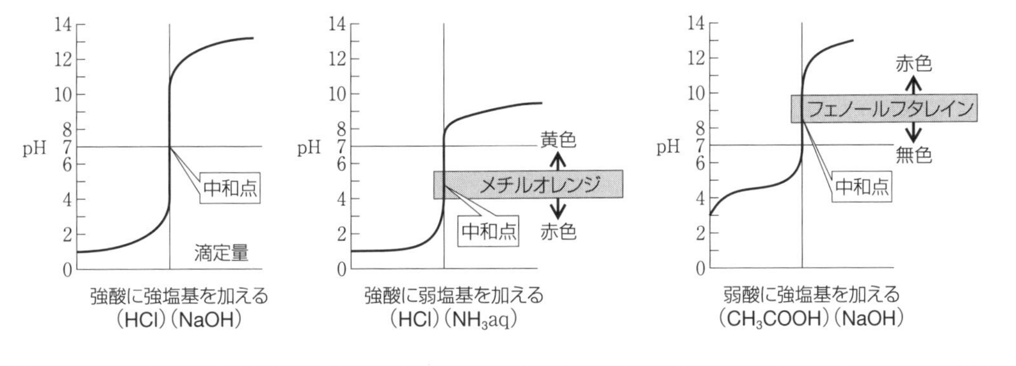

　塩酸とNaOH水溶液の滴定曲線は中和点付近でpHが急激に変化する。指示薬は変色域3.1～4.4の③＿＿＿＿＿＿と変色域8.0～9.8の④＿＿＿＿＿＿＿＿がどちらも使用できる。

　しかし，塩酸とアンモニア水の場合，中和点のpHが酸性側にかたよっているので，指示薬は⑤＿＿＿＿＿＿を使用する。

　酢酸とNaOH水溶液の場合，中和点のpHが⑥＿＿＿＿＿＿にかたよっているので，指示薬は⑦＿＿＿＿＿＿＿を使用する。

答 ① $H_2SO_4 + 2NaOH \longrightarrow Na_2SO_4 + 2H_2O$　② $HCl + NH_3 \longrightarrow NH_4Cl$　③メチルオレンジ　④フェノールフタレイン　⑤メチルオレンジ　⑥塩基性側　⑦フェノールフタレイン

5 ●—中和滴定

point!

酢酸を水酸化ナトリウム水溶液で滴定する➡ホールピペット，ビュレット，コニカルビーカーの取り扱いに注意。

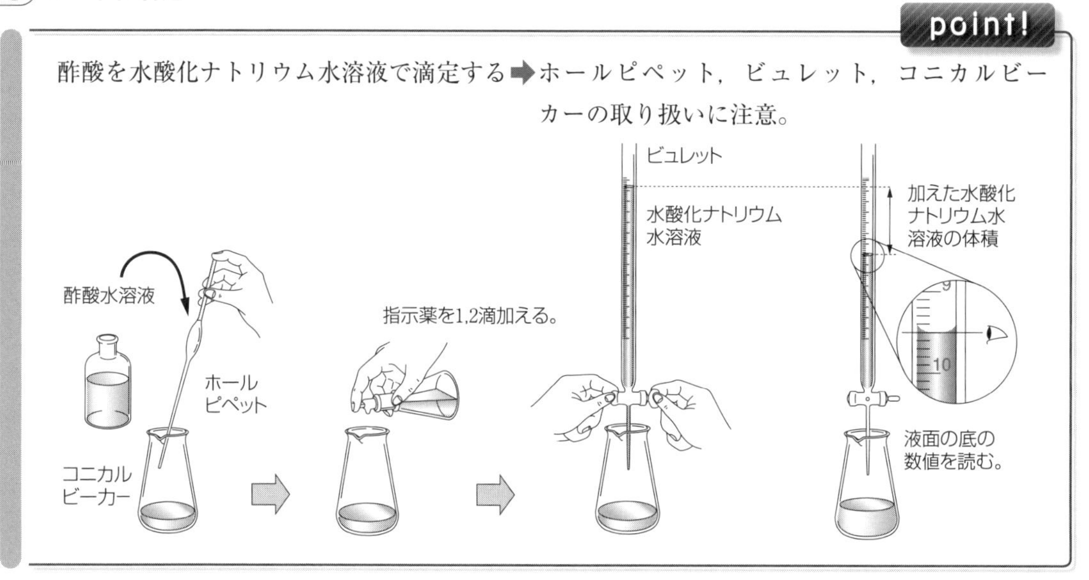

このときに使う指示薬は①__________である。

また，使用したい器具が洗浄時の水でぬれている場合，ホールピペットとビュレットは，中に入れる溶液で数回洗う。これを②______という。コニカルビーカーは③__________。

6 ●—塩

point!

塩の分類

正塩	酸の H も塩基の OH も残っていない塩	（例）NaCl，$CuSO_4$
酸性塩	酸の H が残っている塩	（例）$NaHSO_4$，$NaHCO_3$
塩基性塩	塩基の OH が残っている塩	（例）CuCl(OH)，MgCl(OH)

この分類は塩の組成からつけられたもので，塩の水溶液の性質とは必ずしも一致しない。正塩の水溶液の性質は，「その塩を中和反応でつくるときに必要な酸と塩基の種類」で判断する。

正塩は次のように「強」のものの性質が現れる。

強酸 ＋ 強塩基からなる塩	**中性**を示す	（例）NaCl
強酸 ＋ 弱塩基からなる塩	**酸性**を示す	（例）NH_4Cl
弱酸 ＋ 強塩基からなる塩	**塩基性**を示す	（例）CH_3COONa

酢酸ナトリウム CH_3COONa は，弱酸の④______と強塩基の⑤______でできた塩なので，水溶液は⑥______を示す。

塩化アンモニウム NH_4Cl は，強酸の⑦______と弱塩基の⑧______でできた塩なので，水溶液は⑨______を示す。

塩化ナトリウム NaCl は，強酸の⑩______と強塩基の⑪______でできた塩なので，水溶液は⑫______を示す。

答 ①フェノールフタレイン　②共洗い（共液洗い）　③ぬれたまま使用する　④ CH_3COOH　⑤ NaOH　⑥塩基性　⑦ HCl　⑧ NH_3　⑨酸性　⑩ HCl　⑪ NaOH　⑫中性

例題 1　酸と塩基

酸と塩基に関する記述として**誤りを含むもの**を，次の①～⑤のうちから一つ選べ。

① 水に溶かすと電離して水酸化物イオン OH^- を生じる物質は，塩基である。
② 水素イオン H^+ を受け取る物質は，酸である。
③ 水は，酸としても塩基としても働く。
④ 0.1 mol/L 酢酸水溶液中の酢酸の電離度は，同じ濃度の塩酸中の塩化水素の電離度より小さい。
⑤ pH 2 の塩酸を水で薄めると，その pH は大きくなる。

解法のコツ
酸と塩基の定義には，(1)アレニウスの定義と(2)ブレンステッドの定義の 2 つがある。

① アレニウスの定義によれば，水に溶けて(ア　　　　　　)を生じる物質は塩基である。
② ブレンステッドの定義によれば，H^+ を与えることができるものが(イ　　　)，受け取ることができるものが(ウ　　　)である。(誤り)
③ ブレンステッドの定義によれば，(エ　　　)は酸としても塩基としても働く。

$HCl + \boxed{H_2O} \longrightarrow Cl^- + H_3O^+$　（H^+を受け取る）

$NH_3 + \boxed{H_2O} \rightleftarrows NH_4^+ + OH^-$　（H^+を与える）

答 ア 水酸化物イオン(OH^-)　イ 酸　ウ 塩基　エ 水

例題①の解答
②

例題 2　中和滴定

中和滴定に関する次の記述中の空欄 [1] ～ [3] に当てはまる語句および数値の組合せとして正しいものを，下の①～⑥のうちから一つ選べ。

濃度が不明の酢酸水溶液 8.0 mL に，[1] を 2 ～ 3 滴加え，0.20 mol/L の水酸化ナトリウム水溶液で滴定した。10 mL 加えたところで中和点に達し，溶液は [2] に変化した。

そこで，この酢酸水溶液の濃度は [3] mol/L と決定された。

	1	2	3
①	フェノールフタレイン	赤色	0.50
②	フェノールフタレイン	青色	0.25
③	フェノールフタレイン	赤色	0.25
④	メチルオレンジ	黄色	0.25
⑤	メチルオレンジ	青色	0.50
⑥	メチルオレンジ	赤色	0.25

解法のコツ
指示薬は，酸・塩基の強弱で決まる。
この反応の中和点で生じる塩 CH_3COONa は，弱塩基性を示すので，この範囲に変色域をもつ指示薬を使う。

酢酸 CH_3COOH は(ア　　　　)，水酸化ナトリウム $NaOH$ は(イ　　　　)である。したがって，このとき使う指示薬は(ウ　　　　　　　)になる。色の変化は(エ　　)色から(オ　　)色。

酢酸と水酸化ナトリウムの中和反応は，次のようになる。

(カ　　　　　　　　　　　　　　　　　　　　)

CH_3COOH と $NaOH$ は 1：1 の物質量比で反応するので，CH_3COOH 水溶液の濃度を x〔mol/L〕とすると，

$$\left(x\text{〔mol/L〕} \times \frac{8.0}{1000}\text{ L}\right) : \left(\text{キ}\qquad\qquad\right) = 1 : 1$$

よって，x = (ク　　　　)mol/L

答 ア 弱酸　イ 強塩基　ウ フェノールフタレイン　エ 無　オ 赤
カ $CH_3COOH + NaOH \longrightarrow CH_3COONa + H_2O$　キ $0.20\text{ mol/L} \times \frac{10}{1000}\text{ L}$　ク 0.25

例題②の解答
③

演習問題

26 酸と塩基の定義 3分

15●

次の**反応Ⅰ**および**反応Ⅱ**で，下線を引いた分子およびイオン(a～d)のうち，酸として働くものの組合せとして最も適当なものを，下の①～⑥のうちから一つ選べ。［1］

反応Ⅰ　$CH_3COOH + {}_{a}\underline{H_2O} \rightleftarrows CH_3COO^- + {}_{b}\underline{H_3O^+}$

反応Ⅱ　$NH_3 + {}_{c}\underline{H_2O} \rightleftarrows NH_4^+ + {}_{d}\underline{OH^-}$

①　aとb　②　aとc　③　aとd
④　bとc　⑤　bとd　⑥　cとd

27 酸と塩基 3分

酸と塩基に関する記述として正しいものを，次の①～⑤のうちから一つ選べ。［2］

①　塩化水素を水に溶かすと，オキソニウムイオンが生成する。
②　濃いアンモニア水の中では，アンモニアの大部分がアンモニウムイオンになっている。
③　1価の強酸を1価の弱塩基で中和するとき，必要な弱塩基の物質量〔mol〕は強酸の物質量より多い。
④　水溶液が塩基性を示す塩を，塩基性塩という。
⑤　濃い酢酸水溶液中の酢酸の電離度は1である。

28 酸と塩基 3分

酸・塩基に関する次の記述a～cについて，正誤の組合せとして正しいものを，右の①～⑧のうちから一つ選べ。［3］

a　水溶液中で，水素イオン濃度を増加させても，水酸化物イオン濃度は変わらない。
b　濃度0.10 mol/Lのアンモニア水中のアンモニアの電離度は，25℃において0.013である。この溶液1.0 Lは，0.013 mol/Lの硝酸1.0 Lで過不足なく中和することができる。
c　水酸化カルシウムは，弱塩基である。

	a	b	c
①	正	正	正
②	正	正	誤
③	正	誤	正
④	正	誤	誤
⑤	誤	正	正
⑥	誤	正	誤
⑦	誤	誤	正
⑧	誤	誤	誤

29 塩の水溶液の液性 3分

次の塩a～eを，その水溶液が酸性，塩基性，中性を示すものに分類した。その分類として正しいものを，右の①～⑥のうちから一つ選べ。［4］

a　$CuSO_4$　　b　$(NH_4)_2SO_4$
c　Na_2SO_4　　d　CH_3COOK
e　KNO_3

	酸　性	塩基性	中　性
①	a	b・d	c・e
②	b	a・d	c・e
③	a・c	d	b・e
④	b・c	e	a・d
⑤	a・b	d	c・e
⑥	a・b	e	c・d

30　塩の水溶液と pH　3分

次の水溶液A～Cについて，pHの値の大きい順に並べたものとして正しいものを，以下の①～⑥のうちから一つ選べ。［ 5 ］

A　0.01 mol/L 酢酸ナトリウム水溶液
B　0.01 mol/L 塩化アンモニウム水溶液
C　0.01 mol/L 硫酸ナトリウム水溶液

① A > B > C　② A > C > B　③ B > A > C　④ B > C > A
⑤ C > A > B　⑥ C > B > A

31　中和反応と滴定曲線　5分　12●

1価の塩基Aの0.10 mol/L水溶液10 mLに，酸Bの0.20 mol/L水溶液を滴下し，pHメーター(pH計)を用いてpHの変化を測定した。Bの水溶液の滴下量と，測定されたpHの関係を図1に示す。この実験に関する記述として**誤りを含むもの**を，以下の①～④のうちから一つ選べ。［ 6 ］

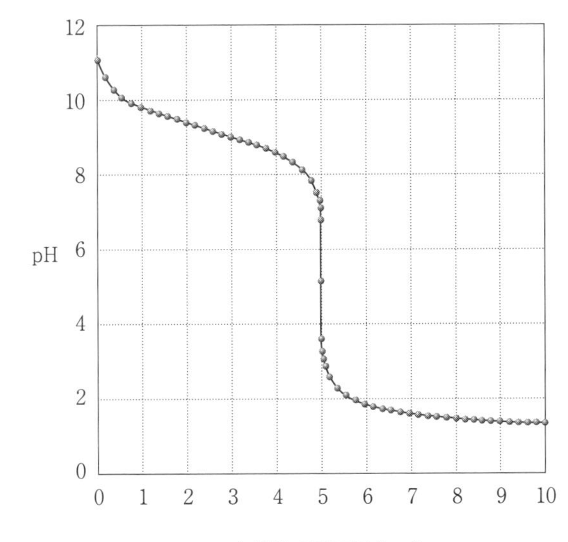

図1

① Aは弱塩基である。
② Bは強酸である。
③ 中和点までに加えられたBの物質量は，1.0×10^{-3} mol である。
④ Bは2価の酸である。

2-3 酸化と還元，イオン化傾向

1 酸化と還元

point!

	(1)酸素	(2)水素	(3)電子
酸化される	受け取る	失う	失う
還元される	失う	受け取る	受け取る

酸化剤 ＝ 還元される (酸化数 減少する)
還元剤 ＝ 酸化される (酸化数 増加する)
酸素 O（還元剤 → 酸化剤），水素 H（還元剤 ← 酸化剤），電子 e^-（還元剤 ← 酸化剤）

酸化と還元は同時に起こる。

1 $2Cu + O_2 \longrightarrow 2CuO$ では，銅は酸素と化合しているので①＿＿＿＿されたという。ここで生じた酸化銅(Ⅱ)CuO に水素を送りながら加熱すると，銅に戻る。$CuO + H_2 \longrightarrow Cu + H_2O$

このとき，②＿＿＿＿は酸素を失っているので，③＿＿＿＿されたという。

2 $H_2S + Cl_2 \longrightarrow 2HCl + S$ では，H_2S は水素を失っているので④＿＿＿＿されたことになる。一方，Cl_2 は水素と化合したので⑤＿＿＿＿されたことになる。

3 $2Cu + O_2 \longrightarrow 2CuO$ を電子の授受で見てみると，酸化された銅は電子を失っている。

$$\begin{cases} 2Cu \longrightarrow 2Cu^{2+} + 4e^- \\ O_2 + 4e^- \longrightarrow 2O^{2-} \end{cases}$$

一方，酸素は電子を受け取って酸化物イオンになる。

一般に，電子の移動に着目して酸化・還元が定義されることが多く，電子を失うと⑥＿＿＿＿された，電子を受け取ると⑦＿＿＿＿されたことになる。

2 酸化数

point!

酸化数……電子 e^- の授受をはっきりさせるために用いられる数値。

(1) 単体中の原子の酸化数は0とする。	(例) H_2 Cu（0，0）
(2) H の酸化数＝+1，O の酸化数＝−2を基準にする。	(例外) H_2O_2 中の O の酸化数は−1
(3) 化合物を構成する各原子の酸化数の総和は0とする。	(例) S O_3（+6，−2）……(+6)＋(−2)×3＝0
(4) 単原子イオンの酸化数は，そのイオンの価数（符号も含む）に等しい。	(例) Na^+（+1），S^{2-}（−2），Cl^-（−1）
(5) 多原子イオンの場合，構成する原子の酸化数の総和は，そのイオンの価数に等しい。	(例) N H_4^+（−3，+1）……(−3)＋(+1)×4＝+1

電子を失ったとき，酸化数は増加する。➡酸化された
電子を受け取ったとき，酸化数は減少する。➡還元された

化合物 H_2SO_4 は，上記(3)が成り立つ。したがって，S の酸化数を x とすると，
$(+1)\times 2 + x + (-2)\times 4 = 0$ より，$x =$ ⑧＿＿＿＿

多原子イオン MnO_4^- は，上記(5)が成り立つ。したがって，Mn の酸化数を y とすると，
$y + (-2)\times 4 = -1$ より，$y =$ ⑨＿＿＿＿

答 ①酸化 ②CuO ③還元 ④酸化 ⑤還元 ⑥酸化 ⑦還元 ⑧+6 ⑨+7

3 ●—おもな酸化剤と還元剤

point!

酸化剤 ＝ 相手を酸化する（自身は還元される）	［変化］	還元剤 ＝ 相手を還元する（自身は酸化される）	［変化］
過酸化水素	H_2O_2（$H_2O_2 \rightarrow 2H_2O$）	シュウ酸	$(COOH)_2$（$(COOH)_2 \rightarrow 2CO_2$）
過マンガン酸カリウム	$KMnO_4$（$MnO_4^- \rightarrow Mn^{2+}$）	硫化水素	H_2S（$H_2S \rightarrow S$）
二クロム酸カリウム	$K_2Cr_2O_7$（$Cr_2O_7^{2-} \rightarrow 2Cr^{3+}$）	二酸化硫黄	SO_2（$SO_2 \rightarrow SO_4^{2-}$）
ハロゲン	（例）Cl_2（$Cl_2 \rightarrow 2Cl^-$）	アルカリ金属	（例）Na（$Na \rightarrow Na^+$）
熱濃硫酸	H_2SO_4（$H_2SO_4 \rightarrow SO_2$）	塩化スズ（Ⅱ）	$SnCl_2$（$Sn^{2+} \rightarrow Sn^{4+}$）
希硝酸	HNO_3（$HNO_3 \rightarrow NO$）	硫酸鉄（Ⅱ）	$FeSO_4$（$Fe^{2+} \rightarrow Fe^{3+}$）
濃硝酸	HNO_3（$HNO_3 \rightarrow NO_2$）	ヨウ化カリウム	KI（$2I^- \rightarrow I_2$）
二酸化硫黄	SO_2（$SO_2 \rightarrow S$）	過酸化水素	H_2O_2（$H_2O_2 \rightarrow O_2$）

過酸化水素 H_2O_2 は，ふつう①________として働く。しかし，より強い酸化剤（$KMnO_4$ など）に対しては②________として働き，③________が発生する。

二酸化硫黄 SO_2 は，ふつう④________として働く。しかし，より強い還元剤（H_2S など）に対しては⑤________として働き，⑥________が生成する。

4 ●—金属のイオン化傾向

point!

㊀大（陽イオンになりやすい）←—— イオン化傾向 ——→（陽イオンになりにくい）小

大 ←—— 還元力 ——→ 小

	Li K Ca Na	Mg	Al Zn Fe	Ni Sn Pb	(H_2)	Cu Hg Ag	Pt Au
水との反応	常温の水と反応	熱水と反応	高温の水蒸気と反応	反応しない			
酸との反応	希酸と反応し，水素を発生して溶ける					酸化力の強い酸に溶ける	王水にだけ溶ける

イオン化傾向の大きい金属は，常温でも水と反応して，水酸化物となり⑦________を発生させる。

Na と水の反応式は⑧________________である。

水素よりイオン化傾向の大きい金属は，希酸に溶けて，⑨________を発生させる。

$$Zn + H_2SO_4 \longrightarrow ZnSO_4 + H_2$$

$$\left\{\begin{array}{l} Zn \longrightarrow Zn^{2+} + 2e^- \\ 2H^+ + 2e^- \longrightarrow H_2 \end{array}\right\}$$

Zn は H_2 よりもイオン化傾向が大
⟶ 電子を放出して，陽イオンになる。

水素よりイオン化傾向の小さい金属のうち，Cu，Hg，Ag は酸化力の強い酸，つまり，熱濃硫酸や硝酸に溶ける。このとき，発生する気体は，

熱濃硫酸➡SO_2　希硝酸➡⑩________　濃硝酸➡⑪________である。

Pt と Au は，濃硝酸と濃塩酸（1：3）の混合溶液である⑫________にだけ溶ける。

答 ①酸化剤 ②還元剤 ③ O_2 ④還元剤 ⑤酸化剤 ⑥ S ⑦ H_2 ⑧ $2Na + 2H_2O \longrightarrow 2NaOH + H_2$ ⑨ H_2 ⑩ NO ⑪ NO_2 ⑫王水

5 ●―電池の原理

……電池は，化学変化にともなうエネルギーを電気エネルギーとして取り出す装置である。

point!

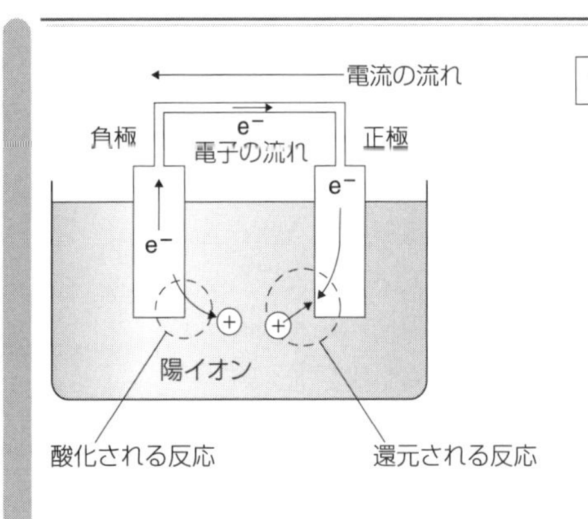

電池 … 酸化と還元を別々の場所(電極)で行わせる。

↓

電子の流れをつくる。電流として電気エネルギーを取り出す。

電流の向き(正極→負極)は，電子の流れ(負極→正極)と逆向きと約束されている。

負極 …イオン化傾向の大きい方の金属。

正極 …イオン化傾向の小さい方の金属。

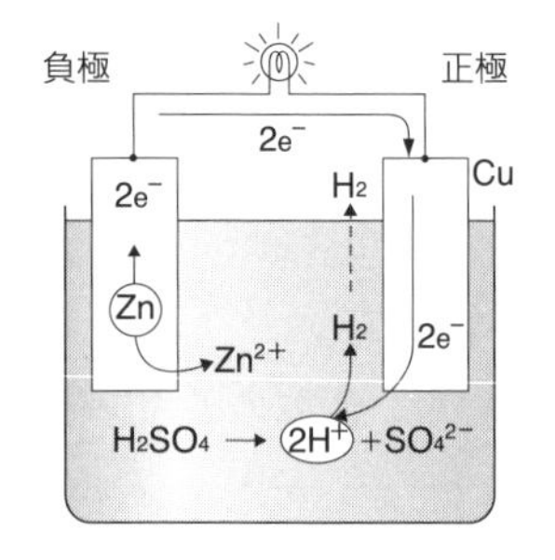

電池のしくみをボルタ電池を使って説明してみる。(右図)

2種類の金属 Cu と Zn を導線でつなぎ，希硫酸に入れると電池になる。イオン化傾向の大きい①＿＿＿＿板が負極となって電子を放出し，自身は陽イオンになり溶け出す。放出された電子は導線を通って，正極の②＿＿＿＿板に流れ込む。

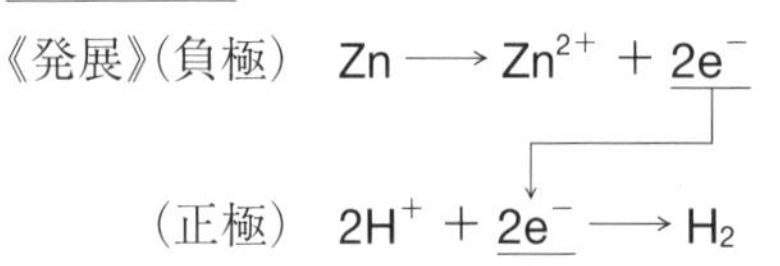

《発展》(負極)　$Zn \longrightarrow Zn^{2+} + 2e^-$

(正極)　$2H^+ + 2e^- \longrightarrow H_2$

負極で起こる反応は③＿＿＿＿反応であり，正極で起こる反応は④＿＿＿＿反応である。

6 ●― 一次電池と二次電池

point!

いろいろな実用電池

	電池	負極	電解質	正極	起電力
一次電池	マンガン乾電池	Zn	$ZnCl_2$，NH_4Cl	MnO_2	1.5 V
	アルカリ(マンガン)乾電池	Zn	KOH	MnO_2	1.5 V
	酸化銀電池	Zn	KOH	Ag_2O	1.55 V
	リチウム電池	Li	有機電解質	MnO_2	3 V
二次電池	鉛蓄電池	Pb	H_2SO_4	PbO_2	2.1 V
その他	燃料電池(リン酸形)	H_2	H_3PO_4	O_2	1.23 V

電池から電気エネルギーを取り出すことを⑤＿＿＿＿という。マンガン乾電池のように放電により起電力が低下し，もとに戻らない電池を⑥＿＿＿＿という。

放電した後，外部から逆向きの電流を流すと，起電力を回復させることができる電池を⑦＿＿＿＿という。この操作が⑧＿＿＿＿であり，車のバッテリーなどに使われる⑨＿＿＿＿が代表的なものである。

水素と酸素を混ぜて火をつけると水になる。この反応で水素は⑩＿＿＿＿され，酸素は⑪＿＿＿＿される。これを利用した電池が⑫＿＿＿＿である。

答 ① Zn　② Cu　③酸化　④還元　⑤放電　⑥一次電池　⑦二次電池(蓄電池)　⑧充電　⑨鉛蓄電池　⑩酸化　⑪還元　⑫燃料電池

例題 1　酸化数

次の物質a～dについて，マンガン原子の酸化数が最大のものと最小のものの組合せとして正しいものを，以下の①～⑥のうちから一つ選べ。

a　$KMnO_4$　　b　$MnSO_4$　　c　Mn　　d　Mn_2O_3

①　a・d　　②　a・c　　③　b・c　　④　a・b

⑤　c・d　　⑥　b・d

解法のコツ

単体の酸化数 ＝ 0 となる。

化合物 $KMnO_4$ 中の O の酸化数は -2，K は K^+ として存在しているので $+1$。

これを基準として Mn の酸化数を求める。

それぞれの物質中の Mn の酸化数を x とすると，

a　$KMnO_4$　　$(+1)+x+(-2)\times 4=0$　　$x=$(ア　　　)

b　$MnSO_4$　　わかりにくい場合は，電離させてみる。

$MnSO_4 \longrightarrow Mn^{2+} + SO_4^{2-}$　　Mn^{2+} となるので，Mn の酸化数は(イ　　　)

c　Mn　　単体なので，酸化数は(ウ　　　)

d　Mn_2O_3　　$x\times 2+(-2)\times 3=0$　　$x=+3$

よって，Mn の酸化数が最大のものは(エ　　　)，最小のものは(オ　　　)である。

答　ア　+7　イ　+2　ウ　0　エ　a　オ　c

例題①の解答

②

例題 2　酸化剤

次に示す化学反応式a～cのそれぞれにおいて，酸化剤として働いているものの組合せとして最も適当なものを，右の①～⑥のうちから一つ選べ。

a　$SO_2 + 2H_2S \longrightarrow 3S + 2H_2O$

b　$Fe_2O_3 + 3CO \longrightarrow 2Fe + 3CO_2$

c　$2Na + 2H_2O \longrightarrow 2NaOH + H_2$

	a	b	c
①	H_2S	CO	Na
②	H_2S	Fe_2O_3	H_2O
③	H_2S	CO	H_2O
④	SO_2	CO	Na
⑤	SO_2	Fe_2O_3	Na
⑥	SO_2	Fe_2O_3	H_2O

解法のコツ

酸化剤は「酸化数の変化」で判断するのがコツ。

この問題に登場した反応では，「酸素を受け取る」，「酸素を失う」反応に着目しても容易に判断することができる。

酸化剤は相手の物質を酸化するもので，自身は(ア　　　)される。つまり，酸化数の(イ　　　)している原子を含む物質をさがす。

a　SO_2　+　$2H_2S$　⟶　$3S$　+　$2H_2O$

SO_2：+4　$2H_2S$：−2　$3S$：0

酸化される（−2 → 0）

還元される（+4 → 0）

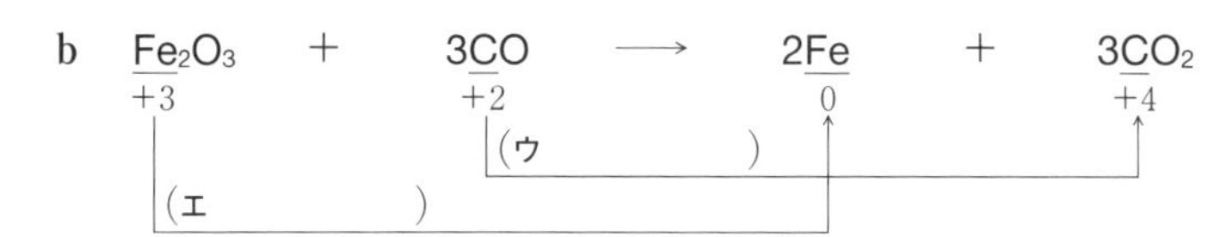

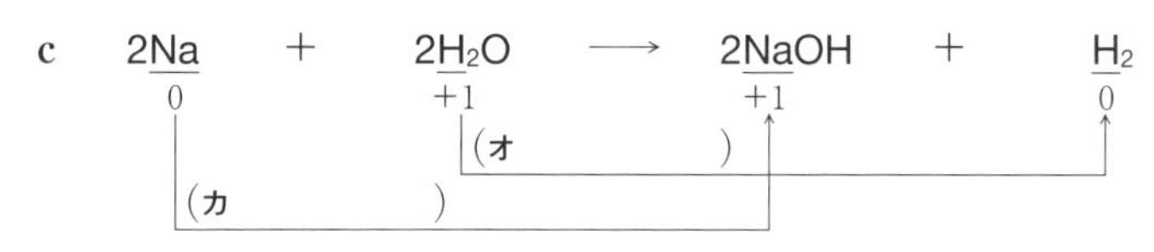

答　ア　還元　イ　減少　ウ　酸化される　エ　還元される　オ　還元される　カ　酸化される

例題②の解答

⑥

演　習　問　題

32　酸化数　2分

次の化合物（a～d）のうち，下線を引いた原子の酸化数が等しいものの組合せを，以下の①～⑥のうちから一つ選べ。[1]

a　$Ca\underline{C}O_3$　　b　$Na\underline{N}O_3$　　c　$K_2\underline{Cr}_2O_7$　　d　$H_3\underline{P}O_4$

①　a・b　　②　a・c　　③　a・d　　④　b・c　　⑤　b・d　　⑥　c・d

33　酸化還元反応　3分

18(改)●

次の反応①～⑤のうち酸化還元反応はどれか。当てはまる反応式をすべて選べ。[2]

①　$CH_3COONa + HCl \longrightarrow CH_3COOH + NaCl$

②　$2CO + O_2 \longrightarrow 2CO_2$

③　$Cu(OH)_2 + H_2SO_4 \longrightarrow CuSO_4 + 2H_2O$

④　$Mg + 2H_2O \longrightarrow Mg(OH)_2 + H_2$

⑤　$NH_3 + HNO_3 \longrightarrow NH_4NO_3$

34　酸化作用の強さ　3分

次の反応a～cから，H_2O_2，H_2S，SO_2の酸化作用の強さの順序を知ることができる。これらの物質が酸化作用の強さの順に正しく並べられているものを，以下の①～⑥のうちから一つ選べ。

[3]

a　$H_2O_2 + SO_2 \longrightarrow H_2SO_4$

b　$H_2S + H_2O_2 \longrightarrow S + 2H_2O$

c　$SO_2 + 2H_2S \longrightarrow 3S + 2H_2O$

①　$H_2O_2 > H_2S > SO_2$　　②　$H_2O_2 > SO_2 > H_2S$　　③　$H_2S > H_2O_2 > SO_2$

④　$H_2S > SO_2 > H_2O_2$　　⑤　$SO_2 > H_2O_2 > H_2S$　　⑥　$SO_2 > H_2S > H_2O_2$

35　酸化還元反応　3分

酸化還元反応に関する記述として**誤りを含むもの**を，次の①～⑤のうちから一つ選べ。[4]

①　酸化還元反応では，酸化剤が還元される。

②　過酸化水素は反応する相手の物質によって，酸化剤として働くことも，還元剤として働くこともある。

③　過マンガン酸カリウム1molは，硫酸酸性水溶液中で，過酸化水素1molにより過不足なく還元される。

④　硫酸銅（Ⅱ）水溶液に鉄を入れると，銅（Ⅱ）イオンは還元される。

⑤　カルシウムと水の反応では，カルシウムが酸化される。

36　酸化剤　4分

次の反応 a ～ e において，下線で示した化合物が酸化剤として働くものの組合せとして最も適当なものを，以下の①～⑧のうちから一つ選べ。［ 5 ］

a　銅に濃硫酸を加えて加熱すると，二酸化硫黄が発生する。
b　硫化鉄(Ⅱ)に希硫酸を加えると，硫化水素が発生する。
c　酸化マンガン(Ⅳ)に濃塩酸を加えて加熱すると，塩素が発生する。
d　塩素酸カリウムに酸化マンガン(Ⅳ)を加えて加熱すると，酸素が発生する。
e　過酸化水素水に硫化水素を吹き込むと，硫黄が生じる。

①　a・b　②　a・c　③　a・d　④　a・e　⑤　b・d　⑥　b・e
⑦　c・d　⑧　c・e

37　酸化還元反応　4分

酸化還元反応に関する次の記述 a ～ c の下線部について，正誤の組合せとして正しいものを，右の①～⑧のうちから一つ選べ。［ 6 ］

a　二クロム酸カリウムの硫酸酸性水溶液に過酸化水素水を加えると，二クロム酸イオンが酸化されてクロム(Ⅲ)イオンが生成し，溶液は橙赤色から緑色に変わる。
b　亜鉛板を硫酸銅(Ⅱ)水溶液に入れると，銅(Ⅱ)イオンが還元されて銅が析出し，溶液の青色が薄くなる。
c　塩素 Cl_2 を臭化カリウム水溶液に通すと，臭化物イオンが還元されて臭素 Br_2 が遊離し，溶液は赤褐色になる。

	a	b	c
①	正	正	正
②	正	正	誤
③	正	誤	正
④	正	誤	誤
⑤	誤	正	正
⑥	誤	正	誤
⑦	誤	誤	正
⑧	誤	誤	誤

38　過酸化水素とヨウ化ナトリウムの反応　4分

硫酸酸性の過酸化水素水にヨウ化ナトリウム水溶液を加えたときの反応に関する次の記述 a ～ c について，正誤の組合せとして正しいものを，右の①～⑧のうちから一つ選べ。［ 7 ］

a　反応後の溶液の pH の値は，反応前より大きくなる。
b　反応中に，水素が発生する。
c　反応後の溶液をデンプン水溶液に加えると，青紫色を示す。

	a	b	c
①	正	正	正
②	正	正	誤
③	正	誤	正
④	正	誤	誤
⑤	誤	正	正
⑥	誤	正	誤
⑦	誤	誤	正
⑧	誤	誤	誤

39 金属のイオン化傾向 3分

16(追)●

金属および金属イオンの反応性に関する記述として**誤りを含むもの**を，次の①～⑤のうちから一つ選べ。［8］

① 硫酸銅(Ⅱ)水溶液に亜鉛を浸すと銅が析出する。

② 塩化マグネシウム水溶液に鉄を浸すとマグネシウムが析出する。

③ 硝酸銀水溶液に銅を浸すと銀が析出する。

④ 塩酸に亜鉛を浸すと水素が発生する。

⑤ 白金は王水に溶ける。

40 電池 3分

16●

電池に関する次の文章中の［ア］～［ウ］に当てはまる語の組合せとして正しいものを，下の①～⑧のうちから一つ選べ。［9］

図1のように，導線でつないだ2種類の金属(A・B)を電解質の水溶液に浸して電池を作製する。このとき，一般にイオン化傾向の大きな金属は［ア］され，［イ］となって溶け出すので，電池の［ウ］となる。

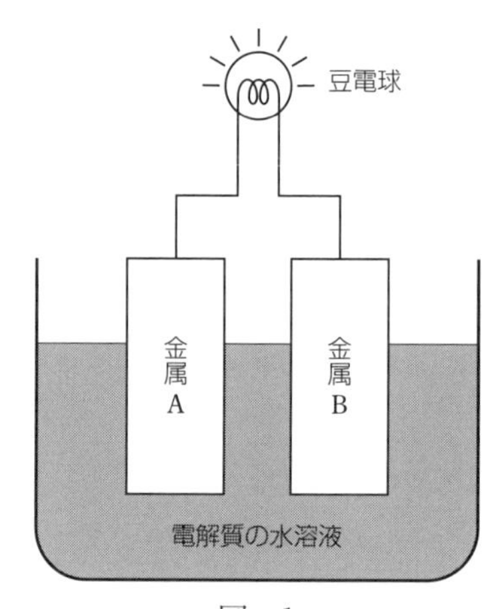

図 1

	ア	イ	ウ
①	還　元	陽イオン	正　極
②	還　元	陽イオン	負　極
③	還　元	陰イオン	正　極
④	還　元	陰イオン	負　極
⑤	酸　化	陽イオン	正　極
⑥	酸　化	陽イオン	負　極
⑦	酸　化	陰イオン	正　極
⑧	酸　化	陰イオン	負　極

41　鉛蓄電池　3分　　16化学(追)●

次の文章中の［ア］～［ウ］に当てはまる語句と数値の組合せとして正しいものを，下の①～⑥のうちから一つ選べ。［10］

鉛蓄電池の放電時には正極で PbO_2 が $PbSO_4$ になる［ア］反応が起こり，負極で Pb が $PbSO_4$ になる［イ］反応が起こる。正極で 1 mol の $PbSO_4$ が生成するとき，［ウ］mol の電子が流れる。

	ア	イ	ウ
①	酸　化	還　元	1
②	還　元	酸　化	1
③	酸　化	還　元	2
④	還　元	酸　化	2
⑤	酸　化	還　元	4
⑥	還　元	酸　化	4

42　電池　3分　　15(追)●

電池に関する記述として下線部に**誤りを含むもの**を，次の①～⑤のうちから一つ選べ。［11］

① 導線から電子が流れ込む電極を，電池の正極という。
② 電池の両極間の電位差を起電力という。
③ 充電によって繰り返し使うことのできる電池を，二次電池という。
④ ダニエル電池では，亜鉛よりイオン化傾向が小さい銅の電極が負極となる。
⑤ 鉛蓄電池では，鉛と酸化鉛(Ⅳ)を電極に用いる。

43　身のまわりの電池　3分　　18●

身のまわりの電池に関する記述として下線部に**誤りを含むもの**を，次の①～④のうちから一つ選べ。［12］

① アルカリマンガン乾電池は，正極に MnO_2，負極に Zn を用いた電池であり，日常的に広く使用されている。
② 鉛蓄電池は，電解液に希硫酸を用いた電池であり，自動車のバッテリーに使用されている。
③ 酸化銀電池(銀電池)は，正極に Ag_2O を用いた電池であり，一定の電圧が長く持続するので，腕時計などに使用されている。
④ リチウムイオン電池は，負極に Li を含む黒鉛を用いた一次電池であり，軽量であるため，ノート型パソコンや携帯電話などの電子機器に使用されている。

3—1 日常生活の化学

1 ●—無機物質

point!

(1) 貴ガス　　他の元素と結びつきにくく，単原子分子として存在する。

物質	用途・化学製品	性質など
ネオン　Ne	ネオンサインとして広告灯に利用	低圧で放電すると美しい赤色の光を発する。
ヘリウム　He	気球用ガス，極低温の実験	軽くて，不燃性。 あらゆる物質のうちで最も融点・沸点が低い。

(2) 金属結合からなる物質　　金属単体

物質	用途・化学製品	性質など
鉄　Fe	生産量第1位の金属 鉄道のレール，建築物の鉄筋・鉄骨など	酸素と化合しやすく，さびやすい。酸化するときに発熱することを用いて，使い捨てカイロにも使われる。
アルミニウム　Al	家庭用品，住宅のサッシ	銀白色の軽い金属。空気中に置いておくと，表面にち密な酸化被膜ができて，内部を保護する。
銀　Ag	食器，装飾品，フィルム写真の材料(感光剤)	すべての金属のなかで，電気・熱伝導性が最大。また，展性・延性とも金に次いで大きい。
銅　Cu	電線，調理器具	電気・熱伝導性が2番目に大きい。赤色の光沢があるが，湿った空気中に長時間おくと緑青(ろくしょう)と呼ばれる緑色のさびが生じる。
金　Au	装飾品，電子機器の材料	化学的に安定でさびを生じることはない。展性・延性が最も大きい。金箔は0.0001 mmの厚さまで薄くすることができる。
水銀　Hg	温度計，体温計 水銀灯，蛍光灯	常温で液体の金属。蒸気は毒性が強いので，注意を要する。

合金

ステンレス鋼	台所用品，工具	鉄とクロム，ニッケルの合金。さびにくい。
ジュラルミン	航空機の機体	アルミニウムと銅，マグネシウム，マンガンの合金。軽く，加工しやすい。
青銅	銅像，10円硬貨	銅とスズの合金。ブロンズ。鋳造性がよい。硬く，美しい。
黄銅	楽器，5円硬貨	銅と亜鉛の合金。真ちゅう。加工しやすく，展性に富む。さびにくい。

金属は，自由電子が移動するため①＿＿＿＿や②＿＿＿＿の伝導性が大きい。金属のなかで伝導性が最も大きいのは③＿＿＿＿であり，次いで④＿＿＿＿，⑤＿＿＿＿，⑥＿＿＿＿の順になる。

2種類以上の金属を高温で融解したものが⑦＿＿＿＿であり，金属単体にない性質をもつ。ステンレス鋼は⑧＿＿＿＿，ジュラルミンは⑨＿＿＿＿を中心に他の金属を混合してつくられている。

答 ①・②熱，電気　③銀　④銅　⑤金　⑥アルミニウム　⑦合金　⑧鉄　⑨アルミニウム

point!

(3) イオン結合からなる物質

物質	用途・化学製品	性質など
塩化ナトリウム $NaCl$	調味料，ソーダ工業に利用	食塩の主成分。生物の生命維持に必要。海水に多量に含まれている。
炭酸ナトリウム Na_2CO_3	ガラスなどの原料	アンモニアソーダ法で製造される。 十水和物は風解性がある。
炭酸水素ナトリウム $NaHCO_3$	ベーキングパウダー	加熱すると分解が起こり，CO_2 を発生するため，ふくらませる作用がある。 $2NaHCO_3 \longrightarrow Na_2CO_3 + H_2O + CO_2$
	胃薬などの医薬品	胃液中の HCl を中和する。 $HCl + NaHCO_3 \longrightarrow NaCl + H_2O + CO_2$
酸化カルシウム CaO	乾燥剤，発熱剤(弁当の加温)	生石灰とも呼ばれる。水分を吸収しやすい。 $CaO + H_2O \longrightarrow Ca(OH)_2$ の反応で熱を発生する。
硫酸カルシウム $CaSO_4$	塑像，医療用のギプス，建築材料	焼きセッコウ $CaSO_4 \cdot \frac{1}{2}H_2O$ を水と練って放置すると，少し体積を増やしながら硬くなり，セッコウ $CaSO_4 \cdot 2H_2O$ になる。
硫酸バリウム $BaSO_4$	X 線撮影での胃や腸の造影剤	白色の沈殿。X 線をさえぎる。胃液にも溶けない。
塩化カルシウム $CaCl_2$	気体の乾燥剤	水によく溶け，吸湿性や潮解性がある。 NH_3 を除くほとんどの気体の乾燥に用いることができる。

$NaOH$ や $CaCl_2$ の結晶は，空気中の水分を吸収して水溶液になってしまう。この現象を①______という。

一方，$Na_2CO_3 \cdot 10H_2O$ の結晶を，空気中に放置すると，水和水の一部を失い白色粉末になる。この現象を②______という。

point!

(4) 共有結合からなる物質

物質	用途・化学製品	性質など
水素 H_2	燃料電池，ロケットの燃料	気体のなかで最も軽い。水素と酸素の混合ガスに点火すると，ポンという音を出して反応する。 $2H_2 + O_2 \longrightarrow 2H_2O$
酸素 O_2	製鉄，溶接などに利用	空気中に 21％含まれている。反応性が高く，金，白金を除く多くの元素と酸化物をつくる。
窒素 N_2	液体窒素は冷却剤	空気中に 78％含まれている。反応性が乏しい。工業的には液体空気を分留して得ている。
二酸化炭素 CO_2	炭酸飲料，消火剤	空気より重い気体。水に少し溶ける。水溶液は炭酸水といい，弱い酸性を示す。 固体のドライアイスは冷却剤に用いられる。

答 ①潮解 ②風解

アンモニア　NH_3	窒素肥料の原料，硝酸の製造	刺激臭の気体。空気より軽い。水によく溶け，弱塩基性を示す。
塩化水素　HCl	塩化ビニルの製造	刺激臭の気体。空気より重い。水によく溶ける。水溶液は塩酸といい，強酸性を示す。
次亜塩素酸　HClO	水道水やプールの殺菌	強い酸化力を示し，漂白・殺菌作用がある。
過酸化水素　H_2O_2	消毒薬	約3%水溶液はオキシドールと呼ばれ，家庭用消毒薬に用いられる。$2H_2O_2 \longrightarrow 2H_2O + O_2$
二酸化硫黄　SO_2	漂白剤	還元性がある。
ケイ素　Si	コンピュータ部品，太陽電池	電気をわずかに通し，半導体の性質をもつ。
シリカゲル　$SiO_2 \cdot nH_2O$	乾燥剤，吸着剤(クロマトグラフィー用)	吸着力が強い。多孔性で，その表面積は1gにつき450 m^2 に及ぶ。

繊維の漂白に用いられる気体に Cl_2 と SO_2 がある。Cl_2 には①________力による漂白作用があり，SO_2 には②________力による漂白作用がある。Cl_2 は作用が強いので，生地がいたんでしまう絹や羊毛などの漂白には SO_2 が用いられている。

2 ●―有機化合物

point!

共有結合からなる有機化合物

物質	用途・化学製品	性質など
メタン　CH_4	都市ガス	地中から天然ガスとして採掘される。燃焼のときの発熱量が多い。
エチレン　$CH_2=CH_2$	石油化学製品の原料	分子内に C=C の二重結合を含み，反応性が大きい。
エタノール　CH_3CH_2OH	有機溶媒，合成原料，消毒液	水によく溶け，水溶液は中性を示す。デンプンやグルコースを発酵させても得られる。
酢酸　CH_3COOH	医薬品，合成繊維の原料	刺激臭をもつ液体。水によく溶け，水溶液は酸性を示す。
ベンゼン　C_6H_6	合成原料	有機化合物をよく溶かす。

高分子化合物

ポリエチレン	包装材，買物袋，容器	付加重合による高分子。
ポリ塩化ビニル	水道パイプ，電気絶縁材料	付加重合による高分子。耐薬品性。
ポリエチレンテレフタラート	ワイシャツなどの衣料品，PETボトルの原料	縮合重合による高分子。

ポリ塩化ビニルは，高温で燃焼させると③________など有毒ガスが発生するので注意を要する。

答 ①酸化　②還元　③HCl，Cl_2

3 ●—高分子を合成する反応……付加重合

point!

付加反応により重合していく。

単量体（モノマー） ⟶ 重合体（ポリマー）

$n\,CH_2=CH_2 \longrightarrow [\!-CH_2-CH_2-\!]_n$ ポリエチレン

エチレン

$n\,CH_2=CHCl \longrightarrow [\!-CH_2-CHCl-\!]_n$ ポリ塩化ビニル

塩化ビニル

$CH_2=CH-$ をビニル基と呼ぶ。

エチレンは，適当な条件下で同じ分子どうしが連続的に付加反応を起こし，分子量の大きい①________になる。①は包装材や袋などに用いられている。分子量が約1万以上の化合物を②________という。

くり返し単位に相当する低分子量の化合物を③________といい，これが次々と長くつながってできたものを④________という。

多数の分子が次々に結合していく反応が⑤________であり，付加反応による重合が⑥________である。

分子内に $CH_2=CH-$ の基，つまり，⑦________基をもつ化合物は付加重合しやすい。

4 ●—高分子を合成する反応……縮合重合

point!

水などの小さな分子が取れて重合していく。

$n\,HO-CO-C_6H_4-CO-OH + n\,HO-CH_2-CH_2-OH \longrightarrow [\!-CO-C_6H_4-CO-O-CH_2-CH_2-O-\!]_n + 2n\,H_2O$

テレフタル酸　エチレングリコール　エステル結合

ポリエチレンテレフタラート（ポリエステル）

分子間で⑧________のような小さな分子が取れて，次々と重合していく反応が⑨________である。

テレフタル酸とエチレングリコールが縮合重合して得られる高分子が⑩________である。ポリエステル繊維として衣料品に広く用いられ，また，樹脂として⑪________の原料になる。

縮合重合が付加重合と比較して異なっているのは，重合する際に⑫________などの低分子が放出されることである。

答 ①ポリエチレン ②高分子化合物 ③単量体(モノマー) ④重合体(ポリマー) ⑤重合 ⑥付加重合 ⑦ビニル ⑧水 ⑨縮合重合 ⑩ポリエチレンテレフタラート ⑪ペット(PET)ボトル ⑫水

例題 1　日常生活における化学物質

日常生活における化学物質の利用に関する記述として**誤りを含むもの**を，次の①～④のうちから一つ選べ。

① エチレンを重合させて得られる高分子は，容器や袋などに用いられる。
② ケイ素は半導体として，集積回路や太陽電池に用いられる。
③ 塩化カルシウムは酸化剤に用いられる。
④ 炭酸水素ナトリウムは，ベーキングパウダー(ふくらし粉)に用いられる。

解法のコツ

物質のもっている性質で，人間の役に立っているものを考えてみる。

① エチレンを次のように(ア　　　)重合させると，ポリエチレンが得られる。

$$nCH_2=CH_2 \longrightarrow (イ\qquad\qquad)$$

ポリエチレンは容器や買い物袋に用いられる。(正しい)

② 純度の高いケイ素は，(ウ　　　)として用いられる。(正しい)

③ 塩化カルシウム $CaCl_2$ に酸化力はない。吸湿性にすぐれているので，ほとんどの気体の(エ　　　)剤に使うことができる。(誤り)

④ 炭酸水素ナトリウム $NaHCO_3$ は，加熱すると(オ　　　)を発生するので，ケーキなどをふくらませるためのベーキングパウダーとして用いられる。(正しい)

答 ア 付加　イ $\left[CH_2-CH_2\right]_n$　ウ 半導体　エ 乾燥　オ CO_2

例題①の解答
③

例題 2　高分子化合物の合成

ポリエチレンテレフタラート(PET)は，エチレングリコール(1,2-エタンジオール)とテレフタル酸が重合した化合物である。ポリエチレンテレフタラートの構造式として正しいものを，次の①～④のうちから一つ選べ。

① $\left[O-C_6H_4-O-C(=O)-CH_2CH_2-C(=O)\right]_n$

② $\left[C(=O)-C_6H_4-O-C(=O)-CH_2CH_2-O\right]_n$

③ $\left[O-C_6H_4-C(=O)-O-CH_2CH_2-C(=O)\right]_n$

④ $\left[C(=O)-C_6H_4-C(=O)-O-CH_2CH_2-O\right]_n$

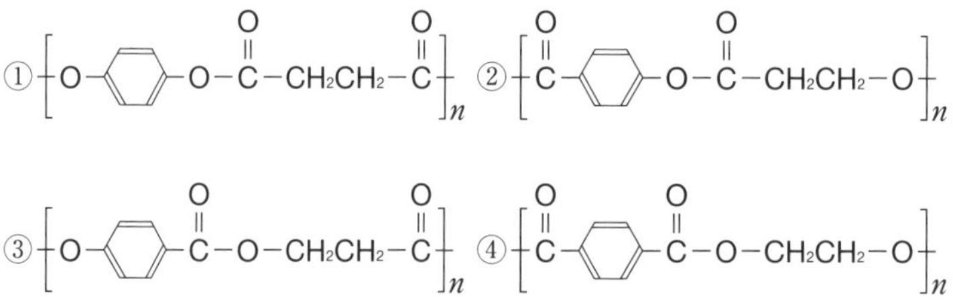

解法のコツ

テレフタル酸

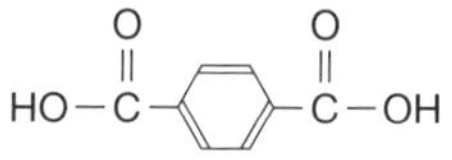

$$HO-C(=O)-C_6H_4-C(=O)-OH$$

エチレングリコール

$$HO-CH_2-CH_2-OH$$

2つの物質から H_2O がとれながら重合体(ポリマー)をつくる。

次のように，2種類の単量体から(ア　　　)分子がとれながら(イ　　　)重合していく。

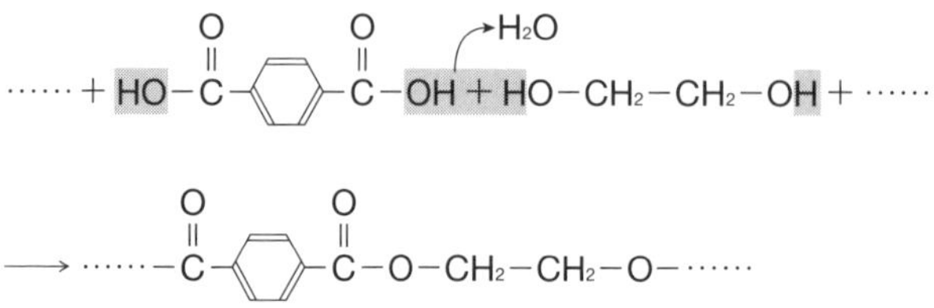

$$\cdots\cdots+HO-C(=O)-C_6H_4-C(=O)-OH+HO-CH_2-CH_2-OH+\cdots\cdots \quad (\rightarrow H_2O)$$

$$\longrightarrow \cdots\cdots-C(=O)-C_6H_4-C(=O)-O-CH_2-CH_2-O-\cdots\cdots$$

答 ア 水　イ 縮合

例題②の解答
④

演習問題

44 身のまわりの材料 3分

10●

身のまわりの材料に関する記述として下線部に**誤りを含むもの**を，次の①～⑥のうちから一つ選べ。 [1]

① 銅，鉄，アルミニウムに代表される金属は自由電子をもつので，高い電気伝導性・熱伝導性を示す。

② 大理石の主成分は炭酸カルシウムであり，大理石の彫刻は酸性雨の被害を受けることがある。

③ 二酸化ケイ素は，けい砂などとして天然に存在し，けい砂はガラス製造などのケイ酸塩工業における原料として用いられている。

④ 焼きセッコウは，水を混ぜると固まる性質をもち，建築材料などに利用されている。

⑤ ポリエチレンテレフタラート(PET)はエステル結合を含んだ高分子化合物であり，衣料品や容器などに用いられている。

⑥ ポリエチレンは単結合と二重結合を交互にもつ高分子化合物であり，包装材や容器などに用いられている。

45 身のまわりの化学物質 3分

身のまわりの化学物質に関する記述として，下線部に**誤りを含むもの**を，次の①～⑤のうちから一つ選べ。 [2]

① 酸化カルシウムは水と反応しやすいので，食品などの乾燥剤として使われている。

② 黒鉛は炭素の単体であり，鉛筆の芯(しん)や乾電池の電極に使われている。

③ 高級アルコールとは高純度に精製したアルコールのことであり，洗剤の原料などに使われている。

④ 炭酸水素ナトリウムは加熱すると二酸化炭素を発生するため，ふくらし粉(ベーキングパウダー)に利用されている。

⑤ ステンレス鋼は鉄の合金であり，さびにくいため台所の流し台などに用いられている。

46 身のまわりで利用されている物質 3分

11●

身のまわりで利用されている物質に関する記述として，下線部に**誤りを含むもの**を，次の①～⑤のうちから一つ選べ。 [3]

① ナトリウムは炎色反応で黄色を呈する元素であるので，その化合物は花火に利用されている。

② 航空機の機体に利用されている軽くて強度が大きいジュラルミンは，アルミニウムを含む合金である。

③ ガラスの原料に使われる炭酸ナトリウムは，アンモニアソーダ法(ソルベー法)によって合成できる。

④ うがい薬に使われるヨウ素には，その気体を冷却すると，液体にならずに固体になる性質がある。

⑤ 塩素水に含まれている次亜塩素酸は還元力が強いので，塩素水は殺菌剤として使われている。

47 化学製品 3分

現代社会には化学のさまざまな成果が活用されている。化学の成果とそれによって普及した製品との組合せとして**適当でないもの**を，次の①～⑤のうちから一つ選べ。 4

	化学の成果	普及した製品
①	高純度のケイ素の製造	太陽電池
②	電気分解による金属の精錬	建築材としての鋼
③	空気中の窒素からのアンモニア合成	化学肥料
④	塩化ナトリウムと二酸化炭素からの炭酸ナトリウムの製造	ガラス製品
⑤	リチウムを使う二次電池の開発	携帯用電子機器

48 化学物質の取り扱い 3分

化学物質は暮らしを豊かにしているが，その取り扱いには注意も必要である。化学物質に関する現象の記述のなかで，化学反応が**関係していないもの**を，次の①～⑤のうちから一つ選べ。 5

① トイレや浴室用の塩素を含む洗剤を成分の異なる他の洗剤と混ぜると，有毒な気体が発生することがある。

② 閉めきった室内で炭を燃やし続けると，有毒な気体の濃度が高くなる。

③ 高温のてんぷら油に水滴を落とすと，油が激しく飛び散ることがある。

④ ガス漏れに気がついたときに換気扇のスイッチを入れると，爆発を起こすことがある。

⑤ 海苔の袋に乾燥剤として入っている酸化カルシウム(生石灰)を水でぬらすと，高温になることがある。

49 身のまわりの化学 3分

身のまわりのさまざまな出来事と，それに関係している反応や変化の組合せとして**適当でないもの**を，次の①～⑤のうちから一つ選べ。 6

	身のまわりの出来事	反応や変化
①	漂白剤を使うと洗濯物が白くなった。	酸化・還元
②	水にぬれたままの衣服を着ていて体が冷えた。	蒸発
③	夜空に上がった花火がさまざまな色を示した。	炎色反応
④	包装の中にシリカゲルが入れてあったので，食品が湿らなかった。	吸着
⑤	衣装ケースに入れてあったナフタレンを主成分とする防虫剤が小さくなった。	風解

1 モル計算，濃度計算

1 ●―化学反応式をもとに，物質間の量変化を mol 単位で計算していく。モル計算の基本の流れは次のようになる。

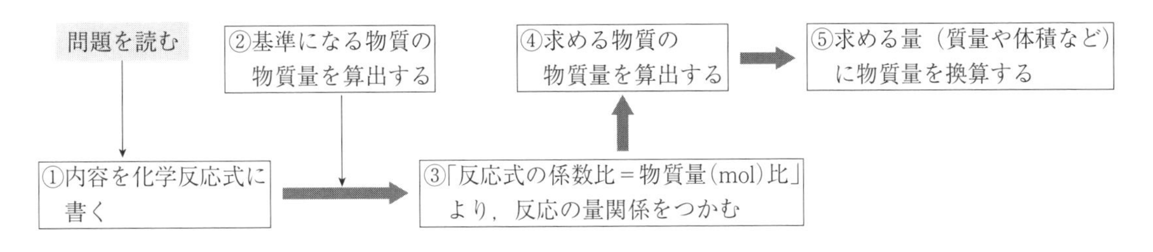

2 ●―次の 3 つのパターンに分けることができる。

パターン 1　反応の基準となる一つの物質の物質量が与えられている場合：①→③→④を行う。「反応式の係数比 ＝ 物質量比」で量的関係をつかむ。

例　1.6 mol のアルミニウムが酸素と反応したとき，生成する酸化アルミニウムは何 mol か。

① 問題となっている反応を化学反応式で表すと，$4Al + 3O_2 \longrightarrow 2Al_2O_3$

③ 反応式の係数の比(4：3：2)は，反応・生成する物質の物質量比と等しいので，

	$4Al$	＋	$3O_2$	$\longrightarrow$	$2Al_2O_3$
反応量	4 mol		3 mol	$\longrightarrow$	2 mol

Al の 4 mol，O_2 の 3 mol が反応して，Al_2O_3 が 2 mol 生成する。

④ したがって，Al の物質量として 1.6 mol を入れると，反応量は，

1.6 mol	1.2 mol	$\longrightarrow$	0.80 mol

生成した酸化アルミニウムは 0.80 mol である。　**答** 0.80 mol

パターン 2　反応の基準となる一つの物質の量が，物質量以外(質量，体積など)で与えられている場合。与えられた量を物質量に換算して計算する：①→②→③→④→⑤

例　12 g のマグネシウムを十分な量の塩酸に加えたとき，発生した水素は標準状態で何 L か。Mg ＝ 24

① 問題となっている反応を化学反応式で表すと，$Mg + 2HCl \longrightarrow MgCl_2 + H_2$

② 12 g のマグネシウムの物質量は，$\dfrac{12}{24} = 0.50$ mol

③ 反応式の係数の比(1：2：1：1)が物質量比になる。Mg を 0.50 mol とすると，反応は，

	Mg	＋	$2HCl$	$\longrightarrow$	$MgCl_2$	＋	H_2
反応量	0.50 mol		1.0 mol	$\longrightarrow$	0.50 mol		0.50 mol

Mg の 0.50 mol を基準にして反応が進行する。

④ 発生した水素は 0.50 mol とわかる。

⑤ 0.50 mol の水素の標準状態の体積は，$22.4 \times 0.50 = 11.2 \fallingdotseq 11$ L　**答** 11 L

パターン 3 基準となる量が二つ与えられ，反応物質の一つのみがなくなって反応が終了する場合。反応の基準となる物質を決定する必要がある：①→②→③→④→⑤

例 8.8 g のプロパン C_3H_8 に 48 g の酸素を加えて，密閉容器で完全に燃焼させた。水を除いた後の容器内の気体の体積は標準状態で何 L か。H = 1.0，C = 12，O = 16

① 反応式は，$C_3H_8 + 5O_2 \longrightarrow 3CO_2 + 4H_2O$

② 8.8 g のプロパンの物質量は，$\frac{8.8}{44} = 0.20$ mol　　48 g の酸素の物質量は，$\frac{48}{32} = 1.5$ mol

プロパン C_3H_8 を基準にして，反応を見ていく。

C_3H_8	+ $5O_2$	$\longrightarrow$	$3CO_2$	+ $4H_2O$
0.20 mol	1.0 mol	$\longrightarrow$	0.60 mol	0.80 mol

……完全燃焼したとあるので，C_3H_8 がすべて反応した。

O_2 は 1.5 mol あるので，反応に必要な 1.0 mol は十分にあり，反応後 O_2 が残る。

③ 反応前後における，それぞれの物質の物質量の変化を示すと，

	C_3H_8	+ $5O_2$	$\longrightarrow$	$3CO_2$	+ $4H_2O$
反応前の量	0.20 mol	1.5 mol		0	0
反応量	−0.20 mol	−1.0 mol	$\longrightarrow$	+0.60 mol	+0.80 mol
反応後の量	0	0.5 mol		0.60 mol	0.80 mol

④ 水を除くと，0.5 mol の O_2 と 0.60 mol の CO_2 が残る。したがって，容器内の気体の全物質量は 0.5 + 0.60 = 1.1 mol になる。

⑤ 1.1 mol を標準状態の体積に換算する。

1 mol の気体の体積は 22.4 L なので，22.4 × 1.1 = 24.64 ≒ 25　　**答** 25 L

3 ●—原子量・式量の計算

単体と化合物の物質量が等しい ➡ 単体の式量：化合物の式量 = 単体の質量：化合物の質量

例 ある金属 M の塩化物は，組成式 $MCl_2 \cdot 2H_2O$ の水和物をつくる。この水和物 294 mg を加熱して無水物にしたところ，222 mg になった。金属の原子量 M を求めよ。Cl = 35.5，H_2O = 18

金属 M の原子量を m とすると，MCl_2 の式量は $m + 71$，$MCl_2 \cdot 2H_2O$ の式量は $m + 107$ となるので，$(m + 107) : (m + 71) = 294 : 222$ より，$m = 40$ と求まる。　　**答** 40

4 ●—濃度の計算

質量パーセント濃度 ⇄ モル濃度の換算 ➡ 溶液 1L について，溶質の物質量を求めていく。

例 質量パーセント濃度 28％で，密度が 1.2 g/cm^3 の硫酸のモル濃度は何 mol/L か。H_2SO_4 = 98

溶液 1 L（= 1000 cm^3）を考えてみる。この硫酸水溶液 1 L の質量は，

$1.2 \times 1000 = 1.2 \times 10^3$ g　　←質量〔g〕= 密度〔g/cm^3〕× 体積〔cm^3〕

1.2×10^3 g のうち，28 ％が溶質の H_2SO_4 なので，その質量を求めると，$1.2 \times 10^3 \times \frac{28}{100} = 336$ g

物質量は，$\frac{336}{98} = 3.42 ≒ 3.4$ mol

これは，溶液 1 L 中の溶質の物質量なので，モル濃度は 3.4 mol/L である。　　**答** 3.4 mol/L

問題タイプ別 大学入学共通テスト対策問題集 化学基礎 解答編

第1編 知識の確認

第1章 物質の構成

1-1 原子の構造と電子配置

1 a－1 ①　b－2 ⑤　c－3 ⑥

攻略のPoint 純物質―混合物，単体―化合物の区別，同素体の意味とその代表的な物質を覚える。

設問に当てはまる選択肢を見つける。

ただ1種類の物質からなるものが純物質で，これらが2種類以上混ざったものが混合物である。

① 原油の分留(分別蒸留)で得られる成分のうち，沸点が35～180℃のものがナフサと呼ばれる粗製ガソリン。炭素数5～11の炭化水素(炭素と水素だけからなる化合物)の**混合物である**。

② ミョウバン(硫酸カリウムアルミニウム十二水和物)は，組成式が $AlK(SO_4)_2 \cdot 12H_2O$ で表される**純物質である**。

③ ダイヤモンドは炭素原子のみからできた共有結合の結晶で，組成式Cで表される**純物質である**。

④ 氷は分子式 H_2O で表される**純物質である**。

注意! **純物質はその状態にかかわらず純物質になる。例えば，「水と氷が混ざっているもの」も，混合物ではなく，純物質である。**

⑤ 硫酸銅(Ⅱ)五水和物は組成式 $CuSO_4 \cdot 5H_2O$ で表される**純物質である**。

1種類の元素でできている物質が単体，2種類以上の元素で構成されている物質が化合物になる。各物質の化学式を書いてみると，判断しやすい。

① アルゴン ⟶ Ar　② オゾン ⟶ O_3
③ ダイヤモンド ⟶ C　④ マンガン ⟶ Mn
⑤ メタン ⟶ CH_4

炭素(C)と水素(H)でできているので，**メタンは化合物である。他は単体である。**

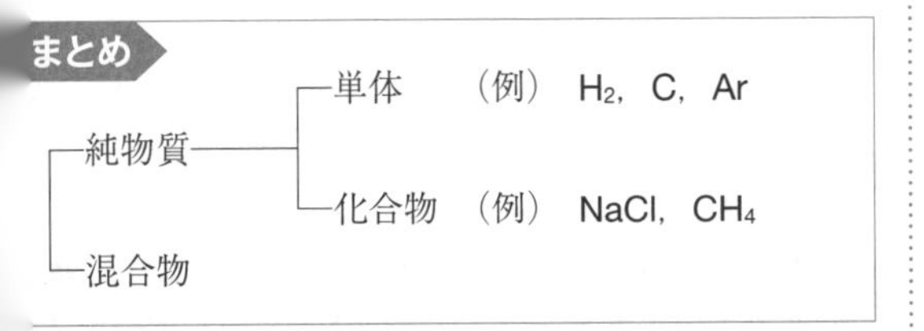

同じ元素からなる単体で，性質の異なる物質どうしを互いに同素体という。

⑥ 黄リンと赤リンは，リンの同素体である。

まとめ

同素体は，**スコップ**

S	C	O	P	と覚える。
(硫黄)	(炭素)	(酸素)	(リン)	

2 4 ⑤

① 気体分子が熱運動により自然に散らばって広がっていく現象を拡散という。温度を上げると熱運動が活発化するので，拡散は速くなる。(正しい)

コーヒーに加えた砂糖がしばらく置いておくとカップ全体に広がって甘くなるのも，同じ現象である。

② お湯を沸かしたときの白い湯気は，水蒸気が凝縮して液体になったものである。(正しい)

③ 液体が蒸発するとき，熱を吸収する。そのため，アルコールで皮膚を消毒した際，アルコールの蒸発にともない体から熱を奪うので，冷たく感じる。(正しい)

④ 冷凍庫内に保存していた氷が小さくなるのは，氷が昇華して水蒸気になるためである。(正しい)

⑤ 液体の表面から**飛び出した気体分子と，同じ個数の気体分子が液体に戻る**ため，密閉容器内では液体の量が一定になる。(誤り)

3 5 ④

原子は次のような構造になっている。

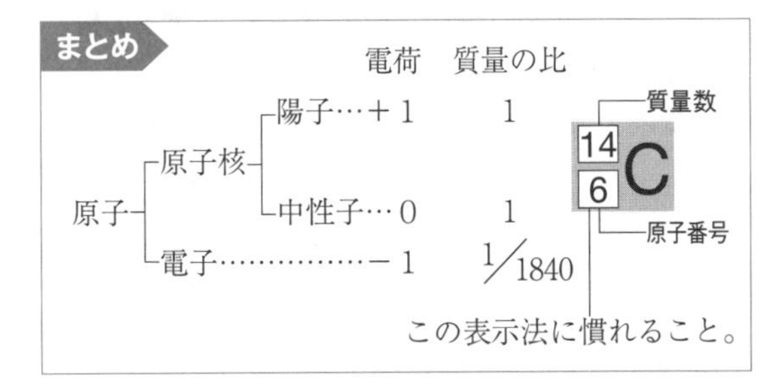

$^{14}_{6}C$ で，6は原子番号，14は質量数を示す。

原子番号 ＝ 陽子の数 ＝ 電子の数
質量数　＝ 陽子の数 ＋ 中性子の数

の関係がある。$^{14}_{6}C$ では，

原子番号(6) ＝ 陽子の数(6) ＝ 電子の数(6)

質量数(14) ＝ 陽子の数(6) ＋ 中性子の数(8)

よって，$^{14}_{6}C$ は，**6 個の陽子，8 個の中性子，6 個の電子**で構成されている。

▶攻略のPoint　原子番号と質量数がわかると，陽子・中性子・電子の数を求めることができる。

$^{14}_{6}C$ の 6 個の電子は，いくつかの電子殻に分かれて原子核のまわりを回っている。電子殻は，原子核に近い内側から K 殻，L 殻，M 殻……と呼ばれ，各電子殻に入りうる電子の最大数は，K 殻 2 個，L 殻 8 個，M 殻 18 個……となる。

$^{14}_{6}C$ の電子 6 個は，K 殻に 2 個，L 殻に **4 個**収容されることになる。

4　6　⑥

リチウムは原子番号が 3 であるので，陽子の数と電子の数は 3 になる。

また，「質量数 ＝ 陽子の数 ＋ 中性子の数」から，中性子の数は 6 − 3 ＝ 3 になる。

3 個の陽子，3 個の中性子，3 個の電子で構成されるリチウム原子の模式図を示せばよい。

このとき，電子配置は，K 殻 2 個，L 殻 1 個である。

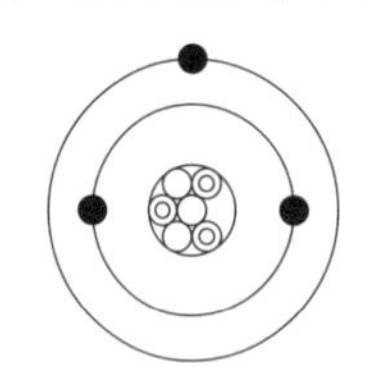

上図のように示されるので⑥が該当する。

5　a−7　⑤　b−8　①　c−9　④　d−10　⑤　e−11　④

a｜原子は電気的に中性なので，陽子の数と電子の数は等しくなっている。

原子番号 ＝ 陽子の数

＝(中性の原子に含まれる)電子の数

b **▶攻略のPoint**

「質量数 ＝ 陽子の数 ＋ 中性子の数」の関係から，
(原子番号)

中性子の数 ＝ 質量数 − 原子番号　を計算すればよい。

元素記号の左上は質量数，左下は原子番号を表すので，左上から左下の数字を引けば，各々の原子の中性子の数になる。

① 35 − 17 ＝ **18**

② 37 − 17 ＝ 20

③ 40 − 18 ＝ 22

④ 39 − 19 ＝ 20

⑤ 40 − 20 ＝ 20

よって，中性子の数が最も少ない原子は① $^{35}_{17}Cl$ である。

c **まとめ**

原子番号が等しく，質量数が異なる原子どうし
⟶ 同位体

同位体は，**中性子の数**が異なるだけである。その化学的性質はほとんど同じになる。

d **▶攻略のPoint　周期表にはいろいろな情報がつまっている。周期表の原子番号 20 の Ca までは覚えておこう。**

電子配置は，その原子が周期表のどの位置にあるかで知ることができる。

	1	2	13	14	15	16	17	18
1	H							He
2	Li	Be	B	C	N	O	F	Ne
3	Na	Mg	Al	Si	P	S	Cl	Ar
4	K	Ca						

まとめ

最外殻電子数は，族番号の一の位の数に等しくなる。
（ただし，He は例外で 2）

各々の原子の最外殻電子数とその和は，次のようになる。

① B は 3，N は 5 だから，和は 8。

② Be は 2，O は 6 だから，和は 8。

③ C は 4，Si は 4 だから，和は 8。

④ Li は 1，F は 7 だから，和は 8。

⑤ Mg は 2，Al は 3 だから，**和は 5。**

よって，和が 8 とならないのは⑤である。

e｜中性の原子は，原子番号 ＝ 電子の数と考えてよい。したがって，①Ar の電子数は 18 である。

原子は，最外殻電子をやりとりしてイオンになる。イオンになるとき，原子は原子番号が最も近い貴ガスと同じ電子配置をとる傾向がある。

ナトリウムイオン Na^+ の場合を見てみよう。Na は最外殻電子 1 個を失ってネオン Ne と同じ電子配置である Na^+ になる。この陽イオンの電子数は，イオンになるときに電子 1 個を放出しているので 11 − 1 ＝ 10 個である。

(陰イオンは，電子を受け取ってイオンになるので，電子の総数は入ってきた電子数を足すことになる。)

電子数が 10 のものを②～⑤のイオンから選べばよい。(①は電子数 18 で違う。)

② Cl^-　17 + 1 = 18
③ Cu^{2+}　29 − 2 = 27
④ F^-　9 + 1 = **10**
⑤ K^+　19 − 1 = 18

電子数が Na^+ と同じであるのは，10 個の電子をもつ④ F^- である。

▶攻略のPoint　Cu の原子番号(＝電子数)が 29 であることは，覚えていなくてもよい。このように，Cu^{2+} の電子数がわからなくても他の選択肢を検討すればよいタイプの問題もある。

12　②

まず，各々のイオンの化学式を書いてみよう。
マグネシウムイオンは，Mg^{2+} である。

① 塩化物イオン　⟶　Cl^-
② 酸化物イオン　⟶　O^{2-}
③ 硝酸イオン　⟶　NO_3^-
④ 炭酸水素イオン　⟶　HCO_3^-
⑤ リン酸イオン　⟶　PO_4^{3-}

Mg^{2+} は 2 価の陽イオンであり，1 : 1 の物質量比で化合物をつくるイオンは，2 価の陰イオンである。

①～⑤のうちで，**2 価の陰イオンは② O^{2-} だけである**。$Mg^{2+} + O^{2-} \longrightarrow MgO$ と結合して，酸化マグネシウムをつくる。

他のイオンについては，①では $MgCl_2$，③では $Mg(NO_3)_2$，④では $Mg(HCO_3)_2$ の化合物をつくり，いずれも 1 : 2 の物質量比になる。⑤では，$Mg_3(PO_4)_2$ をつくり，物質量比は 3 : 2 になり，該当しない。

13　⑤

① 単原子イオンの場合，イオンの価数は，その原子 1 個が授受した電子の個数になる。(正しい)

注意!
原子が電子を *n* 個放出する。➡ *n* 価の陽イオンになる。
電子を *n* 個受け取る。➡ *n* 価の陰イオンになる。

②は「イオン化エネルギー」，④は「電子親和力」の定義である。(正しい)

③ イオン化エネルギーが小さい原子ほど，少しのエネルギーを与えるだけで，容易に陽イオンになる。つまり，陽イオンになりやすい。(正しい)

⑤ 電子親和力は，原子が陰イオンになるときに「放出する」エネルギーである。イオン化エネルギーとは逆に，**その値が大きいほど陰イオンになりやすいことになる**。(誤り)

まとめ
イオン化エネルギーが小さい。
➡陽イオンになりやすい。
電子親和力が大きい。
➡陰イオンになりやすい。

8　14　①

▶攻略のPoint　a～c の図より，元素を特定してから記述を読んだ方が，正誤を判断しやすい。

陽子の数が，a は 9，b は 10，c は 11 なので，a がフッ素 F，b がネオン Ne，c がナトリウム Na である。

① a，b は第 2 周期に属するが，c の**ナトリウムは第 3 周期に属する**。(誤り)

② a のフッ素 F とヨウ素 I は，同じ 17 族元素のハロゲンに属する。(正しい)

③ イオン化エネルギーの小さいものほど陽イオンになりやすい。c のナトリウム Na は価電子数が 1 なので，電子 1 個を放出して安定な Na^+ になりやすいので，イオン化エネルギーは小さい。(正しい)

④ 1 価の陰イオンになりやすいのは，ハロゲンに属する a のフッ素 F である。価電子数が 7 なので，電子 1 個を受け取って安定な貴ガス型の電子配置になる。(正しい)

⑤ Mg の原子番号は 12 である。Mg が電子 2 個を放出して Mg^{2+} になると，貴ガスである b のネオン Ne と同じ電子配置になる。(正しい)

1-2 イオン・分子

a−1　②　b−2　④　c−3　①

2 個の水素原子は，共有結合により水素分子をつくる。共有結合は原子が電子を出し合い，その電子を共有することで，貴ガスと同じ電子配置をとる。

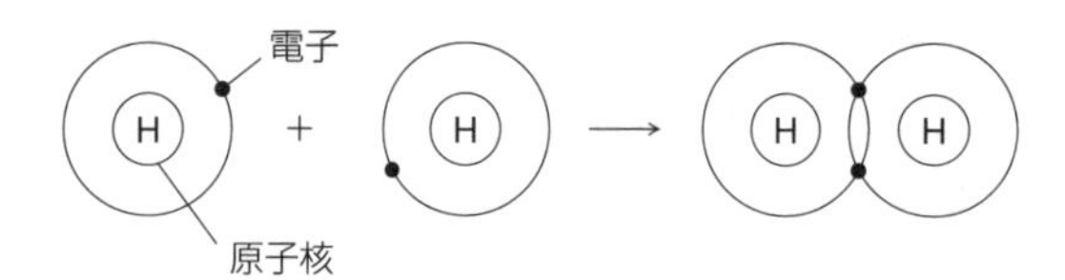

H原子　　　H原子　　　H_2分子

よって，H原子が共有結合をして，H_2分子ができるときのしくみで最も関係が深いのは②の**「電子の共有」**である。

b｜ 原子は陽子の数（＝原子番号）と電子の数が等しい。①～⑤の分子は，すべて共有結合でできているので，分子の総電子数はそれを構成する原子の原子番号の和に等しくなる。

CH_4の総電子数は，Cの原子番号6，Hの原子番号1より，$6+1\times4=10$である。

①～⑤の総電子数は，それぞれ次のようになる。

① CO　$6+8=14$
② NO　$7+8=15$
③ HCl　$1+17=18$
④ H_2O　$1\times2+8=10$
⑤ O_2　$8\times2=16$

よって，**CH_4と同じ総電子数10になるのは④H_2Oである。**

c｜ 結合の種類は，一般にその物質を構成する元素で判断する。

まとめ

金属元素＋非金属元素 ⟶ イオン結合
非金属元素＋非金属元素 ⟶ 共有結合
金属元素の単体 ⟶ 金属結合

②Si　③Cl_2　④CO_2　⑤C_2H_2はいずれも非金属元素で構成されているので，共有結合をもつ。

① **NaClは金属元素のナトリウムと非金属元素の塩素から構成されているので，イオン結合である。**Na^+，Cl^-が静電気的な引力で結びついており，共有結合を含まない。

10 a－4 ④　b－5 ③　c－6 ②　d－7 ②

a｜ それぞれの分子の電子式を書いてみると，結合に使われている電子の総数がはっきりする。

電子式は次のようにして書く。

電子式の書き方➡
(1) それぞれの原子のもつ不対電子を組み合わせて，共有電子対をつくる。
(2) そのとき，各構成原子の周囲に8個（水素原子の場合は2個）の•があるようにする。

① 水素
H:H

② 窒素
:N⋮⋮N:

③ 塩素
:Cl:Cl:（各原子の周囲に8個）

④ メタン
H:C:H（C原子の上下左右にH）

⑤ 水
H:O:H（O原子の上下に非共有電子対）

⑥ 硫化水素
H:S:H（S原子の上下に非共有電子対）

＊各原子のもつ電子をはっきりさせるため，•，○で2種類の点で表示してある。

⬭内の電子が共有結合に使われている電子にな…その総数は①**2個**，②**6個**，③**2個**，④**8個**，⑤**4個**，⑥**4個であり，④のメタンが最も多い。**

b｜ 各々の分子の構造式は，次のようにして書けばよ…

構造式のつくり方➡次の価標の数を合わせる。

H－	F－	－O－	－S－	－N－（下に1本）	－C－（上下に1本ずつ）
1本	1本	2本	2本	3本	4本

①～⑤の分子の構造式を書き，指示された原子の…標を数える。

①窒素N_2　N≡N分子中のN原子の**価標は3**
②フッ素F_2　F－F分子中のF原子の**価標は1**
③メタンCH_4　H－C－H（Cの上下にH）分子中のC原子の**価標は**
④硫化水素H_2S　H－S－H分子中のS原子の**価標は**
⑤酸素O_2　O＝O分子中のO原子の**価標は2**

最も多くの価標をもつのは③CH_4のC原子にな…

c｜ 分子の形は次のようになる。

①水H_2O　H－O－H（O原子で折れ曲がる）　折れ線形

②二酸化炭素CO_2
O＝C＝O　直線形

③アンモニアNH_3

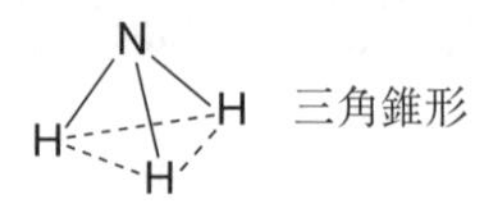

三角錐形

④アセチレンC_2H_2
H－C≡C－H　直線形

⑤エチレン C_2H_4

$$\mathrm{H_2C{=}CH_2}$$

すべての原子が同一平面上にある分子

二重結合をもち，直線形の分子は②二酸化炭素である。

極性分子か無極性分子かの判断は，「原子間の結合の極性」と「分子の形」で行う。

結合の極性が分子全体で打ち消される場合は無極性分子であり，分子全体で打ち消されない場合は極性分子である。

次の分子は原子間に極性があるが，互いに打ち消し合って，分子全体では電荷のかたよりがなく，いずれも無極性分子である。

①　二酸化炭素　O=C=O

③　アセチレン　H−C≡C−H

④　ベンゼン

⑤　エチレン　$\mathrm{H_2C{=}CH_2}$

しかし，②　エタノールは　$\mathrm{H{-}CH_2{-}CH_2{-}OH}$

で，極性のあるヒドロキシ基(−OH)をもち，分子全体として，極性が打ち消されないので極性分子になる。このように，極性分子は正電荷の重心と負電荷の重心がズレている。

注意！　**結合に極性があっても，分子の形により打ち消されて，全体として無極性分子となるものがある。**

8　④

①　イオン結合からなる物質の式量は，それを構成するイオンの式量の和になる。また，原子がイオンになっても質量はほとんど変わらない。したがって，イオン結晶のKIの式量は，Kの原子量とIの原子量の和である。(正しい)

②　硫黄は価電子を6個もち，電子を2個受け取って2価の陰イオンである硫化物イオン S^{2-} になりやすい。(正しい)

③　O^{2-}，F^- の電子配置は，K殻2，L殻8であり，Neと同じである。一般に，典型元素の単原子イオンの電子配置は，原子番号が最も近い貴ガスの電子配置に等しくなる。(正しい)

④　原子から電子1個を取り去って1価の陽イオンにするのに必要なエネルギーをイオン化エネルギーという。イオン化エネルギーは，周期表の同一周期では，原子番号が大きい原子の方が大きい。したがって，第2周期の元素のなかでは，**Neのイオン化エネルギーは最も大きい**。(誤り)

⑤　原子の大きさは，同族元素においては原子番号が大きいほど電子殻が増えるので大きい。

陰イオンはもとの原子よりも大きくなるが，同じ族の陰イオンを比較すると，大きさの傾向は原子と同じである。イオンの大きさを比べたとき，F^- は Cl^- よりも小さいことになる。(正しい)

まとめ

イオン化エネルギーは，
同一周期では，右に位置するものほど**大きい**。
同族では，周期が下に位置するものほど**小さい**。

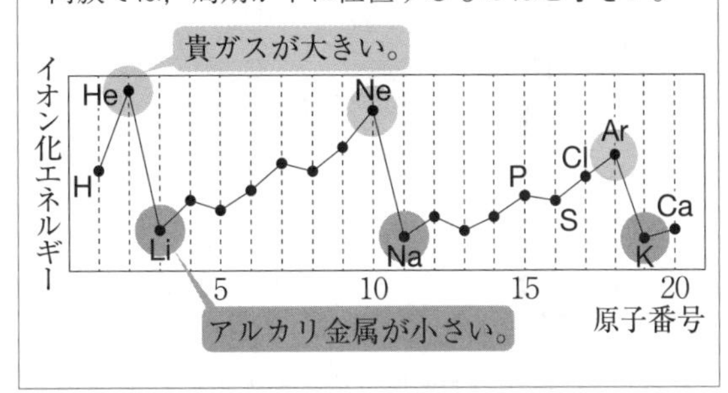

12　9　⑤

①　アンモニウムイオン NH_4^+ は，アンモニア NH_3 に水素イオン H^+ が配位結合してできる。このとき，4個のN−H結合のうち，どれが配位結合によるものかは区別できず，まったく同等である。(正しい)

②　ナフタレン $C_{10}H_8$ の原子間の結合は，共有結合である。(正しい) ただし，ナフタレンの結晶は，ナフタレン分子間に働いている分子間力による分子結晶である。

③　塩化ナトリウム NaCl の結晶は，Na^+ と Cl^- の静電気的な引力によるイオン結合で形成されている。(正しい)

④　ダイヤモンドは，多数の炭素原子どうしが共有結合してできた正四面体形の立体構造をつくっている。(正しい)

⑤　金属ナトリウムは，**価電子が重なり合った電子殻を伝わって自由に動くことができる**。特定の原子に固定されずに金属全体を自由に移動することのできる電子を自由電子という。(誤り)

13　10　③

①　アンモニウムイオン NH_4^+ は次のように NH_3 と H^+ の**配位結合**でできている。

$$H:\overset{\cdot\cdot}{\underset{\cdot\cdot}{N}}:H + H^+ \longrightarrow \left[H:\overset{H}{\underset{H}{\overset{\cdot\cdot}{\underset{\cdot\cdot}{N}}}}:H\right]^+$$

同様に，金属イオンに非共有電子対をもつ分子や陰イオンが配位結合してできたイオンが，錯イオンである。(誤り)

$$4\ H:\overset{\cdot\cdot}{\underset{\cdot\cdot}{N}}:H + Cu^{2+} \longrightarrow [Cu(NH_3)_4]^{2+}$$

② **NH_4^+ と CH_4 はどちらも正四面体形であり，立体的な形は同じである。**(誤り)

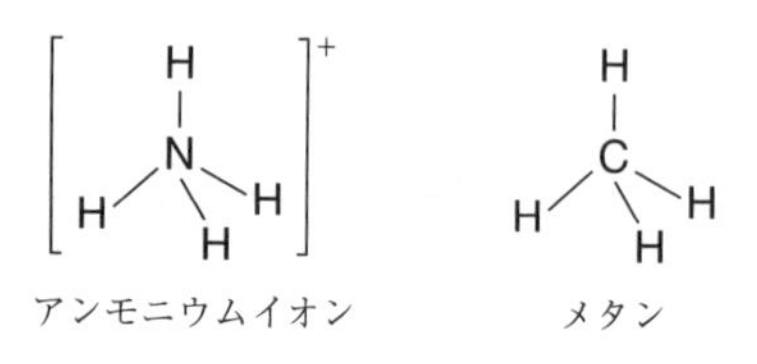

アンモニウムイオン　　メタン

③ 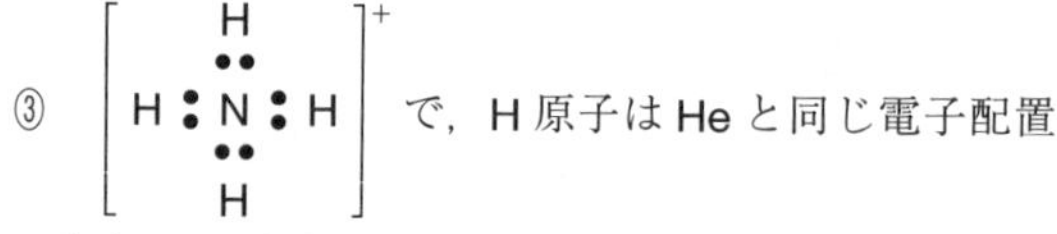

で，H 原子は He と同じ電子配置であり，N 原子は Ne と同じ電子配置になっている。(正しい)

④ **配位結合が形成された後は，配位結合と共有結合を区別することはできない。** 4つの N−H 結合は同等である。(誤り)

⑤ イオンの価数 ＝ 陽子の総数 － 電子の総数
(原子番号)

の関係が成り立つので，NH_4^+ の電子の総数を x とすると，

$+1 = (7 + 1 \times 4) - x \qquad x = 10$

電子の総数は 10 個になる。(誤り)

14　11　③

① 電気陰性度の**大きな**原子が，電子をより強く引きつける。(誤り)

② 貴ガスを除いて，電気陰性度は周期表で右上に位置する元素ほど大きい。

第2周期の元素のうちで，電気陰性度が最も大きいのは**フッ素**である。(誤り)

③ ハロゲン元素のうちで，電気陰性度が最も大きいのはフッ素になる。(正しい)

④ 同種の原子であれば，電気陰性度は等しいので，結合に極性は**ない**。(誤り)

⑤ 二酸化炭素 CO_2 分子は，C=O の結合に極性はあるが，直線形の分子なので，左右の C=O 結合の極性が互いに打ち消し合って，分子全体としては**無極性分子**になる。(誤り)

15　12　⑥

▶攻略のPoint　結晶がどのような結合によりできているのかを考えよう。

ダイヤモンドは非金属元素の炭素 C の単体であるので共有結合である。塩化ナトリウムは金属元素の Na と非金属元素の Cl からなるのでイオン結合である。アルミニウムは金属元素の Al の単体であるので金属結合からなる結晶である。

それぞれの結晶は次のような特徴がある。

	塩化ナトリウム	ダイヤモンド	アルミニウム
結晶の構造	Na^+　Cl^-	C	Al
化学式	NaCl(組成式)	C(組成式)	Al(組成式)
構成粒子	陽イオンと陰イオン	原子	原子(自由電子を含む)
おもな結合	イオン結合	共有結合	金属結合
融点	高い	きわめて高い	高い
電気伝導性	×	×	○

a｜ アルミニウム Al などの金属中の価電子は，もとの原子から離れて，金属全体の中を自由に動き回っている。この自由電子が熱や電気をよく伝えるため，熱伝導性や電気伝導性が大きい。

注意！ **イオン結晶の場合，イオンは電気を帯びているが，結晶ではイオンは動けないので電気を通さない。ただし，融解して液体にしたり，水溶液にするとイオンは自由に動けるようになり，電気を通す。**

b｜ 塩化ナトリウムは

$NaCl \longrightarrow Na^+ + Cl^-$

と電離し，水に溶けやすい。

ダイヤモンド，アルミニウムは水に溶けない。

c｜ ダイヤモンドは共有結合の結晶であり，融点がきわめて高い。

よって，A はアルミニウム，B はダイヤモンド，C は塩化ナトリウムである。

16　13　③

① 塩化ナトリウムは，Na^+ と Cl^- のイオン結合でできたイオン結晶であり，融点は高い。(正しい)

② 金は，金属元素 Au の単体であるから，金属結

からなる結晶である。展性が大きく，薄い箔にすることができる。（正しい）

③　**ケイ素は，非金属元素Siの単体であり，共有結合の結晶である。**半導体の性質をもっているが金属結合の結晶ではない。（誤り）

④　銅は金属元素Cuの単体であり，金属結合からなる結晶である。自由電子により結合しており，電気や熱をよく伝える。（正しい）

⑤　ナフタレンは分子間に働く弱い分子間力によりできた結晶である。そのため，融点が低く，昇華しやすい。（正しい）

第2章　物質の変化

2-1 物質量(mol)と化学反応式・溶液の濃度

17 1 ④

aNO ＋ bNH$_3$ ＋ O$_2$ ⟶ 4N$_2$ ＋ cH$_2$O

両辺の各原子の個数が等しくなるように，係数 a，b，c を用いて方程式を立てる。

N 原子について　$a + b = 4 \times 2$ ……(1)

O 原子について　$a + 2 = c$ ……(2)

H 原子について　$3b = 2c$ ……(3)

(1)〜(3)を解いて，$\boldsymbol{a = 4}$，$\boldsymbol{b = 4}$，$\boldsymbol{c = 6}$ となる。

18 2 ②

▶攻略のPoint　まず，化学反応式を書く。次に両辺の係数の和を求める。係数の和が変わらない反応が「分子の総数に変化がない反応」になる。

① $N_2 + 3H_2 \longrightarrow 2NH_3$

左辺の係数の和(左辺)4 ⟶ 右辺の係数の和(右辺)2

したがって，分子の総数は減少する。

② $N_2 + O_2 \longrightarrow 2NO$

(左辺)2 ⟶ (右辺)2 で，**分子の総数は変化しない。**

③ $2NO_2 \longrightarrow N_2O_4$

(左辺)2 ⟶ (右辺)1 で，分子の総数は減少する。

④ $4NH_3 + 5O_2 \longrightarrow 4NO + 6H_2O$

(左辺)9 ⟶ (右辺)10 で，分子の総数は増加する。

なお，この反応式の係数は次のようにして求めればよい。

各物質の分子式を書き，それに係数 a，b，c，d をつける。

aNH$_3$ ＋ bO$_2$ ⟶ cNO ＋ dH$_2$O

両辺の各原子の個数が等しくなるように，方程式を立てる。

N 原子について　$a = c$ ……(1)

H 原子について　$3a = 2d$ ……(2)

O 原子について　$2b = c + d$ ……(3)

$a \sim d$ のうちの一つを 1 として他の係数を求める。

$a = 1$ とすると，(1)より，$c = 1$

(2)より，$d = \dfrac{3}{2}$　(3)より，$2b = 1 + \dfrac{3}{2}$　$b = \dfrac{5}{4}$

反応式の係数は，最も簡単な整数にすべきなので，全部を 4 倍して，$a = 4$，$b = 5$，$c = 4$，$d = 6$

⑤ $2NO + O_2 \longrightarrow 2NO_2$

(左辺)3 ⟶ (右辺)2 で，分子の総数は減少する。

19 a－3 ③　b－4 ①

a｜原子により異なるが，原子の大きさはだいたい $\dfrac{1}{10}$ nm である。1 nm ＝ 10^{-9} m より，

$$\frac{1}{10}\,\text{nm} = \frac{1}{10} \times (10^{-9}\,\text{m}) = \boldsymbol{10^{-10}\,\text{m}}$$

b｜ヘリウムの原子量は 4.0 である。したがって，ヘリウム 1 mol(6.0×10^{23} 個)の質量は 4.0 g である。

よって，ヘリウム原子 1 個の質量は，

$$\frac{4.0\,\text{g/mol}}{6.0 \times 10^{23}\,/\text{mol}} = 6.66 \times 10^{-24} \fallingdotseq \boldsymbol{6.7 \times 10^{-24}\,\text{g}}$$

20 a－5 ④　b－6 ③　c－7 ①

a｜式量ではなく分子量を用いるのが適当なものは，分子からなる物質である。

イオン結晶や金属のように組成式で表される物質は式量を用いる。式量はその中に含まれる元素の原子量の総和である。

選択肢にある物質のうち，分子であるものを見つければよい。

非金属元素どうしが結合した物質のうち，共有結合の結晶(C，SiO$_2$ など)以外はふつう分子が存在し，分子量が用いられる。

④アンモニアは非金属元素の N と H からなり，共有結合の結晶ではないので，分子式 NH$_3$ で表され分子量が用いられる。

b｜化学式と原子量から式量を計算すると，次のようになる。

① NaCl　$23 + 35.5 = 58.5$

② MgCl$_2$　$24 + 35.5 \times 2 = 95$

③ MgO　$24 + 16 = 40$

④ Na$_2$SO$_4$　$23 \times 2 + 32 + 16 \times 4 = 142$

⑤ K$_2$SO$_4$　$39 \times 2 + 32 + 16 \times 4 = 174$

③MgO の式量が最も小さい。

c｜**まとめ**　物質量〔mol〕＝ $\dfrac{\text{質量〔g〕}}{\text{モル質量〔g/mol〕}}$

①〜⑤の気体 1 g の物質量は

① N$_2$ の分子量 28 より　$\dfrac{1}{28}$ mol

② O$_2$ の分子量 32 より　$\dfrac{1}{32}$ mol

③　F_2 の分子量 38 より　$\frac{1}{38}$ mol

④　NO の分子量 30 より　$\frac{1}{30}$ mol

⑤　CO_2 の分子量 44 より　$\frac{1}{44}$ mol

(分子の数) = 6.02×10^{23} × (物質量)である。**分子の数が最も多いものは，物質量が最大の①である。**

8　④

$$物質量〔mol〕 = \frac{粒子の数}{6.0 \times 10^{23}/mol}$$

ア　塩化マグネシウム $MgCl_2$ 1個は，2個の Cl^- で構成されると考えられる。

したがって，$MgCl_2$ の物質量はそれに含まれる Cl^- の物質量の $\frac{1}{2}$ になる。

$MgCl_2$ の物質量 a は，

$$a = \frac{8.0 \times 10^{23}}{6.0 \times 10^{23}} \times \frac{1}{2} = \mathbf{\frac{2}{3}\ mol}$$

イ　アルゴン Ar は単原子分子なので，

$$b = \frac{5.0 \times 10^{23}}{6.0 \times 10^{23}} = \mathbf{\frac{5}{6}\ mol}$$

ウ　アンモニア NH_3 1分子中には，H 原子が3個含まれる。

したがって，NH_3 の物質量はそれに含まれる H 原子の物質量の $\frac{1}{3}$ になる。

$$c = \frac{9.0 \times 10^{23}}{6.0 \times 10^{23}} \times \frac{1}{3} = \mathbf{\frac{1}{2}\ mol}$$

よって，④ $b > a > c$ である。

9　②

まとめ

1 mol の気体　質量…(分子量)g
標準状態における体積…22.4 L

$$標準状態における気体の密度 = \frac{質量}{体積} = \frac{(分子量)g}{22.4\ L}$$

となるので，密度は気体の分子量に比例する。

①～⑤の気体の分子量は，

①　$O_2 = 32$　　②　$Cl_2 = 71$
③　$CO_2 = 44$　　④　$H_2S = 34$
⑤　$Ar = 40$

分子量が最大の気体の密度が，最も大きくなる。**密度が最大の気体は，②Cl_2 である。**

23　10　④

①～⑤の気体の分子量は，

①　アルゴン $Ar = 40$　　②　キセノン $Xe = 131$
③　プロパン $C_3H_8 = 44$　　④　ブタン $C_4H_{10} = 58$
⑤　二酸化炭素 $CO_2 = 44$

空気は窒素 N_2(分子量 28)と酸素 O_2(分子量 32)の体積比が 4：1 の混合気体である。物質量比も 4：1 となるので，空気 1 mol の質量は，

$$28 \times \frac{4}{5} + 32 \times \frac{1}{5} = 28.8\ g$$

22.4 L(標準状態)の体積を占める空気の質量は，28.8 g になる。0.29 g の空気の物質量は $\frac{0.29}{28.8}$ mol である。

アボガドロの法則「同温・同圧のもとで，同体積の気体は種類によらず同数の分子を含む」より，空気と求める気体の分子数は等しい。分子数が等しい2つの気体は物質量が等しいことになる。

求める気体の分子量を M とすると，

$$\frac{0.58}{M} = \frac{0.29}{28.8} \qquad M = 57.6 \fallingdotseq 58$$

よって，④ブタンである。

24　11　②

炭素やケイ素は 14 族で価電子を4個もち，その塩素との化合物は CCl_4，$SiCl_4$ である。この元素 X の塩素との化合物も XCl_4 となると推定される。

X の原子量を x とおく。塩素との化合物の分子量が 215 であることから，

$$x + 35.5 \times 4 = 215$$
$$x = 73$$

原子量は 73 と考えられる。

25　12　③

▶攻略のPoint　8.0%の NaOH 水溶液中の溶質の質量を求めることがポイントになる。

注意！

$$密度〔g/cm^3〕 = \frac{質量〔g〕}{体積〔cm^3〕} \quad \cdots\cdots(1)より$$

$$質量〔g〕 = 密度〔g/cm^3〕 \times 体積〔cm^3〕 \quad \cdots\cdots(2)$$

$$体積〔cm^3〕 = \frac{質量〔g〕}{密度〔g/cm^3〕} \quad \cdots\cdots(3)$$

(1)，(2)，(3)の関係をしっかりつかんでおこう。

(2)より，この水溶液の質量は，

$1.1\ \mathrm{g/cm^3} \times 100\ \mathrm{cm^3} = 110\ \mathrm{g}$

110 g の 8.0%が溶質 NaOH になるので，

$$110 \times \frac{8.0}{100} = 8.8\ \mathrm{g}$$

NaOH（式量 40）の物質量は，

$$\frac{8.8}{40} = 0.22\ \mathrm{mol}$$

となる。

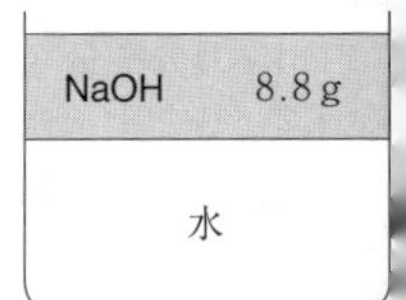

水溶液 $100\ \mathrm{cm^3} \rightarrow 11$(

まとめ

質量パーセント濃度〔%〕＝ $\dfrac{溶質〔g〕}{溶液〔g〕} \times 100$

2-2 酸・塩基の反応

26 ① ④

ブレンステッドの酸・塩基の定義にしたがって考えていけばよい。

反応Ⅰ

$$CH_3COOH + \underset{a}{H_2O} \longrightarrow CH_3COO^- + H_3O^+$$

H_2O が H_3O^+ となるので，H^+ を受け取っており，H_2O は塩基として働いている。

$$CH_3COOH + H_2O \longleftarrow CH_3COO^- + \underset{b}{H_3O^+}$$

逆に，H_3O^+ が H_2O となるとき，H_3O^+ は H^+ を与えているので酸である。

反応Ⅱ

$$NH_3 + \underset{c}{H_2O} \longrightarrow NH_4^+ + OH^-$$

H_2O が OH^- となるので，H^+ を与えており，H_2O は酸として働いている。

$$NH_3 + H_2O \longleftarrow NH_4^+ + \underset{d}{OH^-}$$

逆に，OH^- が H_2O になるとき，OH^- は H^+ を受け取っており，塩基である。

よって，**酸として働いているのは，b と c である。**

このように，**反応Ⅰ**，**反応Ⅱ**において水 H_2O に着目すると，ブレンステッドの定義では，水は相手により酸にも塩基にもなるといえる。

まとめ　ブレンステッドの酸・塩基の定義
→ H^+ の授受による
酸……H^+ を与えるもの
塩基……H^+ を受け取るもの

27 ② ①

① 塩化水素を水に溶かすと，次のように電離する。

$$HCl \longrightarrow H^+ + Cl^-$$

実際には，**H^+ は水 H_2O と結合してオキソニウムイオン H_3O^+ となっている。**

したがって，厳密には塩化水素が電離する式は，

$$HCl + H_2O \longrightarrow H_3O^+ + Cl^-$$

と表される。（正しい）

② アンモニアが水に溶けると，次のようにアンモニウムイオン NH_4^+ が生じる。

$$NH_3 + H_2O \rightleftarrows NH_4^+ + OH^-$$

しかし，アンモニアは弱塩基であり，電離度が小さい。したがって，アンモニア水では，アンモニアはほとんど電離しておらず，**大部分はアンモニア分子の形で溶けている。**（誤り）

③ 酸と塩基が過不足なく中和するとき，

（酸からの H^+ の物質量）＝（塩基からの OH^- の物質量）

が成り立つ。

まとめ

中和反応における量的関係
（酸の物質量）×（酸の価数）
＝（塩基の物質量）×（塩基の価数）

これは，酸・塩基の強弱に関係なく成立する。

したがって，**1 価の酸と 1 価の塩基は，等しい物質量で過不足なく中和する。弱塩基の物質量が多くなることはない。**（誤り）

④ MgCl(OH)のように，**塩基の OH が残っているものを塩基性塩という。**この名称は，塩の組成を示すもので，その水溶液が必ずしも塩基性を示すとはかぎらない。（誤り）

⑤ 電離度は1～0の数値で示され，100%電離しているときの電離度が1になる。酢酸は弱酸であり，**酢酸の電離度はきわめて小さい**。(誤り)

3 ⑧

酸を水に溶かして，水素イオン濃度$[H^+]$を大きくしていくと，水酸化物イオン濃度$[OH^-]$は**小さくなっていく**。(誤り)

中和反応における酸と塩基の物質量の関係は，酸・塩基の強弱ではなく，価数により決まる。

$$NH_3 + HNO_3 \longrightarrow NH_4NO_3$$

アンモニアと硝酸は，同じ物質量で過不足なく反応する。NH_3 0.10 mol/L × 1.0 L = 0.10 mol に対して，HNO_3 0.013 mol/L × 1.0 L = 0.013 mol を反応させたので，**アンモニアが過剰になるとわかる**。(誤り)

水酸化カルシウム $Ca(OH)_2$ は**強塩基である**。(誤り)

4 ⑤

正塩の水溶液の液性は，「その塩を中和反応でつくるときに必要な酸と塩基の種類」で判断できる。

まとめ

正塩の水溶液は
強酸 ＋ 強塩基からなる塩 ⟶ 中性
強酸 ＋ 弱塩基からなる塩 ⟶ 酸性
弱酸 ＋ 強塩基からなる塩 ⟶ 塩基性
を示す。
弱酸 ＋ 弱塩基からなる塩は複雑で出題されない。

強酸 H_2SO_4 と弱塩基 $Cu(OH)_2$ からなる塩であるから，$CuSO_4$ 水溶液は**酸性を示す**。

強酸 H_2SO_4 と弱塩基 NH_3 からなる塩であるから，$(NH_4)_2SO_4$ 水溶液は**酸性を示す**。

強酸 H_2SO_4 と強塩基 NaOH からなる塩であるから，Na_2SO_4 水溶液は**中性を示す**。

弱酸 CH_3COOH と強塩基 KOH からなる塩であるから，CH_3COOK 水溶液は**塩基性を示す**。

強酸 HNO_3 と強塩基 KOH からなる塩であるから，KNO_3 水溶液は**中性を示す**。

よって，正しい組合せは⑤である。

5 ②

酢酸ナトリウム CH_3COONa は，弱酸 CH_3COOH と強塩基 NaOH からなる塩であるから，水溶液は塩基性を示す。したがって，**pH ＞ 7 である**。

塩化アンモニウム NH_4Cl は，強酸 HCl と弱塩基 NH_3 からなる塩であるから，水溶液は酸性を示す。したがって，**pH ＜ 7 である**。

C 硫酸ナトリウム Na_2SO_4 は，強酸 H_2SO_4 と強塩基 NaOH からなる塩であるから，水溶液は中性を示す。したがって，**pH ＝ 7 である**。

pH の値は，A ＞ C ＞ B の順になる。

31 6 ④

▶攻略のPoint 滴定曲線の分析は，次の3つのポイントを確認する。

(1) グラフの左端と右端

グラフの形より，塩基に酸を滴下したときの pH の変化である。グラフの左端は，まだ酸を加えていないとき(滴下量0)なので，塩基の pH を示す。グラフの右端は，中和点をこえて酸が過剰となっているので，酸の pH の値に近づいていく。

(2) 中和点の pH

中和点の pH は，中和反応で生成した塩の液性を示す。

(3) 中和点における滴下量

滴下量から，中和反応をした酸と塩基の物質量を求めることができる。

① グラフの左端は，塩基 A の pH を示しており，その値が 11 なので，塩基 A は弱塩基である。(正しい)

② 中和点の pH が酸性側にあるので，この実験は，強酸と弱塩基の滴定であるとわかる。よって，酸 B は強酸である。(正しい)

③ 酸 B の中和点までの滴下量が 5.0 mL である。それまでに加えられた B の物質量は，

$$0.20\ \mathrm{mol/L} \times \frac{5.0}{1000}\ \mathrm{L} = 1.0 \times 10^{-3}\ \mathrm{mol}$$

(正しい)

④ 酸 B の価数を a とすると，5.0 mL が中和点となるので，塩基 A の価数が1であることから，

(酸の出す H^+ の物質量)＝(塩基の出す OH^- の物質量)

$$a \times 0.20\ \mathrm{mol/L} \times \frac{5.0}{1000}\ \mathrm{L} = 1 \times 0.10\ \mathrm{mol/L} \times \frac{10}{1000}\ \mathrm{L}$$

$$a = 1$$

酸Bは1価の酸である。(誤り)

2-3 酸化と還元，イオン化傾向

32 1 ⑤

▶攻略のPoint　H原子の酸化数＝＋1，O原子の酸化数＝−2を基準として，酸化数を求めていく。化合物中の各原子の酸化数の総和は0になることから計算する。わかりにくいものは，その化合物をイオンに分けて求めればよい。

a｜ $CaCO_3$ は Ca^{2+} と $CO_3{}^{2-}$ のイオンからなる化合物である。$CO_3{}^{2-}$ において，C原子の酸化数を x とすると，

$x+(-2)\times 3=-2 \qquad x=+4$

注意!　酸化数は4ではなく，+4と必ず符号をつけて表す。

b｜ $NaNO_3$ は Na^+ と $NO_3{}^-$ のイオンからなる化合物である。$NO_3{}^-$ において，N原子の酸化数を x とすると，

$x+(-2)\times 3=-1 \qquad x=+5$

c｜ $K_2Cr_2O_7$ は K^+ と $Cr_2O_7{}^{2-}$ のイオンからなる化合物である。$Cr_2O_7{}^{2-}$ において，Cr原子の酸化数を x とすると，

$x\times 2+(-2)\times 7=-2 \qquad x=+6$

d｜ H_3PO_4 中のP原子の酸化数を x とすると，

$(+1)\times 3+x+(-2)\times 4=0 \qquad x=+5$

酸化・還元の定義を示すと次のようになる。

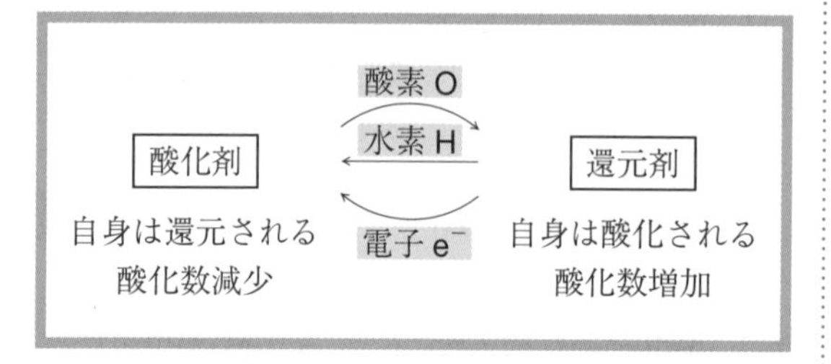

酸化・還元を判断するときによく使われるのが「酸化数」である。

33 2 ②，④

▶攻略のPoint　酸化還元反応かどうかは，酸化数の変化の有無で判断する。単体を含む化学反応は必ず酸化還元反応である。

①，③，⑤の反応式では，酸化数が変化している原子がないので，酸化還元反応ではない。

具体的には

① 弱酸の塩＋強酸 ⟶ 弱酸＋強酸の塩

（弱酸の遊離）

③，⑤は 塩基＋酸 の中和反応

②と④の反応式では次のように酸化数が変化している原子がある。②，**④は酸化還元反応である。**

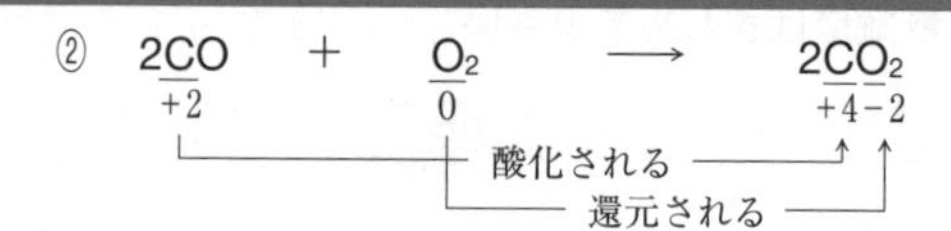

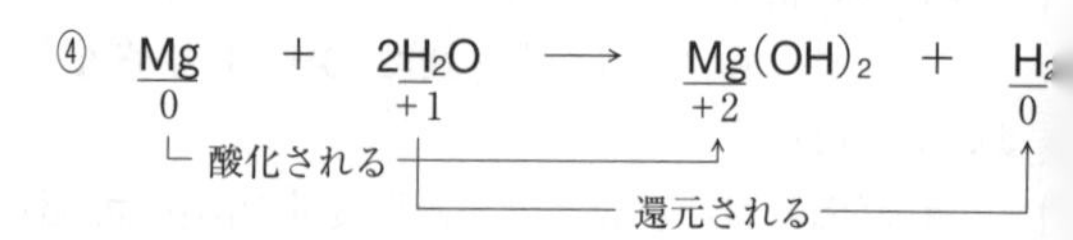

34 3 ②

▶攻略のPoint　酸化還元反応は電子のやりとりである。二つの物質のうち，酸化作用の強いもの，つまり電子を奪う（＝受け取る）力の強い方が酸化剤になりやすい。逆に，酸化作用の弱いもの，つまり，電子を奪われる（＝失う）方が還元剤になりやすい。

a｜

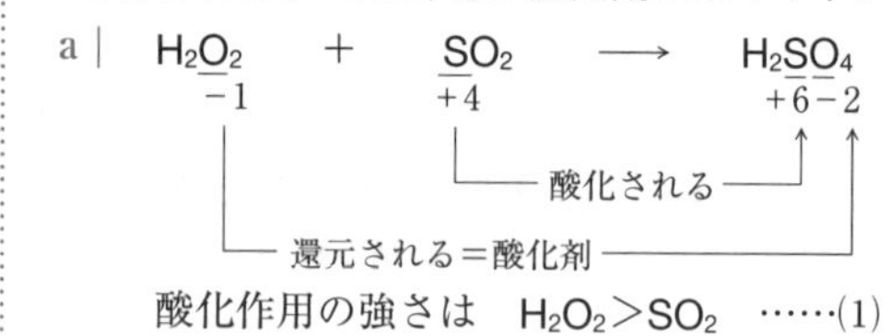

酸化作用の強さは　$H_2O_2>SO_2$　……(1)

b｜

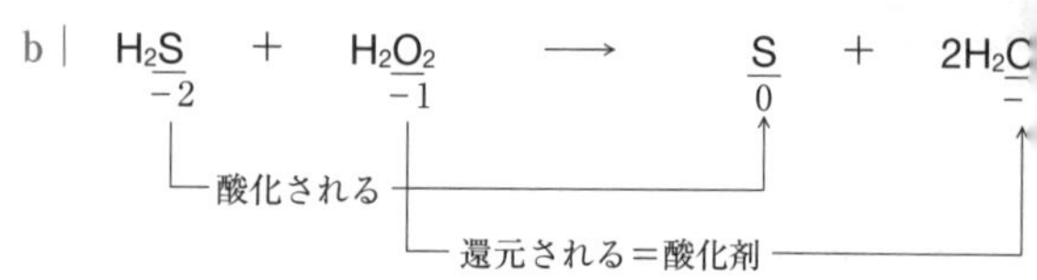

酸化作用の強さは　$H_2O_2>H_2S$　……(2)

c｜ SO_2 ＋ $2H_2S$ ⟶ $3S$ ＋ $2H_2O$

（SO_2：+4，H_2S：−2，S：0）

酸化される（H_2S → S）

還元される＝酸化剤（SO_2 → S）

酸化作用の強さは　$SO_2>H_2S$　……(3)

(1)，(2)，(3)より，酸化作用の強さは，②H_2O_2 ＞ SO_2 ＞ H_2S の順である。

注意!　H_2O_2 と SO_2 については，次の点に注意しておこう。

H_2O_2 はふつう酸化剤である。しかし，強い酸化剤に対しては還元剤として働く。

一方，SO_2 はふつう還元剤である。しかし，強い還元剤に対しては酸化剤として働く。

このように，H_2O_2 や SO_2 は反応する相手によって逆の作用をすることがある。

35 4 ③

① 酸化剤は電子を奪って相手を酸化する。酸化剤自身は電子を受け取っているので，還元されていることになる。（正しい）

注意!
酸化剤 ＝ それ自身は還元される
還元剤 ＝ それ自身は酸化される } の関係

② 一般に，過酸化水素 H_2O_2 は酸化剤として作用するが，相手が過マンガン酸カリウム $KMnO_4$ のような強い酸化剤に対しては還元剤として作用する。（正しい）

③ 過マンガン酸カリウムは酸化剤として，酸性溶液中では次のように作用する。

$$MnO_4^- + 8H^+ + 5e^- \longrightarrow Mn^{2+} + 4H_2O$$

MnO_4^- 1 mol は 5 mol の e^- を受け取る。

一方，過酸化水素は還元剤として，次のように作用する。

$$H_2O_2 \longrightarrow O_2 + 2H^+ + 2e^-$$

H_2O_2 1 mol は 2 mol の e^- を放出する。

したがって，電子の授受が過不足なく行われるには，**$KMnO_4$ 2 mol に対して，H_2O_2 5 mol が必要となる。**（誤り）

> 酸化還元反応において，
> 酸化剤の受け取った電子の物質量
> ＝ 還元剤の放出した電子の物質量

④ イオン化傾向が Fe ＞ Cu なので，硫酸銅(Ⅱ)水溶液に鉄を入れると，鉄が電子を放出してイオンとなる。

$$\underset{+2}{\underline{Cu}}{}^{2+} + Fe \longrightarrow \underset{0}{\underline{Cu}} + Fe^{2+}$$

Cu の酸化数は減少しているので，銅(Ⅱ)イオンは還元されている。（正しい）

⑤ カルシウムが水と反応すると，水酸化カルシウムになる。

$$\underset{0}{\underline{Ca}} + 2H_2O \longrightarrow \underset{+2}{\underline{Ca}}(OH)_2 + H_2$$

Ca の酸化数は増加しているので，カルシウムは酸化されている。（正しい）

5　②

▶攻略のPoint

物質に含まれる原子の 酸化数が増加 ⟶ 酸化された / 酸化数が減少 ⟶ 還元された

「物質が酸化剤として働く」＝「自身は還元される」＝「物質中に酸化数が減少した原子を含む」と言いかえてみる。

a ～ **e** の化学反応式と指示された化合物中の原子の酸化数を示す。酸化数が減少している原子を含む物質が酸化剤になる。

a | $Cu + 2H_2\underset{+6}{\underline{S}}O_4 \longrightarrow CuSO_4 + 2H_2O + \underset{+4}{\underline{S}}O_2$

酸化数が減少しているので，**H_2SO_4 は酸化剤である。**

b | $FeS + H_2\underset{+6}{\underline{S}}O_4 \longrightarrow Fe\underset{+6}{\underline{S}}O_4 + H_2S$

酸化数が変化していないので，**反応自体が酸化還元反応ではない。**

c | $\underset{+4}{\underline{Mn}}O_2 + 4HCl \longrightarrow \underset{+2}{\underline{Mn}}Cl_2 + Cl_2 + 2H_2O$

酸化数が減少しているので，**MnO_2 は酸化剤である。**

d | $2KClO_3 \longrightarrow 2KCl + 3O_2$

MnO_2 は反応を速める**触媒として働いており**，反応式には表れない。**酸化剤ではない。**

e | $H_2O_2 + H_2\underset{-2}{\underline{S}} \longrightarrow 2H_2O + \underset{0}{\underline{S}}$

酸化数が増加しているので，**H_2S は還元剤である。**

よって，下線部の物質が酸化剤として働いているのは **a** と **c** である。

注意! 同じ物質でも反応する相手が違うと異なる作用をする。
（**a**，**b** での硫酸 H_2SO_4 の作用）
a　銅はイオン化傾向が H よりも小さいので，希硫酸 H_2SO_4 に溶けて水素を発生することはない。しかし，この反応の「熱濃硫酸」のように酸化力の強い酸とは反応して二酸化硫黄が生成する。
b　「弱酸の塩 ＋ 強酸 ⟶ 強酸の塩 ＋ 弱酸」の反応において，「希硫酸」は強酸として働いている。
（**c**，**d** での酸化マンガン(Ⅳ)MnO_2 の作用）
c　MnO_2 は酸化剤として，塩化水素 HCl を酸化して塩素 Cl_2 を発生させている。
d　MnO_2 は塩素酸カリウム $KClO_3$ の熱分解反応の触媒として作用している。

37　6　⑥

a | 二クロム酸カリウム $K_2Cr_2O_7$ は酸化剤である。硫酸酸性溶液中で過酸化水素と反応するときは，次のように酸化剤として働き，自身は**還元される**。（誤り）

$$\underset{+6}{\underline{Cr}}{}_2O_7^{2-} + 14H^+ + 6e^- \longrightarrow 2\underset{+3}{\underline{Cr}}{}^{3+} + 7H_2O$$

（+6 → +3：還元される）

溶液は二クロム酸イオン $Cr_2O_7^{2-}$ の橙赤色から，クロム(Ⅲ)イオン Cr^{3+} の緑色へと変化していく。

b | 銅より亜鉛はイオン化傾向が大きいので，亜鉛板を硫酸銅(Ⅱ)水溶液に入れると，次の反応が起こる。

$$Zn + CuSO_4 \longrightarrow ZnSO_4 + Cu$$

$$\begin{cases} Zn \longrightarrow Zn^{2+} + 2e^- \\ Cu^{2+} + 2e^- \longrightarrow Cu \end{cases}$$

Cu^{2+} は**還元されて** Cu となり析出する。(正しい)
そのため，水溶液中の Cu^{2+} が減少するので，青色が薄くなる。

> イオン化傾向の大きな金属 ➡ 還元力が強い
> ㊅←―― 還元力 ――→㊉
> Li K Ca Na Mg Al ⓩn Fe Ni Sn Pb (H_2) ⓒu Hg Ag Pt Au

c｜ ハロゲンの単体には酸化力がある。その強さは $F_2 > Cl_2 > Br_2 > I_2$ の順である。

よって，塩素を臭化カリウム水溶液に通すと，次の反応が起こる。

$$2K\underset{-1}{\underline{Br}} + Cl_2 \longrightarrow 2KCl + \underset{0}{\underline{Br_2}}$$

（Br：−1 → 0　酸化される）

Br^- は**酸化されて**臭素 Br_2 が生成するため，溶液は赤褐色になる。(誤り)

> ハロゲン ➡ 酸化力が強い
> 酸化力　$F_2 > Cl_2 > Br_2 > I_2$

38 ⑦ ③

硫酸酸性の過酸化水素水にヨウ化ナトリウム水溶液を加えたときの反応は，次のようになる。

H_2O_2 …… $H_2O_2 + 2H^+ + 2e^- \longrightarrow 2H_2O$ ……(1)

NaI …… $2I^- \longrightarrow I_2 + 2e^-$ ……(2)

(1)＋(2)より　$H_2O_2 + 2I^- + 2H^+ \longrightarrow 2H_2O + I_2$

両辺に $2Na^+$，SO_4^{2-} をそれぞれ加える。

$$H_2O_2 + 2NaI + H_2SO_4 \longrightarrow 2H_2O + I_2 + Na_2SO_4$$

a｜ 反応が起こると，H_2SO_4 が消費されるので，溶液の **pH は反応前よりも大きくなる**。(正しい)

b｜ 反応式から明らかなように，**水素の発生はない**。(誤り)

c｜ 酸化還元反応によりヨウ素 I_2 が生成する。デンプン水溶液を加えると，ヨウ素デンプン反応が起こり，**水溶液は青紫色になる**。(正しい)

39 ⑧ ②

① Zn は Cu よりもイオン化傾向が大きいので，Cu^{2+} を含む水溶液に Zn を入れると，

$$Cu^{2+} + Zn \longrightarrow Cu + Zn^{2+}$$

の反応が起こり，銅が析出する。

反応式は

$$CuSO_4 + Zn \longrightarrow ZnSO_4 + Cu$$

になる。(正しい)

② Fe は Mg よりもイオン化傾向が小さいので，Mg^{2+} を含む水溶液に Fe を入れても，電子の授受は起こらない。塩化マグネシウム水溶液に鉄を浸してもマグネシウムは**析出しない**。(誤り)

③ Cu は Ag よりもイオン化傾向が大きいので，Ag^+ を含む水溶液に Cu を入れると，

$$2Ag^+ + Cu \longrightarrow 2Ag + Cu^{2+}$$

の反応が起こり，銀が析出する。

反応式は

$$2AgNO_3 + Cu \longrightarrow Cu(NO_3)_2 + 2Ag$$

になる。(正しい)

④ Zn は水素よりイオン化傾向が大きいので，塩酸と反応して水素を発生する。

反応式は

$$Zn + 2HCl \longrightarrow ZnCl_2 + H_2$$

になる。(正しい)

⑤ 白金はイオン化傾向の小さい金属で，熱濃硫酸や硝酸などの酸化力の強い酸でも溶かすことができないが，王水には溶ける。(正しい)

なお王水とは，濃塩酸と濃硝酸を体積比 3：1 で混合した酸であり，非常に酸化力の強い酸である。

> **[金属]と[塩の水溶液]の反応**
> 金属 M_1 のイオン化傾向が，水溶液中の金属イオン M_2 よりも大きいと溶け出す。
> そして，M_2 が金属単体となって析出する。

40 ⑨ ⑥

一般に，イオン化傾向が A ＞ B の2種類の金属 A，B を電解質水溶液に浸して，それらを導線でつないだとき，イオン化傾向の大きい A が電子を失って陽イオンになる。つまり，ア酸化されて，イ陽イオンとなって溶け出す。A から放出された電子は導線を通ってもう一方の B へと移動することになる。このとき電子の流れと逆向きに電流が流れるので，B から A に電流が流れ，A はウ負極となる。

まとめ 電池

負極…イオン化傾向の大きな金属
　　電子が放出される ⟶ 酸化反応
正極…イオン化傾向の小さな金属
　　電子が流れ込む ⟶ 還元反応
電子の流れと電流の流れは逆になるので注意を要する。

10　④

鉛蓄電池の構成は次のようになる。

　　負極　　電解液　　正極
$(-)Pb \mid H_2SO_4aq \mid PbO_2(+)$

放電時の両電極における反応は次のようになる。

負極　$Pb + SO_4^{2-} \longrightarrow PbSO_4 + 2e^-$　……(1)

正極　$PbO_2 + 4H^+ + SO_4^{2-} + 2e^-$
$\longrightarrow PbSO_4 + 2H_2O$　……(2)

正極では $\underset{+4}{\underline{Pb}O_2} \longrightarrow \underset{+2}{\underline{Pb}SO_4}$ の反応で Pb の酸化数が減少しており，ア還元反応が起こったとわかる。

負極では $\underset{0}{\underline{Pb}} \longrightarrow \underset{+2}{\underline{Pb}SO_4}$ の反応で Pb の酸化数が増加しており，イ酸化反応が起こったとわかる。

反応後，両電極板には沈殿物質の $PbSO_4$ が付着する。

反応式の係数の比より，正極に 1 mol の $PbSO_4$ が生成するときウ 2 mol の電子 e^- が流れる。

正極　$PbO_2 + 4H^+ + SO_4^{2-} + \underset{2\ mol}{\underline{2e^-}}$

$\longrightarrow \underset{1\ mol}{\underline{PbSO_4}} + 2H_2O$

起電力がしだいに低下したとき，外部に直流電源をつなぎ，放電時と逆向きの電流を流すと，(1)，(2)で逆向きの反応が起こり，電極と電解液がもとの状態に戻り起電力が回復する。これを充電という。

鉛蓄電池は，充電のできる二次電池で代表的なものである。

42　11　④

①　導線から電子が流れ込む電極は正極になる。（正しい）

②　電池の正極と負極の間の電位差を起電力という。（正しい）

③　放電し続けたときに起電力が低下し，回復することができない電池を一次電池という。それに対して，外部から放電時と逆向きの電流を流すことで起電力が回復する電池を二次電池という。（正しい）

④　ダニエル電池は，銅板を浸した $CuSO_4$ 水溶液と亜鉛板を浸した $ZnSO_4$ 水溶液を，素焼き板を隔てて組み合わせたものである。

イオン化傾向の小さい銅は**正極となる**。（誤り）

電子は，導線を通って亜鉛板から銅板に流れる。

負極　$Zn \longrightarrow Zn^{2+} + 2e^-$

正極　$Cu^{2+} + 2e^- \longrightarrow Cu$

⑤　鉛蓄電池では，負極に鉛，正極に酸化鉛(Ⅳ)が用いられる。（正しい）

43　12　④

①　アルカリマンガン乾電池は，正極に酸化マンガン(Ⅳ) MnO_2，負極に Zn を用いている。（正しい）

電解液は，KOH 水溶液のような塩基を用い，マンガン乾電池よりも大きな電流を取り出せる。

②　鉛蓄電池の電解液は希硫酸である。（正しい）

自動車のバッテリーや，非常用の予備電源として広く使用されている。

③　酸化銀電池では正極に Ag_2O，負極に Zn が用いられている。（正しい）

一定の電圧を保つことができるので，ボタン型電池として時計などに使われている。

④　リチウムイオン電池は，負極に Li を含む黒鉛，正極にコバルト(Ⅲ)酸リチウム $LiCoO_2$ を用いた**二次電池**（充電可能な電池）である。（誤り）

放電，充電を繰り返しても，電極自身は化学変化しないので寿命が長い。ノート型パソコンなどの電子機器に広く用いられている。

第3章　日常生活の化学

3-1 日常生活の化学

44 ① ⑥

① 金属原子の価電子は自由に動き回ることができる。このような電子を自由電子といい，金属は電気や熱をよく伝える。(正しい)

② 大理石の主成分は，炭酸カルシウム $CaCO_3$ である。酸性雨とは，燃料の燃焼などによって生じた窒素酸化物 NO_x や硫黄酸化物 SO_x が，硝酸や硫酸に変化して雨に溶け込み，pH5.6 以下になったもの。酸性雨により大理石の腐食などの被害が起こっている。(正しい)

③ 二酸化ケイ素 SiO_2 は石英，水晶，けい砂として天然に存在している。けい砂はガラスやセメントなどのケイ酸塩工業の原料となる。(正しい)

④ 焼きセッコウは，水を混ぜると硫酸カルシウム二水和物(セッコウ)となって固まる性質をもっている。

$$\underset{\text{焼きセッコウ}}{CaSO_4 \cdot \frac{1}{2}H_2O} + \frac{3}{2}H_2O \longrightarrow \underset{\text{セッコウ}}{CaSO_4 \cdot 2H_2O}$$

この性質を利用して，建築材料や医療用ギプスなどに用いられている。(正しい)

⑤ ポリエチレンテレフタラートは，テレフタル酸とエチレングリコールを縮合重合させて合成する。

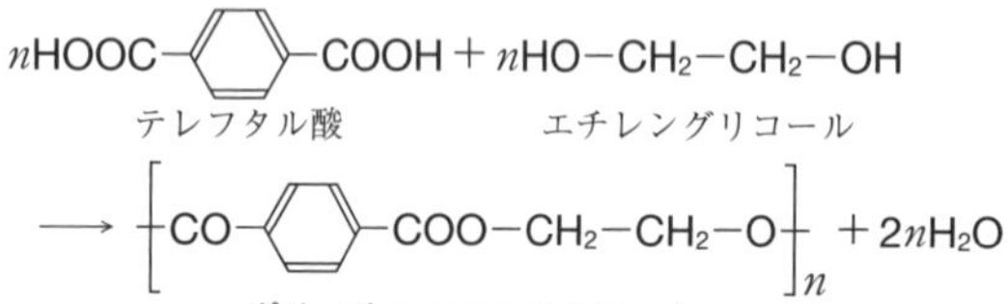

$$\underset{\text{テレフタル酸}}{n\,HOOC-C_6H_4-COOH} + \underset{\text{エチレングリコール}}{n\,HO-CH_2-CH_2-OH}$$

$$\longrightarrow \underset{\text{ポリエチレンテレフタラート}}{\left[CO-C_6H_4-COO-CH_2-CH_2-O \right]_n} + 2n\,H_2O$$

エステル結合でつながった高分子化合物で，衣料品や容器(ペットボトル)など，身近なところで広く使われている。(正しい)

⑥ ポリエチレンはエチレンを付加重合させると得られる。

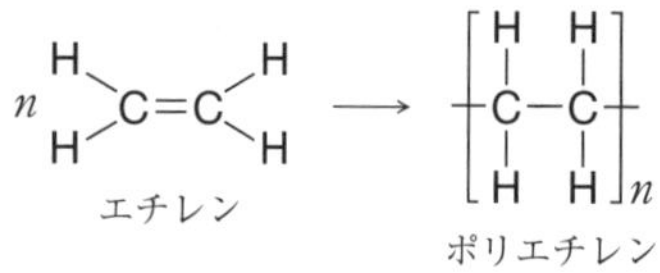

$$\underset{\text{エチレン}}{n\,CH_2=CH_2} \longrightarrow \underset{\text{ポリエチレン}}{\left[CH_2-CH_2 \right]_n}$$

ポリエチレンは単結合のみをもつ高分子化合物である。(誤り)

まとめ 高分子合成の２つの反応形式(モデル)

A 付加重合

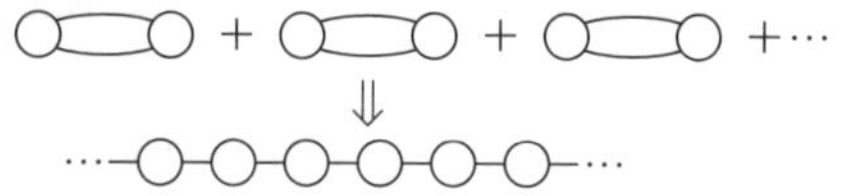

○═○ ＋ ○═○ ＋ ○═○ ＋…
⇓
…─○─○─○─○─○─○─…

B 縮合重合

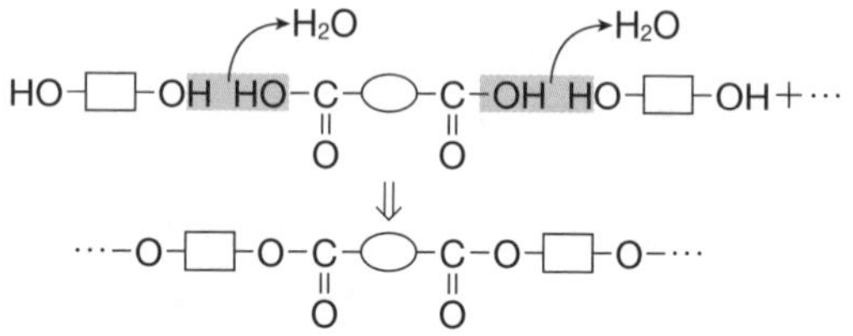

HO─□─OH HO─C(=O)─⬭─C(=O)─OH HO─□─OH＋…　（→H_2O，→H_2O）
⇓
…─O─□─O─C(=O)─⬭─C(=O)─O─□─O─…

45 ② ③

① 酸化カルシウムは水と反応しやすく，水酸化物を生じる。

$CaO + H_2O \longrightarrow Ca(OH)_2$

水を吸収するため，乾燥剤として用いられる。(正しい)

② 黒鉛は炭素の単体であり，ダイヤモンドやフラーレンと同素体の関係にある。黒鉛は薄く，はがれやすく，電気伝導性があるので，鉛筆の芯(しん)や乾電池の電極に使われている。(正しい)

③ **高級アルコールの「高級」は，炭素数の多いことを示している**。したがって，高純度に精製したアルコールではない。(誤り)

④ 炭酸水素ナトリウムは，加熱すると分解して二酸化炭素を発生する。

$2NaHCO_3 \longrightarrow Na_2CO_3 + H_2O + CO_2$

ケーキなどをふくらませるためのふくらし粉として用いられる。(正しい)

⑤ ステンレス鋼は，鉄，クロム，ニッケルの合金である。さびにくいため，台所の流し台などに用いられる。(正しい)

46 ③ ⑤

① ナトリウムは，炎色反応で黄色を呈する。このことを利用して，化合物が花火に使用される。(正しい)

② ジュラルミンは，アルミニウムに銅，マグネシウム，マンガンなどを加えた合金である。軽くて，強度が大きいため，航空機の機体に利用される。(正しい)

③ 炭酸ナトリウムは，アンモニアソーダ法で合成さ

れている。(正しい)
④ ヨウ素は，固体から液体を経ずに直接気体になったり，逆に気体から固体になったりする。これを昇華性という。(正しい)
⑤ 塩素が水に溶けると，次亜塩素酸 HClO を生じる。

$$Cl_2 + H_2O \rightleftarrows HCl + HClO$$

次亜塩素酸は**酸化力が強く**，漂白剤，殺菌剤として使用される。還元力が強いためではない。(誤り)

4 ②

① 高純度のケイ素はわずかに電気を通し，半導体の性質をもつ。太陽電池やコンピュータの部品などに用いられる。(正しい)
② **鋼は電気分解による精錬ではできない**。鉄鉱石を溶鉱炉でコークスや一酸化炭素で還元して銑鉄を製造し，この銑鉄に酸素を吹き込んで，炭素の含有量を減らしてやると鋼ができる。(誤り)
③ ハーバー法により窒素と水素からアンモニアを合成し，このアンモニアを酸で中和することで，硫酸アンモニウムや硝酸アンモニウムが生産されるようになった。これらは「硫安」「硝安」と呼ばれ，窒素肥料として用いられている。(正しい)
④ 塩化ナトリウムと二酸化炭素およびアンモニアから炭酸ナトリウムをつくる工業的製法が，アンモニアソーダ法(ソルベー法)である。

炭酸ナトリウムは，ガラスの原料となる。(正しい)
⑤ リチウムイオン電池は充電が可能な二次電池である。小型で軽量，高い電圧(約 4 V)が得られるため，ノートパソコンや携帯電話などに使われている。(正しい)

5 ③

▶攻略のPoint 化学反応が関係しているものは，「現象の記述」を反応式で表すことができるものになる。

① 塩素を含む洗剤の主成分である次亜塩素酸ナトリウムが，塩酸を含む洗剤と混ざった場合を考えると，

$$NaClO + 2HCl \longrightarrow NaCl + H_2O + Cl_2$$

の反応が起こり，塩素が発生する。
② 閉めきった室内で，炭(つまり炭素 C)を燃やすと，次のような不完全燃焼により有毒な一酸化炭素 CO が発生することがあり，危険である。

$$2C + O_2 \longrightarrow 2CO$$

③ 高温のてんぷら油に水滴を落とすと，水が一気に沸騰して，油とともに飛び散る。これは，**水の状態変化(液体 → 気体)が起こったのであり，化学反応が起こったわけではない**。
④ スイッチを入れた際の火花により，可燃性ガスが急激に燃焼して爆発が起こる。例えば，プロパンガス C_3H_8 の場合，次のような反応が起こる。

$$C_3H_8 + 5O_2 \longrightarrow 3CO_2 + 4H_2O$$

⑤ 乾燥剤として入っている酸化カルシウムは，水と次のように反応する。

$$CaO + H_2O \longrightarrow Ca(OH)_2$$

この反応は発熱反応である。したがって，酸化カルシウムを水でぬらしたとき，反応して高温となることがある。

よって，化学反応が関係していないのは③である。

49 6 ⑤

① 漂白剤は洗濯物中の有色物質との**酸化還元反応**により，有色物質を分解する働きをする。(正しい)

塩素系の漂白剤は，次亜塩素酸ナトリウム NaClO が主成分であり，**酸化作用**を利用する。

また，二酸化硫黄 SO_2 は**還元作用**を利用する。
② ぬれた衣服からは水が蒸発する。水が**蒸発する**際，まわりから熱を奪う。

したがって，ぬれた衣服を着ていると，体温を奪われて体が冷える。(正しい)
③ 花火にはアルカリ金属やアルカリ土類金属，銅などの塩が用いられており，**炎色反応**によりさまざまな色を示す。(正しい)
④ シリカゲル $SiO_2 \cdot nH_2O$ は多孔質の固体で，表面に**水を吸着する**。そのため，食品が湿らない。(正しい)
⑤ ナフタレンは**昇華**して気体となり，衣装ケースに充満して防虫剤として働く。**昇華**によって，固体から気体に直接変化するので，防虫剤は小さくなっていく。(誤り)

注意! 風解は，水和水をもつ結晶が水和水を失って粉末になる現象で，炭酸ナトリウム十水和物 $Na_2CO_3 \cdot 10H_2O$ などで起こる。

1 モル計算，濃度計算

50 a－1 ④ b－2 ②

▶攻略のPoint 基本になる物質量の求め方が問われている。

a ① 物質量 ＝ $\frac{質量}{原子量}$ より，56 g の鉄（Fe ＝ 56）は

$\frac{56}{56}$ ＝ 1.0 mol

② 溶質の物質量 ＝ モル濃度〔mol/L〕× 体積〔L〕より，必要な塩化ナトリウムの物質量は，

$1.0\ \text{mol/L} \times \frac{300}{1000}\ \text{L} = 0.30\ \text{mol}$

③ 物質量 ＝ $\frac{標準状態の体積〔L〕}{22.4\ \text{L/mol}}$ より，

33.6 L の酸素 O_2 は $\frac{33.6}{22.4}$ ＝ 1.5 mol

④ エタノール C_2H_5OH の完全燃焼の反応式は，

$C_2H_5OH + 3O_2 \longrightarrow 2CO_2 + 3H_2O$

C_2H_5OH と CO_2 の物質量比は 1：2 なので，C_2H_5OH 1.0 mol から CO_2 は 2.0 mol が生成する。

よって，物質量が最も多いものは④である。

b ① 40 g のアルゴン（Ar ＝ 40）は $\frac{40}{40}$ ＝ 1.0 mol

② 40 L のメタン CH_4 は $\frac{40}{22.4}$ mol

CH_4 の完全燃焼の反応式は，

$CH_4 + 2O_2 \longrightarrow CO_2 + 2H_2O$

CH_4 と H_2O の物質量比は 1：2 なので，CH_4 $\frac{40}{22.4}$ mol から H_2O は $\frac{40}{22.4} \times 2 = 3.57$ mol 生成する。

③ 40 L の窒素 N_2 は $\frac{40}{22.4}$ ＝ 1.79 mol

④ 40 g の水酸化ナトリウム（$NaOH$ ＝ 40）は

$\frac{40}{40}$ ＝ 1.0 mol

水酸化ナトリウム水溶液と硫酸の中和反応は次のようになる。

$2NaOH + H_2SO_4 \longrightarrow Na_2SO_4 + 2H_2O$

$NaOH$ と H_2SO_4 は物質量比 2：1 で反応している。1.0 mol の $NaOH$ を中和するのに必要な H_2SO_4 の物質量は，$1.0 \times \frac{1}{2} = 0.50$ mol になる。

よって，物質量が最も多いものは②である。

51 3 ④

▶攻略のPoint 燃料に含まれる炭素と，その燃焼で発生する CO_2 の物質量は等しくなる。

10 km 走行したときに 1.0 L の燃料を消費しているので，1 km あたりでは 0.10 L（＝ 100 mL）の燃料消費になる。密度が 0.70 g/cm^3 なので，その質量は，

$0.70 \times 100 = 70$ g

そのうちの 85％が炭素の質量なので，

$70 \times \frac{85}{100} = 59.5$ g　物質量は $\frac{59.5}{12}$ mol である。

炭素と同じ物質量の二酸化炭素（CO_2 ＝ 44）が発生するので，CO_2 の質量は

$44 \times \frac{59.5}{12} = 218 \fallingdotseq 220$ g

52 4 ④

$MgSO_4$ ＝ 120，H_2O ＝ 18，$MgSO_4 \cdot nH_2O$ ＝ 120 ＋ 18n になる。反応式は，

$MgSO_4 \cdot nH_2O \longrightarrow MgSO_4 + nH_2O$

$MgSO_4 \cdot nH_2O$ と $MgSO_4$ の物質量比は 1：1 なので

$\frac{2.46}{120 + 18n}\ \text{mol} : \frac{1.20}{120}\ \text{mol} = 1 : 1$

よって，$n = 7$

注意！ 着目する物質を $MgSO_4$ と H_2O にしても，次のように計算できる。

$MgSO_4 \cdot nH_2O$ の質量が 2.46 g，水和水を失った $MgSO_4$ の質量が 1.20 g であるから，水和水の質量は 2.46 － 1.20 ＝ 1.26 g になる。

$MgSO_4$ と H_2O の物質量比は 1：n なので，

$\frac{1.20}{120}\ \text{mol} : \frac{1.26}{18}\ \text{mol} = 1 : n$

よって，$n = 7$

53 5 ⑤

酸化ニッケル（Ⅱ）NiO（＝ 75）のなかに含まれる Ni（＝ 59）の質量の割合は $\frac{59}{75}$ になる。

よって，1.5 g の NiO のなかには $1.5 \times \frac{59}{75} = 1.18$ の Ni が含まれることになる。

したがって，合金 6.0 g 中の Ni の含有率は

$$\frac{1.18\,\text{g}}{6.0\,\text{g}} \times 100 = 19.6 \fallingdotseq 20\%$$

よって，⑤が答えになる。

(別解)　NiO1.5 g の物質量は $\dfrac{1.5}{75} = 0.020\,\text{mol}$,

この NiO 中の Ni も同じく 0.020 mol であるので，$59 \times 0.020 = 1.18\,\text{g}$ になる。

合金 6.0 g 中の Ni の含有率を求めると 20%である。

6　⑤

▶攻略のPoint　質量パーセント濃度〔%〕➡モル濃度〔mol/L〕の変換を行う。

この場合は，溶液 1 L(=1000 cm^3) をとって考えるとよい。

過酸化水素水の密度は d〔g/cm^3〕であるから，過酸化水素水 1 L の質量は，

$1000\,d$〔g〕　　⟵ 質量 = 密度 × 体積
〔g〕〔g/cm^3〕〔cm^3〕

この水溶液の c〔%〕を占める溶質の H_2O_2 の質量は，

$$1000\,d \times \frac{c}{100}\text{〔g〕}$$

過酸化水素($H_2O_2 = 34$)の物質量は，

$$\frac{1000\,d \times \frac{c}{100}}{34} = \frac{10cd}{34}\text{〔mol〕} \longleftarrow \text{物質量} = \frac{\text{質量}}{\text{分子量}}$$

これは「溶液 1 L に含まれる溶質の物質量」になる。つまり，過酸化水素水のモル濃度である。

2　中和反応と pH

1　①

水酸化ナトリウム水溶液と硫酸の中和反応は次のようになる。

$$2NaOH + H_2SO_4 \longrightarrow Na_2SO_4 + 2H_2O$$

NaOH と H_2SO_4 は物質量比 2 : 1 で反応している。

NaOH 水溶液の濃度を x〔mol/L〕とすると，

$(x\text{〔mol/L〕} \times V_1\text{〔L〕}) : (C\text{〔mol/L〕} \times V_2\text{〔L〕}) = 2 : 1$

$$x = \frac{2CV_2}{V_1}\text{〔mol/L〕}$$

(別解)

▶攻略のPoint　中和点では，反応する H^+ の物質量と OH^- の物質量が等しくなる。

> 酸からの H^+ の物質量 = 塩基からの OH^- の物質量
>
> $a \times c \times V = b \times c' \times V'$
>
> 　
>
> c〔mol/L〕の a 価の酸　V〔L〕　　c'〔mol/L〕の b 価の塩基　V'〔L〕

NaOH 水溶液の濃度を x〔mol/L〕として，上の式に代入すると，

$2 \times C \times V_2 = 1 \times x \times V_1$(　は価数)

$$x = \frac{2CV_2}{V_1}\text{〔mol/L〕}$$

2　④

塩酸と水酸化ナトリウム水溶液の中和反応は次のようになる。

$$HCl + NaOH \longrightarrow NaCl + H_2O$$

HCl と NaOH は物質量比 1 : 1 で反応している。

薄める前の希塩酸の濃度を x〔mol/L〕とすると，10 倍に薄めたので，滴定に用いた希塩酸の濃度は $\dfrac{1}{10}x$〔mol/L〕になる。

したがって，

$$\left(\frac{1}{10}x\text{〔mol/L〕} \times \frac{10}{1000}\,\text{L}\right) : \left(0.10\,\text{mol/L} \times \frac{8.0}{1000}\,\text{L}\right) = 1 : 1$$

$$x = 0.80\,\text{mol/L}$$

(別解)

(酸からの H^+ の物質量) = (塩基からの OH^- の物質量)

$$1 \times \frac{1}{10}x \times \frac{10}{1000} = 1 \times 0.10 \times \frac{8.0}{1000}$$

よって，$x = 0.80$ が求まる。

57

3　⑤

NaOH 水溶液の濃度を x〔mol/L〕，求める HCl の濃度を y〔mol/L〕とする。

$$(COOH)_2 + 2NaOH \longrightarrow (COONa)_2 + 2H_2O$$

$(COOH)_2$ と NaOH は物質量比 1 : 2 で反応している。

0.10 mol/L の $(COOH)_2$ 水溶液 10 mL を中和するのに必要な NaOH 水溶液の体積が 7.5 mL であったことから，

$$\left(0.10\,\text{mol/L} \times \frac{10}{1000}\,\text{L}\right) : \left(x\text{〔mol/L〕} \times \frac{7.5}{1000}\,\text{L}\right) = 1 : 2$$

$$x = \frac{2}{7.5}\,\text{mol/L}$$

$HCl + NaOH \longrightarrow NaCl + H_2O$

HCl と NaOH は物質量比 1：1 で反応している。

濃度未知の HCl 10 mL を中和するのに必要な $\frac{2}{7.5}$ mol/LのNaOH 水溶液の体積が 15 mL であったことから，

$$\left(y \times \frac{10}{1000}\right) : \left(\frac{2}{7.5} \times \frac{15}{1000}\right) = 1 : 1$$

$$y = 0.40 \text{ mol/L}$$

(別解)

(酸からの H^+ の物質量) = (塩基からの OH^- の物質量)

$(COOH)_2$ と NaOH の量的関係より ⟵ $(COOH)_2$ は 2 価の酸

$$2 \times 0.10 \times \frac{10}{1000} = 1 \times x \times \frac{7.5}{1000} \quad \cdots\cdots(1)$$

HCl と NaOH の量的関係より，

$$1 \times y \times \frac{10}{1000} = 1 \times x \times \frac{15}{1000} \quad \cdots\cdots(2)$$

(2) ÷ (1)を計算して $\frac{y}{2 \times 0.10} = \frac{15}{7.5}$

$y = 0.40$ mol/L

58 [4] ④

① 水溶液 100 g 中に，溶質の酢酸が 6.0 g 溶けているので，質量パーセント濃度は，

$$\frac{\text{溶質の量} \cdots\cdots 6.0}{\text{溶液の量} \cdots\cdots 100} \times 100 = \mathbf{6.0\ \%}$$ (誤り)

② 酢酸($CH_3COOH = 60$) 6.0 g は $\frac{6.0}{60} = 0.10$ mol

100 mL の酢酸水溶液であるから，モル濃度は，

$0.10 \text{ mol} \div \frac{100}{1000} \text{ L} = \mathbf{1.0\ mol/L}$ (誤り)

③ 酢酸のような弱酸は，**濃度が小さくなると，電離度は大きくなる**。(誤り)

④ 0.10 mol の酢酸の電離前後の量的関係は次のようになる。(電離度は 5×10^{-3})

	CH_3COOH ⇄	CH_3COO^- +	H^+
電離前	0.10 mol	0	0
電離した量	$0.10 \times 5 \times 10^{-3}$ mol	$0.10 \times 5 \times 10^{-3}$ mol	$0.10 \times 5 \times 10^{-3}$ mol
電離後	$0.10(1 - 5 \times 10^{-3})$ mol	$0.10 \times 5 \times 10^{-3}$ mol	$0.10 \times 5 \times 10^{-3}$ mol

酢酸イオンの物質量は，

$0.10 \times 5 \times 10^{-3} = \mathbf{5.0 \times 10^{-4}\ mol}$ (正しい)

⑤ 酢酸水溶液と水酸化ナトリウム水溶液の中和反応は次のようになる。

$CH_3COOH + NaOH \longrightarrow CH_3COONa + H_2O$

いずれも 1 価の酸・塩基なので，中和する酢酸と水酸化ナトリウムの物質量は等しい。

したがって，**必要な水酸化ナトリウムは 0.10 mol である**。(誤り)

注意! 酢酸は弱酸であり，④で電離して生じた H^+ の物質量が 5.0×10^{-4} mol であるから，NaOH も 5.0×10^{-4} mol と考えてはいけない。NaOH との中和反応で H^+ が消費されるにつれ，CH_3COOH から次々と電離が起こり，H^+ が生じることになる。最終的には CH_3COOH 中の H^+ はすべて反応する。

つまり，酸，塩基の強弱に関係なく，中和反応の量的関係は成立する。

59 [5] ④

水酸化ナトリウムと硫酸の物質量は，

$NaOH \cdots\cdots 0.10 \text{ mol/L} \times \frac{100}{1000} \text{ L} = 10 \times 10^{-3}$ mol

$H_2SO_4 \cdots\cdots 0.050 \text{ mol/L} \times \frac{50}{1000} \text{ L} = 2.5 \times 10^{-3}$ mol

中和反応前後の量的関係は次のようになる。

	$2NaOH$ +	H_2SO_4 ⟶	Na_2SO_4 +	$2H_2O$
反応前	10×10^{-3}	2.5×10^{-3}	0	0
反応量	-5.0×10^{-3}	-2.5×10^{-3} ⟶	$+2.5 \times 10^{-3}$	$+5.0 \times 10^{-3}$
反応後	5.0×10^{-3}	0	2.5×10^{-3}	5.0×10^{-3}

(単位 mol)

NaOH と Na_2SO_4 は両方とも完全電離するので，

$NaOH \longrightarrow Na^+ + OH^-$

5.0×10^{-3} 　 5.0×10^{-3} mol 　 5.0×10^{-3} mol

$Na_2SO_4 \longrightarrow 2Na^+ + SO_4^{2-}$

2.5×10^{-3} 　 5.0×10^{-3} mol 　 2.5×10^{-3} mol

Na^+ は $5.0 \times 10^{-3} + 5.0 \times 10^{-3} = 1.0 \times 10^{-2}$ mol

OH^- は 5.0×10^{-3} mol

Na^+ と OH^- は体積(100 mL + 50 mL =)150 mL の溶液に含まれているので，物質量比 = モル濃度の比となる。

モル濃度の比は，

$$[Na^+] : [OH^-] = (1.0 \times 10^{-2}) : (5.0 \times 10^{-3})$$
$$= 2 : 1$$

(別解)

中和反応はイオンのレベルでとらえると，$H^+ + OH^- \longrightarrow H_2O$ の反応が起こっていると考えられる。

Na^+ の物質量は中和反応により変化しないので，10×10^{-3} mol である。

また，中和されずに残った OH^- の物質量は，

(OH^- の物質量) − (H^+ の物質量)

$= 10 \times 10^{-3} - 2 \times 2.5 \times 10^{-3}$

$= 5.0 \times 10^{-3}$ mol

物質量比 ＝ モル濃度の比となるので，

$[Na^+] : [OH^-] = (10 \times 10^{-3}) : (5.0 \times 10^{-3})$

$= 2 : 1$

6　③

▶攻略のPoint　水酸化カリウム KOH と塩化カリウム KCl のうち，硫酸と反応するのは塩基の KOH だけであることをまずおさえる。

KOH（＝56）が混合物 10 g 中に x〔g〕含まれていたとする。

H_2SO_4 と KOH の中和反応は次のようになる。

$H_2SO_4 + 2KOH \longrightarrow K_2SO_4 + 2H_2O$

H_2SO_4 と KOH は物質量比 1：2 で反応している。

$$\left(2.5 \times \frac{10}{1000}\right) : \frac{x}{56} = 1 : 2$$

$$x = 2.8\ \text{g}$$

質量パーセントは $\dfrac{2.8\ \text{g}}{10\ \text{g}} \times 100 = 28\%$

（別解）

（酸からの H^+ の物質量）＝（塩基からの OH^- の物質量）

$$2 \times 2.5 \times \frac{10}{1000} = 1 \times \frac{x}{56}$$

2：H_2SO_4 は 2 価　　1：KOH は 1 価

よって，$x = 2.8$

7　④

▶攻略のPoint　pH と水素イオン濃度 $[H^+]$ の関係は次のようになる。

$pH = n \Longleftrightarrow [H^+] = 10^{-n}$

pH 1.0 の塩酸を水で希釈して pH 3.0 にしたので，両方の水溶液中に含まれている H^+ の物質量は等しい。

pH 1.0 の塩酸の $[H^+] = 10^{-1}$ mol/L

pH 3.0 の塩酸の $[H^+] = 10^{-3}$ mol/L になる。

pH 3.0 の水溶液にしたときの体積を v〔L〕とすると，H^+ の物質量は等しいので，

$$10^{-1}\ \text{mol/L} \times \frac{10}{1000}\ \text{L} = 10^{-3}\ \text{mol/L} \times v\text{〔L〕}$$

これを解いて，$v = 1$L　よって，1000 mL

8　③

塩酸と水酸化ナトリウム水溶液の中和反応が過不足なく起こると，中性の塩化ナトリウム水溶液となる。

$HCl + NaOH \longrightarrow NaCl + H_2O$

塩酸の濃度を x〔mol/L〕とすると，

塩化水素の物質量は $x \times \dfrac{500}{1000} = 0.50x$〔mol〕

水酸化ナトリウムの物質量は，

$$0.010 \times \frac{500}{1000} = 5.0 \times 10^{-3}\ \text{mol}$$

混合後の水溶液は酸性（pH 2.0）であるから，塩化水素が残っているとわかる。

混合前後の量的関係は次のようになる。

	HCl	NaOH		NaCl	H_2O
反応前	$0.50x$	5.0×10^{-3}		0	0
反応量	-5.0×10^{-3}	-5.0×10^{-3}	⟶	$+5.0 \times 10^{-3}$	$+5.0 \times 10^{-3}$
反応後	$0.50x - 5.0 \times 10^{-3}$	0		5.0×10^{-3}	5.0×10^{-3}

（単位 mol）

塩酸は強酸で電離度は 1 だから，混合後の水溶液に含まれる H^+ の物質量は，残った塩化水素の物質量 $(0.50x - 5.0 \times 10^{-3})$mol に等しい。

一方，pH 2.0 から，$[H^+] = 1.0 \times 10^{-2}$ mol/L

混合後の水溶液の体積は，

500 ＋ 500 ＝ 1000 mL ＝ 1 L だから，H^+ の物質量は，1.0×10^{-2} mol である。

したがって，残った塩化水素（H^+）に着目して，

$$0.50x - 5.0 \times 10^{-3} = 1.0 \times 10^{-2}$$

$$x = 0.030\ \text{mol/L}$$

63　a－9　②　　b－10　③

a｜酢酸水溶液と水酸化ナトリウム水溶液の中和反応は次のようになる。

$CH_3COOH + NaOH \longrightarrow CH_3COONa + H_2O$

CH_3COOH と NaOH は物質量比 1：1 で反応しているので，水酸化ナトリウム水溶液の濃度を x〔mol/L〕とすると，

$$\left(0.036 \times \frac{10.0}{1000}\right) : \left(x \times \frac{18.0}{1000}\right) = 1 : 1$$

$$x = 0.020\ \text{mol/L}$$

b

> c〔mol/L〕の 1 価の酸の電離度が α のとき，その水溶液の水素イオン濃度 $[H^+]$ は，
>
> $[H^+] = c\alpha$

0.036 mol/L の酢酸の電離度を α とする。

pH 3.0 より，$[H^+] = 10^{-3}$ mol/L であるから，上の式に代入すると，

$$[H^+] = 0.036\alpha = 10^{-3}$$

$$\alpha = \frac{10^{-3}}{0.036} = 2.77 \times 10^{-2}$$

$$\fallingdotseq 2.8 \times 10^{-2}$$

64 ⑪ ⑤

アンモニアと硫酸の中和反応が起こり，この反応で残った硫酸を今度は水酸化ナトリウム水溶液で中和滴定する。

硫酸の物質量は $0.30 \times \dfrac{40}{1000} = 1.2 \times 10^{-2}$ mol

アンモニアの物質量を x〔mol〕とすると，硫酸を加えたときの量的関係は次のようになる。

	$2NH_3$ +	H_2SO_4	⟶	$(NH_4)_2SO_4$
反応前	x	1.2×10^{-2}		0
反応量	$-x$	$-\frac{1}{2}x$	⟶	$+\frac{1}{2}x$
反応後	0	$1.2 \times 10^{-2} - \frac{1}{2}x$		$\frac{1}{2}x$

（単位 mol）

反応後の H_2SO_4 と NaOH の中和反応は次のようになる。

$2NaOH + H_2SO_4 \longrightarrow Na_2SO_4 + 2H_2O$

NaOH と H_2SO_4 は物質量比 2：1 で反応している。

$$\left(0.20 \times \frac{20}{1000}\right) : \left(1.2 \times 10^{-2} - \frac{1}{2}x\right) = 2 : 1$$

$$x = 2.0 \times 10^{-2}\ \text{mol}$$

したがって，標準状態でのアンモニアの体積は，

$22.4 \times 2.0 \times 10^{-2} = 0.448 \fallingdotseq 0.45$ L

（別解）

（酸からの H^+ の物質量）＝（塩基からの OH^- の物質量）

$$\boxed{2} \times 0.30 \times \frac{40}{1000} = \boxed{1} \times x + \boxed{1} \times 0.20 \times \frac{20}{1000}$$

H_2SO_4 は 2 価　NH_3 は 1 価　NaOH は 1 価

よって，$x = 2.0 \times 10^{-2}$ mol

3 酸化還元反応

65 a－① ④　b－② ①

a｜ $KMnO_4 \longrightarrow MnSO_4$ におけるマンガンの酸化数の変化を求めればよい。

$KMnO_4$ では，酸化数は $K^+ = +1$，$MnO_4^- = -1$ である。多原子イオンである MnO_4^- では，$O = -2$，$Mn = x$ として，

$x + (-2) \times 4 = -1$　よって，$x = +7$

$MnSO_4$ では，酸化数は $Mn^{2+} = +2$，$SO_4^{2-} = -2$ である。Mn の酸化数は +2 である。

酸化数は $+7 \longrightarrow +2$ と変化したので，変化量は，$(+7) - (+2) = 5$ になる。

注意！ **このように，変化がわかりにくい化合物ではイオンに分けて考えるとよい。**

b｜ $2KMnO_4 + 3H_2SO_4 + 5H_2O_2$

$\longrightarrow K_2SO_4 + 2MnSO_4 + 5O_2 + 8H_2O$

$KMnO_4$ と O_2 の物質量比は 2：5 である。

$KMnO_4$ の物質量を y〔mol〕とすると，

$$y\text{〔mol〕} : \frac{11.2}{22.4}\text{mol} = 2 : 5$$

$$y = 0.2\ \text{mol}$$

66 ③ ③

$MnO_4^- + 8H^+ + 5e^- \longrightarrow Mn^{2+} + 4H_2O$ ……(1)

$Fe^{2+} \longrightarrow Fe^{3+} + e^-$ ……(2)

酸化還元反応では，電子 e^- の授受は過不足なく行われるので e^- を消去する。((1)式＋(2)式 × 5)

$MnO_4^- + 5Fe^{2+} + 8H^+ \longrightarrow Mn^{2+} + 4H_2O + 5Fe^{3+}$

$KMnO_4$ と $FeSO_4$ は物質量比 1：5 で反応している。

$KMnO_4$ 硫酸酸性水溶液の体積を x〔L〕とすると，

$$(0.020 \times x) : \left(0.050 \times \frac{20}{1000}\right) = 1 : 5$$

これを解いて，$x = 0.010$ L　よって，10 mL

（別解）

(1)，(2)の反応式から，次のことがわかる。

MnO_4^- は酸化剤として働き，1 mol あたり e^- 5 mol を得る。一方，Fe^{2+} は還元剤として働き，1 mol あたり e^- 1 mol を失う。

酸化還元反応では，

（酸化剤が受け取った e^- の物質量）

＝（還元剤が出した e^- の物質量）なので，

（$KMnO_4$ が受け取った e^- の物質量）

＝（$FeSO_4$ が出した e^- の物質量）

$$0.020 \times x \times \boxed{5} = 0.050 \times \frac{20}{1000} \times \boxed{1}$$

これを解いて，$x = 0.010$ L　よって，10 mL

67 ④ ④

$(COOH)_2 \longrightarrow 2CO_2 + 2H^+ + 2e^-$ ……(1)

$MnO_4^- + 8H^+ + 5e^- \longrightarrow Mn^{2+} + 4H_2O$ ……(2)

酸化還元反応では，電子 e^- の授受は過不足なく行われるので e^- を消去する。((1)式 × 5 ＋ (2)式 × 2)

$2MnO_4^- + 5(COOH)_2 + 6H^+$

$\longrightarrow 2Mn^{2+} + 8H_2O + 10CO$

$KMnO_4$ と CO_2 の物質量比は 2：10＝1：5 である。
発生した CO_2 の標準状態の体積を x〔L〕とすると，

$$\left(0.25\ \mathrm{mol/L} \times \frac{60}{1000}\ \mathrm{L}\right) : \frac{x}{22.4}\ \mathrm{mol} = 1 : 5$$

$x = 1.68 ≒ 1.7\ \mathrm{L}$

5 ③

MnO_4^- が酸化剤として作用するときの反応式は，

$$MnO_4^- + 8H^+ + 5e^- \longrightarrow Mn^{2+} + 4H_2O$$

Sn^{2+} が還元剤として作用するときの反応式は，

$$Sn^{2+} \longrightarrow Sn^{4+} + 2e^-$$

> 酸化還元反応では，
> （酸化剤が受け取った e^- の物質量）
> ＝（還元剤が出した e^- の物質量）
> の関係が成立する。

MnO_4^- は 1 mol あたり e^- を 5 mol 受け取る。また，Sn^{2+} は 1 mol あたり e^- を 2 mol 出す。

$SnCl_2$ 水溶液 100 mL 中の $SnCl_2$ の物質量を x〔mol〕とすると，

$$0.10 \times \frac{30}{1000} \times \boxed{5} = x \times \boxed{2}$$

$$x = 7.5 \times 10^{-3}\ \mathrm{mol}$$

$Cr_2O_7^{2-}$ が酸化剤として作用するときの反応式は，

$$Cr_2O_7^{2-} + 14H^+ + 6e^- \longrightarrow 2Cr^{3+} + 7H_2O$$

$K_2Cr_2O_7$ と $SnCl_2$ の反応では，$Cr_2O_7^{2-}$ は 1 mol あたり e^- を 6 mol 受け取る。また，Sn^{2+} は 1 mol あたり e^- を 2 mol 出す。

必要な $K_2Cr_2O_7$ 水溶液の体積を v〔L〕とすると，

$$0.10 \times v \times \boxed{6} = \underline{7.5 \times 10^{-3}} \times \boxed{2}$$

↑ $SnCl_2$ の物質量

これを解いて，$v = 0.025\ \mathrm{L}$　よって，25 mL

▶攻略のPoint 同じ物質量の還元剤 $SnCl_2$ を酸化することになるので，「MnO_4^- が得た e^- の物質量と $Cr_2O_7^{2-}$ が得た e^- の物質量が等しくなる」ことに着目して解くと簡単である。

$$\left(\begin{array}{c}MnO_4^-\ \text{が得た}\\ e^-\ \text{の物質量}\end{array}\right) = \left(\begin{array}{c}Cr_2O_7^{2-}\ \text{が得た}\\ e^-\ \text{の物質量}\end{array}\right)$$

$$0.10 \times \frac{30}{1000} \times \boxed{5} = 0.10 \times v \times \boxed{6}$$

これを解いて，$v = 0.025\ \mathrm{L}$　よって，25 mL

1 実験操作と薬品の取り扱い

69 アー1 ④ イー2 ②

ア 固体が液体を経ず直接気体になる状態変化を昇華という。この変化を利用して，固体の混合物から昇華しやすい物質を分離することができる。例えば，ヨウ素が不純物を含んでいた場合，これを加熱すると，ヨウ素だけが昇華して気体になる。気体になったヨウ素を冷却すれば，純粋な結晶が得られる。

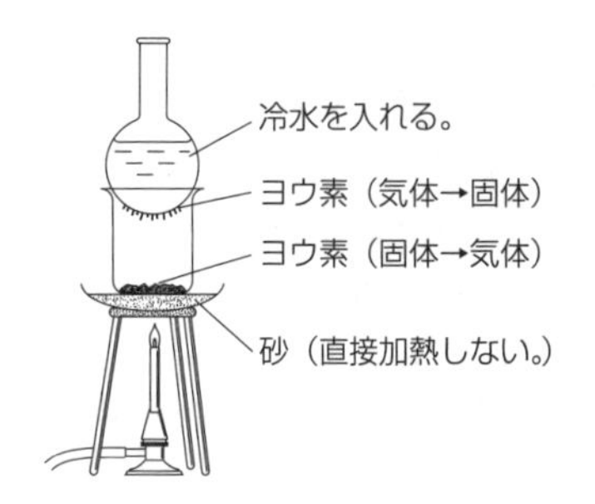

イ 溶媒に対する溶けやすさは物質により異なる。混合物に特定の溶媒を加えて，目的物質だけを溶かし出して分離する操作を抽出という。

乾燥させた紅茶の茶葉にお湯を加えて，香りと味の成分などを抽出することは，身近なところで行われている抽出の一例である。

70 3 ④

▶攻略のPoint 酢酸エチルを精製するために行う「蒸留」の操作である。[部分A]～[部分C]の記述は，各々の箇所における「実験のポイント」になる。

[部分A] 液体を加熱するとき，突沸(突発的に沸騰すること)が起こることがある。**突沸を防ぐために，沸騰石をフラスコ内に入れておく**。沸騰石には素焼きの小片などが用いられる。素焼きの小片には小さな空間が多数あり，加熱すると空気の泡が発生して突沸を防ぐ。

[部分B] 温度計の最下端を**枝管の付け根の高さにもってくる**。このことにより，枝管に流れていく気体の温度，つまり，蒸留されて出てくる物質の沸点を測定することができる。

[部分C] **冷却水は下から入れ，上から出す**。矢印とは逆の方向に流す。冷却器の全体に水を行きわたらせることで，効率よく冷却を行うためである。

71 アー4 ⑥ イー5 ③

選択肢の方から見ていくと，このなかで水に溶けないものは，③炭酸カルシウム $CaCO_3$ と④硫酸バリウム $BaSO_4$ の2つである。

実験Ⅰより，これら以外のものが**ア**の候補になる。

実験Ⅱより，**ア**は水に溶けて，その水溶液の炎色反応が黄色となることから Na^+ を含んでおり，$AgNO_3$ 水溶液を加えると白色沈殿を生じることから Cl^- を含んでいるとわかる。

$Ag^+ + Cl^- \longrightarrow AgCl$(白色沈殿)

よって，**ア**は⑥NaClと決まる。

実験Ⅲより，**イ**は水に溶けないので③$CaCO_3$か④$BaSO_4$のいずれかになる。

この2つのうち，塩酸を加えて気体の発生をともなって溶けるのは，弱酸の塩である③$CaCO_3$である。

$CaCO_3 + 2HCl \longrightarrow CaCl_2 + H_2O + CO_2$
[弱酸の塩][強酸] [強酸の塩] [弱酸]

弱酸の遊離が起こり，二酸化炭素が発生する。**イ**は③$CaCO_3$である。

なお，$BaSO_4$は強酸の塩であり，塩酸とは反応しない。

72 6 ③

▶攻略のPoint 中和滴定の実験操作である。溶液の濃度が変化してしまうことで，滴定操作が不適切になる場合を考える。

a **ア** ビュレットは内部を蒸留水で洗った後，**用いる溶液で洗って使用する。この操作を共洗いという**。(正しい)

イ ホールピペットも共洗いする必要がある。内壁に水滴が残ったまま塩酸をはかりとると，塩酸が薄められてしまう。(誤り)

ウ コニカルビーカーは内部を蒸留水で洗い，**そのまま使用してよい**。水滴が残っていても，ホールピペットではかりとった塩酸の物質量は変わらない。(正しい)

エ 強酸と強塩基の中和滴定なので，指示薬にフェノールフタレインを用いることができる。塩酸に水酸化ナトリウム水溶液を滴下するので，フェノールフタレインの色が無色から赤色に変化した時点が中和点となるので，滴下を止め，ビュレットの目盛りを読む(正しい)

液面の最も低い部分の目盛りを真横から読むようにする。

よって，答えの組合せは**a－イ**，**b－カ**になる。

7 ④

① 有毒な気体が薬品から発生しているかもしれないので，手で気体をあおぎよせる。(正しい)

② 酸などが手に付着したときは，すぐに大量の水で洗い流すようにする。(正しい)

③ 塩酸は揮発性の酸であるから，塩化水素ガスの蒸気が出るので，換気のよい場所で扱う。(正しい)

④ 濃硫酸に水を加えると，水が濃硫酸の表面に広がり，多量の熱が発生して沸騰が起こる。そのため，濃硫酸が水とともに飛び散ることになるので非常に危険である。

濃硫酸を希釈するときは，**「水」に「濃硫酸」を少しずつ注ぐ**。(誤り)

⑤ 加熱により試験管中の液体が突沸すると試験管から液体が飛び出す危険性がある。したがって，試験管の口は人のいない方向に向けておく必要がある。(正しい)

2 気体の発生

1 ④

▶攻略のPoint 「できるだけB欄の気体を含まないA欄の気体を得る」ためには，B欄の気体を吸収するだけでなく，A欄の気体と反応しないことが条件になる。

① CO_2 は $NaHCO_3$ と反応しないので吸収されない。HCl は強酸なので，弱酸の塩である $NaHCO_3$ とは反応して吸収される。

$$HCl + NaHCO_3 \longrightarrow NaCl + H_2O + CO_2$$

よって，$NaHCO_3$ 水溶液を通すと，A欄の CO_2 のみを得ることができる。(正しい)

② H_2 は中性の気体なので，希硫酸には吸収されない。NH_3 は塩基性の気体なので，希硫酸と塩をつくり吸収される。(正しい)

$$2NH_3 + H_2SO_4 \longrightarrow (NH_4)_2SO_4$$

③ $KMnO_4$ は酸化剤なので，O_2 とは反応しない。SO_2 は $KMnO_4$ に対しては還元剤として作用するので，酸化され $SO_4{}^{2-}$ となり吸収される。(正しい)

$$5SO_2 + 2KMnO_4 + 2H_2O \longrightarrow 2MnSO_4 + K_2SO_4 + 2H_2SO_4$$

④ HCl と H_2S はともに $AgNO_3$ と反応して沈殿を生成する。

$$HCl + AgNO_3 \longrightarrow AgCl + HNO_3$$

$$H_2S + 2AgNO_3 \longrightarrow Ag_2S + 2HNO_3$$

したがって，**A欄とB欄の気体が両方吸収されてしまう**。(誤り)

⑤ N_2 は中性の気体なので石灰水($Ca(OH)_2$ 水溶液)と反応しない。CO_2 は酸性酸化物であり，塩基である石灰水とは中和反応して吸収される。(正しい)

$$CO_2 + Ca(OH)_2 \longrightarrow CaCO_3 + H_2O$$

75 **2 ③**

▶攻略のPoint アンモニアの発生実験である。気体の発生装置は，次の2つがポイントになる。

(1) 試薬の状態 ⟶ 固体か or 液体か

(2) 加熱 ⟶ するのか or しないのか

実験で用いる塩化アンモニウムと水酸化カルシウムはともに固体であり，加熱している。つまり「固体＋固体の加熱」の発生装置となる。

また，NH_3 は水によく溶け，空気より軽い気体なので，捕集は上方置換になる。

$$2NH_4Cl + Ca(OH)_2 \longrightarrow CaCl_2 + 2H_2O + 2NH_3\uparrow$$

(固)　(固)　加熱

↑ 水に溶ける　空気より軽い気体

① **NH_3 は塩基性の気体**なので，湿らせた赤色リトマス紙が青色になる。(正しい)

② **濃塩酸をつけたガラス棒を近づけると，塩化アンモニウムが生じる。**

$$NH_3 + HCl \longrightarrow NH_4Cl$$

NH_4Cl は白色の微粒子(固体)で，これが空気中にちらばって，白煙に見える。(正しい)

③ NH_3 の発生は弱塩基の遊離反応である。

「弱塩基の塩 ＋ 強塩基 ⟶ 強塩基の塩 ＋ 弱塩基」

したがって，強塩基の $Ca(OH)_2$ の代わりに $CaSO_4$ を用いても，**アンモニアが発生することはない**。(誤り)

④ NH_3 は塩基性の気体であり，乾燥剤としてソーダ石灰(CaO と $NaOH$ の混合物)がよく使われる。塩基性の乾燥剤を用いると，NH_3 とは反応せずに**水分だけを吸収することができる**。(正しい)

注意! 乾燥剤を使うときは，発生した気体と乾燥剤が「酸と塩基」の組合せになることを避ける。

⑤　反応式からわかるように，**塩化カルシウム $CaCl_2$ の固体が試験管中に残る**。（正しい）

注意! 本問の発生装置で，試験管の口がやや下向きになっていることに注意してほしい。それは，次の図のように同時に生じる水蒸気が凝縮して加熱部に戻らないようにするためである。

〈試験管の口を上向きにしてしまった場合〉

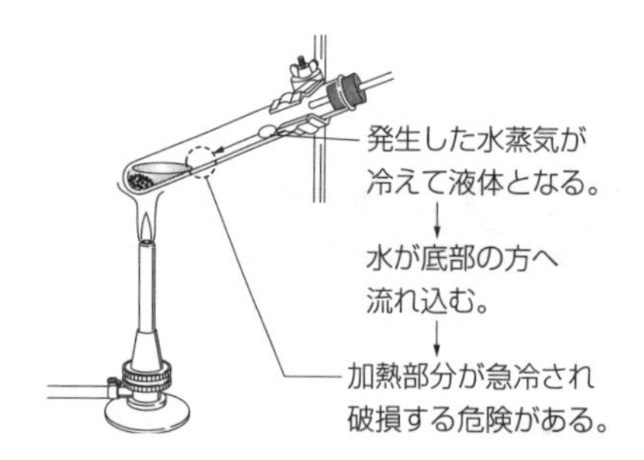

発生した水蒸気が
冷えて液体となる。
水が底部の方へ
流れ込む。
加熱部分が急冷され
破損する危険がある。

76　③　⑤

▶攻略のPoint　塩化ナトリウムに硫酸を加えて加熱すると塩化水素が発生する。塩化水素の性質がわかっているかどうかがポイントになる。

$NaCl + H_2SO_4 \longrightarrow NaHSO_4 + HCl\uparrow$
（固）　（液）　加熱
HCl：水に溶ける　空気より重い気体

①　塩化水素は**無色・刺激臭の気体**である。（誤り）

②　塩化水素はヨウ化物イオンを酸化してヨウ素にすることはない。したがって，**ヨウ素デンプン反応は起こらない**。（誤り）

③　塩化水素は酸性の気体である。湿らせた青色リトマス紙を赤色にする。しかし，**赤色リトマス紙を青色にはしない**。（誤り）

④　塩化水素は漂白作用がないので，**赤色リトマス紙が漂白されることはない**。（誤り）

⑤　塩化ナトリウムと硫酸の反応は，
「揮発性の酸の塩 ＋ 不揮発性の酸
⟶ 不揮発性の酸の塩 ＋ 揮発性の酸」の反応である。

塩化カリウムも「揮発性の酸の塩」であるから，**同じように反応して塩化水素が発生する**。（正しい）

$KCl + H_2SO_4 \longrightarrow KHSO_4 + HCl$

注意! ①，②，④から，HCl と Cl_2 の違いをきちんと区別しておこう。

(1)　塩素 Cl_2 は黄緑色・刺激臭の気体。
(2)　塩素は酸化力のある気体。ヨウ化物イオンを酸化してヨウ素にするので，ヨウ素デンプン反応が起こる。⟶ 湿らせたヨウ化カリウムデンプン紙が青変する。
(3)　塩素が水に溶けて生じる次亜塩素酸 $HClO$ は，漂白作用を示すので，リトマス紙が漂白される。

77　④　⑤

▶攻略のPoint　硫化鉄（Ⅱ）に希硫酸を加えると，硫化水素 H_2S が発生する。

$FeS + H_2SO_4 \longrightarrow FeSO_4 + H_2S\uparrow$
（固）　（液）
H_2S：水に溶ける　空気より重い気体

「固体 ＋ 液体で加熱なし」の気体の発生実験である。発生させる気体が少量でよい場合，このように「ふたまた試験管」を用いる。

①　硫化水素は**無色の気体である**。（誤り）

②　「弱酸の塩 ＋ 強酸 ⟶ 強酸の塩 ＋ 弱酸」の反応であるから，希硫酸と同じ強酸の**希塩酸を加えても硫化水素が発生する**。

$FeS + 2HCl \longrightarrow FeCl_2 + H_2S$

したがって，**同じ気体が発生する**。（誤り）

③　硫化鉄（Ⅱ）は塩基の水酸化ナトリウムとは**反応しない**。（誤り）

④　発生した硫化水素を水に溶かすと，電離して**溶液は弱酸性を示す**。

$H_2S \rightleftarrows 2H^+ + S^{2-}$

硫化水素は弱酸である。（誤り）

⑤　集気びんに硫酸銅（Ⅱ）水溶液を入れておくと，**硫化銅（Ⅱ）の黒色沈殿が生じる**。（正しい）

$CuSO_4 + H_2S \longrightarrow CuS + H_2SO_4$

78　ア－⑤　②　　イ－⑥　④

▶攻略のPoint　亜鉛と希硫酸の反応で，**水素を発生させる実験である**。

$Zn + H_2SO_4 \longrightarrow ZnSO_4 + H_2$

気体の発生装置として，「キップの装置」を用いている。コックDを開くと，希硫酸はAの部分から管を通ってCに落ちていく。Cの部分に希硫酸が増えていくと，やがてBにも希硫酸が到達し，そこで Zn と反応して H_2 を発生するしくみになっている。

ア　亜鉛の代わりに，イオン化傾向が水素よりも大きい金属の Fe を用いても H_2 は発生する。

$$Fe + H_2SO_4 \longrightarrow FeSO_4 + H_2$$

ただし，Pb はイオン化傾向が水素よりも大きいが避ける必要がある。その理由は次の点である。

$$Pb + H_2SO_4 \longrightarrow PbSO_4 + H_2$$

反応で生成した $PbSO_4$ が水に難溶なので，Pb の表面に膜ができてしまい，反応が進行しなくなる。

イ　水素の発生中に，コック D を閉じると，B 中に水素がたまり，その圧力で希硫酸が C に押し下げられる。ここで，亜鉛と希硫酸の接触が断たれることになるので，水素の発生が止まる。

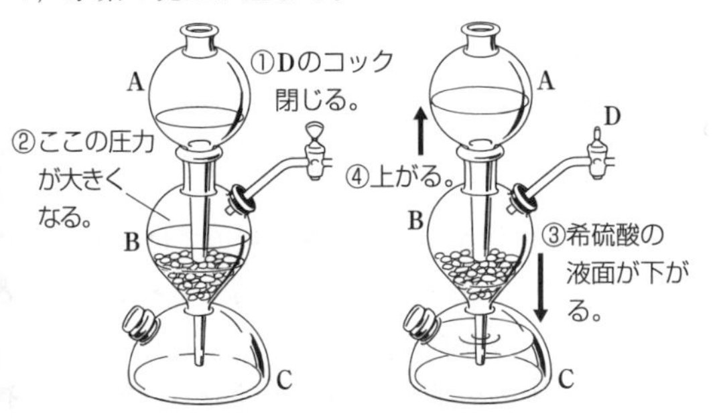

コック D を閉じると，希硫酸は水素に押されて，B→C→A と移動する。

7　④

攻略の Point　実験室で気体を発生させる際，目的とする気体に他の気体が混ざり込むことがある。混ざり込む気体は，

(1)　試薬から揮発したもの
(2)　反応によって，目的の気体とともに生じたもの
(3)　溶媒が蒸発したもの

などがある。

塩素は酸化マンガン(Ⅳ)と濃塩酸の反応で発生させることができる。

$$\underset{(固)}{MnO_2} + \underset{(液)}{4HCl} \xrightarrow{加熱} MnCl_2 + 2H_2O + Cl_2\uparrow$$

（Cl_2：水に溶ける　空気より重い気体）

この実験では，揮発性の濃塩酸を加熱しているので，Cl_2 に HCl が混ざり込む。また，水蒸気も含まれることになる。

まず，HCl を取り除くため，水を入れた洗気びん(1)を用いる。HCl は水に非常によく溶けるので，洗気びん(1)に吸収される。この際，Cl_2 もいくらか水に溶けてしまうが HCl に比べると溶解度が小さいので，Cl_2 はすぐに水に飽和してしまう。つまり，少量の Cl_2 が溶けてもよいとして，HCl を除去している。

洗気びん(1)を通した気体は水蒸気を含むので，濃硫酸を入れた洗気びん(2)で水蒸気を取り除く。濃硫酸は酸性の気体の乾燥に適している。

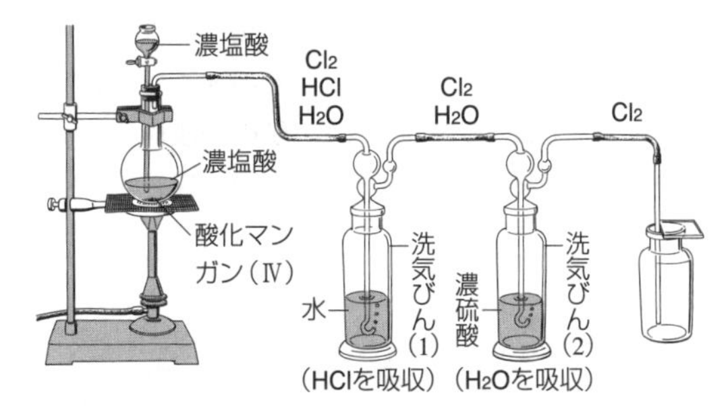

問題に与えられている図と対応させると，液体 A は「水」，液体 B は「濃硫酸」になる。

洗気びん(1)の水には吸収された HCl が溶けており，また，わずかに溶けている Cl_2 も

$$Cl_2 + H_2O \rightleftarrows HCl + HClO$$

と反応するので酸性を示す。

したがって，ガラス容器内の水の pH は「小さくなる」と考えられる。

3　グラフ問題の解法

1　④

$$2NH_4Cl + Ca(OH)_2 \longrightarrow CaCl_2 + 2H_2O + 2NH_3$$

$2NH_4Cl$	$Ca(OH)_2$	$2NH_3$
0.020 mol	0.010 mol	0.020 mol
⋮		⋮
0.0050 mol		0.0050 mol
0.0025 mol		0.0025 mol

反応する NH_4Cl，$Ca(OH)_2$ と発生する NH_3 の物質量比は 2：1：2 である。

0.010 mol の $Ca(OH)_2$ に対して，NH_4Cl を 0.020 mol 加えたとき，過不足なく反応する。

加えた NH_4Cl の物質量が 0.020 mol までは，$Ca(OH)_2$ が過剰となる。したがって，加えた NH_4Cl と同じ物質量の NH_3 が発生する（比例関係にある）。そして，NH_4Cl を 0.020 mol 加えたとき，$Ca(OH)_2$ がすべて反応してなくなる。それ以上 NH_4Cl の物質量を多くしていくと，発生する NH_3 の物質量のグラフは水平となる。

このグラフの「折れ曲がり点」は(0.02，0.02)になる。本問では，NH_4Cl は 0.02 mol までとなっている

が，この点を通るグラフは④となる。

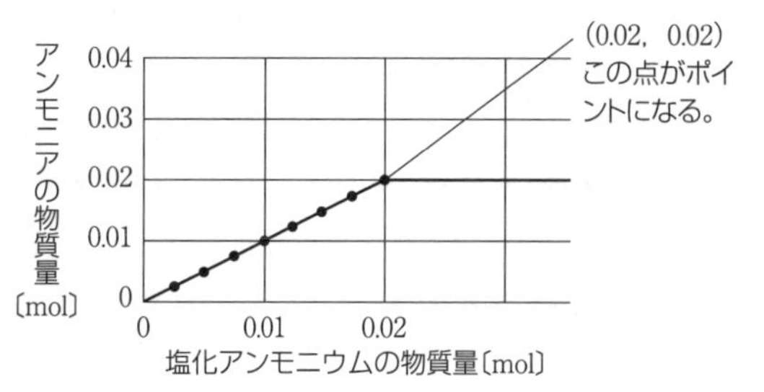

81 ② ⑥

▶攻略のPoint 滴定曲線の形の読み取りである。

酸に対して，NaOH（強塩基）水溶液を滴下していったときの滴定曲線であり，ポイントが3つある。

(1) グラフの左端（始点）と右端

(2) 中和点の pH

(3) 中和点における NaOH 水溶液の滴下量

まず，選択肢にあげられている酸を整理しておこう。

塩酸 HCl ……1価の強酸

酢酸 CH_3COOH ……1価の弱酸

硫酸 H_2SO_4 ……2価の強酸

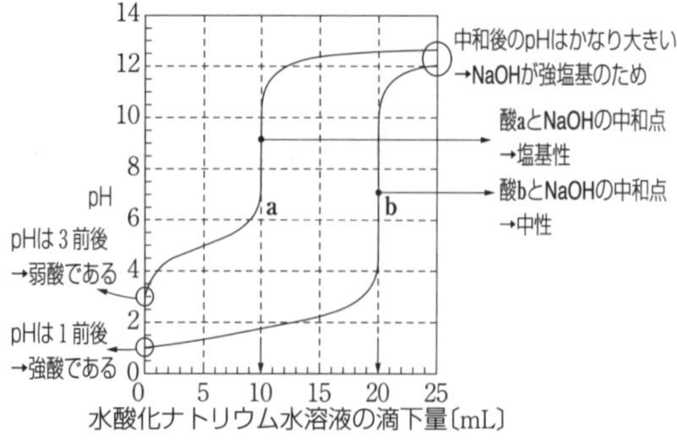

酸 a は NaOH 水溶液の滴下量が 0（グラフの左端）のときの pH が3前後であることや，中和点の pH が約9で塩基性にかたよっていることから弱酸である。

したがって，酸 a は酢酸である。

一方，酸 b はグラフの左端の pH が小さく，中和点の pH が7付近であることから強酸である。

酸 a と酸 b は同じ濃度・体積であるから，中和に要する水酸化ナトリウム水溶液の滴下量の違いは，酸の価数によると考えられる。

酸 b の中和は，酸 a（酢酸）の2倍の水酸化ナトリウム水溶液が必要となっていることから，酸 b は2価の酸，つまり，硫酸である。

82 ③ ⑥

ある純物質 X の固体を大気圧のもとで加熱していくと，融解が始まり，融解が進行している間は温度が一定となる（このときの温度が融点）。

その後，さらに加熱を続けるとすべて液体となり，温度が沸点に達したところで沸騰が始まる。沸騰が起こっている間は温度は一定となる。図示すると次のようになる。

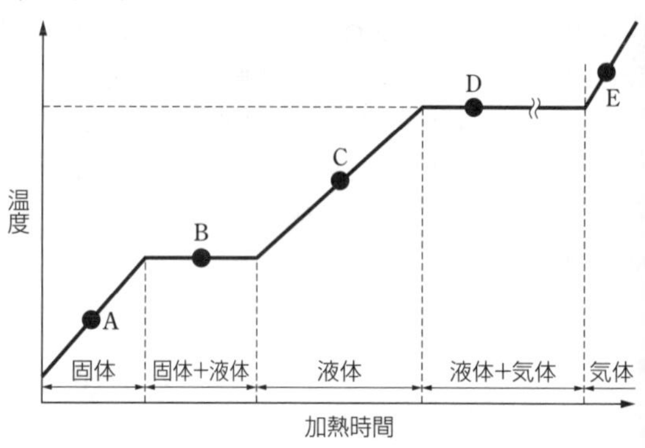

ア A は固体状態である。固体状態では構成粒子の位置は変わらないが，**定まった位置で，振動するなどの熱運動をしている。**（誤り）

イ B では融解が進行しており，液体と固体の共存状態である。（正しい）

ウ C は液体状態である。液体状態では構成粒子は移動することができ，互いの位置を変えるため**固体のような規則正しい配列は維持していない。**（誤り）

エ D では沸騰が起こっており，液体の表面だけでなく，液体の内部からも気体が発生している。（正しい）

オ E は気体状態である。分子が空間中を自由に飛び回っているため，**気体における分子間の平均距離は液体状態である C のときに比べてかなり大きい。**（誤り）

83 a－④ ③ b－⑤ ④ c－⑥ ②

a｜ Ag_2SO_4 と $BaCl_2$ は水に溶けやすく，次のように電離して，電解質水溶液となる。

$Ag_2SO_4 \longrightarrow 2Ag^+ + SO_4^{2-}$

$BaCl_2 \longrightarrow Ba^{2+} + 2Cl^-$

両方の水溶液は電気を通しやすい。

しかし，Ag_2SO_4 水溶液と $BaCl_2$ 水溶液を混合すると，AgCl と $BaSO_4$ の沈殿が生成する。

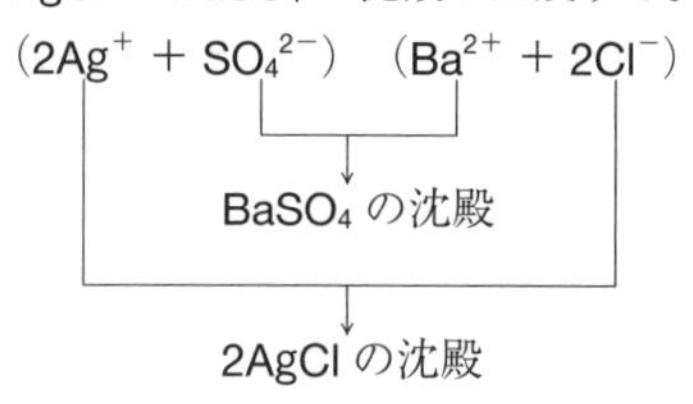

模式的に溶液の状態の変化を書くと次のようにな

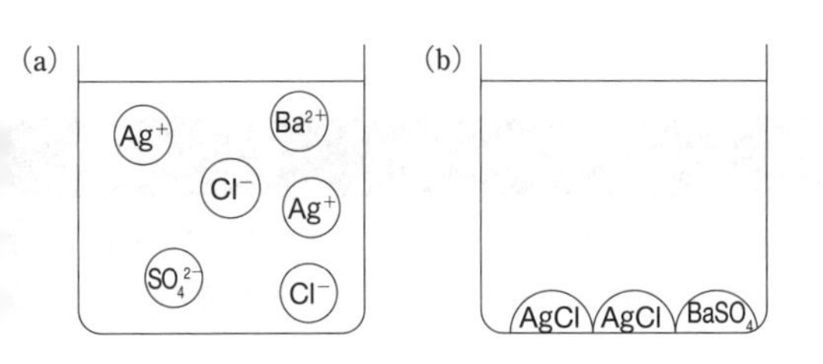

(a)は溶液中にイオンが多いため，電気を通しやすく，(b)では，イオンの濃度が減少するため，電気を通しにくくなる。

与えられたデータから $BaCl_2$ 水溶液の滴下量と流れた電流値の関係をグラフにしたのが，次の図である。

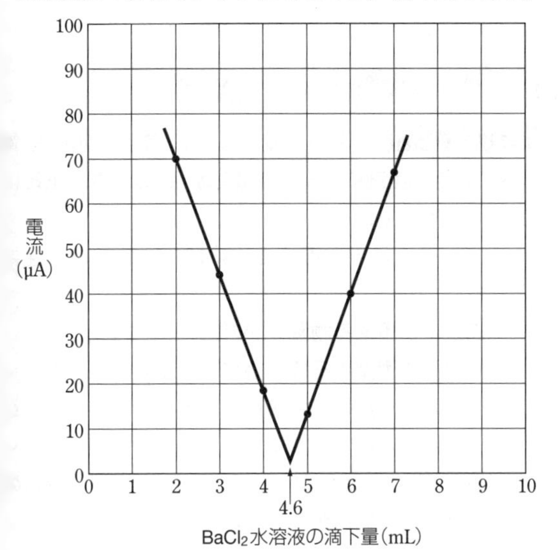

$BaCl_2$ 水溶液の滴下量が 4.6 mL になったとき，電流値が最小となるとわかる。

つまり，このときに

$$Ag_2SO_4 + BaCl_2 \longrightarrow BaSO_4 \downarrow + 2AgCl \downarrow$$

の反応が過不足なく起こったことになる。

Ag_2SO_4 を完全に反応させるのに必要な $BaCl_2$ 水溶液は 4.6 mL である。

b｜ 0.010 mol/L の Ag_2SO_4 水溶液 100 mL に含まれる Ag_2SO_4 の物質量は

$$0.010\ \text{mol/L} \times \frac{100}{1000}\ \text{L} = 1.0 \times 10^{-3}\ \text{mol}$$

これに対して，十分な量の $BaCl_2$ 水溶液を滴下したときに生成する AgCl の物質量は 1：2 の物質量比となるので，

$$\underset{1.0 \times 10^{-3}\ \text{mol}}{Ag_2SO_4} + BaCl_2 \longrightarrow BaSO_4 + \underset{2.0 \times 10^{-3}\ \text{mol}}{2AgCl}$$

AgCl = 143.5 より，その質量は

$$143.5 \times 2.0 \times 10^{-3} = 0.287 \fallingdotseq 0.29\ \text{g}$$

c｜ 滴下した $BaCl_2$ 水溶液のモル濃度を x〔mol/L〕とすると，Ag_2SO_4 と $BaCl_2$ は 1：1 の物質量比で過不足なく反応するので

$$(1.0 \times 10^{-3}\ \text{mol}) : \left(x〔\text{mol/L}〕 \times \frac{4.6}{1000}\ \text{L}\right) = 1 : 1$$

$$x = 0.217 \fallingdotseq 0.22\ \text{mol/L}$$

1 思考問題の解法

84 ① ③

原子番号に対して，その原子の陽子・中性子・価電子の数の関係を考えていく。

ア，**イ**に対して**ウ**はグラフの形が違い，**ウ**は周期性を示しているため，**ウ**は価電子の数とわかる。原子番号2，10，18の貴ガス原子で0となっており，それから1個ずつ増えていくことからも明らかである。

イは，原子番号と同じ数になっており，直線的に増加するため，「陽子の数 = 原子番号」の関係から，陽子の数を示す。

陽子が2個以上になった場合，陽子間に電気的な反発が生じる。これをさけるため，適当な個数の中性子が原子核内に存在している。**イ**のグラフとほぼ同じ形で，ばらつきのある**ア**が中性子の数に相当する。

また，原子番号1の点に着目してもよい。原子番号1は水素原子であり，**ア**のグラフは0の値となっている。水素原子は原子核が陽子1個だけでできているため，陽子間の反発はなく，中性子は必要ないので0である。この点で，**ア**が中性子の数であると判断することができる。

▶攻略のPoint　グラフの形と特徴的な点に着目すると，何の値かを推量することができる。

85 ② ①

次のような中和反応が起こっている。

$HCl + NaOH \longrightarrow NaCl + H_2O$

酸も塩基もいずれも1価なので同じ濃度(0.10 mol/L)の水溶液の中和では，同じ体積で中和点に達する。

つまり，塩酸10 mLを完全に中和させるのに必要な水酸化ナトリウム水溶液の体積は10 mLである。

次に中和点の前後で各イオンのモル濃度がどのように変化するかを考える。

注意！　水酸化ナトリウム水溶液を滴下しているので，水溶液全体の体積は増加し続ける。したがって，Cl^-の物質量は常に一定であるが，Cl^-のモル濃度はおだやかに減少する。

H^+は塩酸から生じるイオンで，水酸化ナトリウム水溶液の滴下による中和反応でしだいに消費され少なくなり，中和点以降ではほとんど存在しなくなる。⇒曲線b

Na^+は，水酸化ナトリウム水溶液から生じるイオンで，中和反応が起きてもNa^+として水溶液中に存在する。したがって，水酸化ナトリウム水溶液の滴下とともに増加し，中和点を過ぎても増加することになる。⇒曲線a

OH^-は，水酸化ナトリウム水溶液から生じるイオンで，中和点までは直ちにH^+と中和反応するため，ほとんど存在しない。中和点を過ぎると，反応するH^+がほとんどないため，水酸化ナトリウム水溶液の滴下とともに増加していく。⇒曲線c

したがって，答えは①の組合せになる。

86 ③ ④　④ ④　⑤ ②　⑥ ③

▶攻略のPoint　中和滴定により，濃度不明の物質(トイレ用洗浄剤に含まれる塩化水素)の濃度を正確に測定する実験である。

より正確な結果を得るためには，次の2点が重要となる。

(1)　滴定に使用する物質(水酸化ナトリウム水溶液)はあらかじめ濃度を正確に調べておく。

(2)　1滴入れただけで中和が完了する，あるいは大量に入れないと中和が完了しないといったことを防ぐため，「濃度をはかる物質」と，「滴定に使う物質」の濃度は比較的近い値にしておく。

問1　塩化水素を含むトイレ用洗浄剤のモル濃度が約3 mol/L，滴定に使用する水酸化ナトリウム水溶液の濃度が約0.1 mol/Lである。このまま滴定を行うと大量の水酸化ナトリウム水溶液を必要としてしまうためトイレ用洗浄剤をある程度薄めておく必要がある。

まずは，試料の濃度がx〔mol/L〕に希釈されたとして，中和反応の量的関係を表す。

$HCl + NaOH \longrightarrow NaCl + H_2O$

より，

(HClの物質量)：(NaOHの物質量) = 1：1

となるので，

$$\left(x\text{〔mol/L〕} \times \frac{10}{1000}\text{L}\right) : \left(0.1\text{ mol/L} \times \frac{15}{1000}\text{L}\right) = 1 : 1$$

$x = 0.15$ mol/Lが得られる。

次に，3 mol/Lを0.15 mol/Lにするには，何倍に希釈すればよいかを考える。

$$\frac{3}{0.15} = 20$$

より，20倍に希釈すればよい。

問2

①　ホールピペットが水でぬれていると，塩化水素

実際の濃度より薄くなってしまう。したがって，実験では水酸化ナトリウム水溶液の滴下量が正しい量より少なくなることが予想される。（誤り）

②　コニカルビーカーがぬれていても，はかり取った塩化水素の物質量は変わらないので，中和反応の量的関係には影響しない。（誤り）

③　フェノールフタレイン溶液はpH指示薬なので，中和反応の量的関係には一切関与しない。（誤り）

④　ビュレットの先端にあった空気が実験途中でぬけると，実際に滴下していないにもかかわらず，液面が下がってしまう。この場合は，滴下量は正しい量より大きくなることが予想される。

水酸化ナトリウム水溶液の滴下量が，正しい量よりも大きくなったのはこれが原因と考えられる。（正しい）

問3　モル濃度（2.60 mol/L）を質量パーセント濃度に換算すればよい。

2.60 mol/Lは試料（溶液）1 Lの中に2.60 molの塩化水素が含まれていることを表す。

溶液の質量は$1.04\ \mathrm{g/cm^3} \times 1000\ \mathrm{cm^3}$，$HCl = 36.5$より，溶質の質量は$36.5\ \mathrm{g/mol} \times 2.60\ \mathrm{mol}$なので，質量パーセント濃度は，

$$\frac{36.5 \times 2.60}{1.04 \times 1000} \times 100 = 9.12 \fallingdotseq 9.1\%$$

問4　(1)の反応は弱酸の塩（$NaClO$）と強酸（HCl）の反応（弱酸の遊離）であり，(2)の反応は酸化数が増減しているので，酸化還元反応である。

反応**あ**は，過酸化水素水の酸化還元反応なので，(2)と類似の反応になる。

反応**い**は，弱酸の塩（酢酸ナトリウム）と強酸（希硫酸）の反応なので，(1)と類似の反応になる。

反応**う**は，金属と酸の反応で，亜鉛が酸化されて亜鉛イオンになることから，酸化還元反応である。(2)と類似の反応になる。

したがって，(1)と類似の反応は反応**い**となる。

7 ③　**8** ③　**9** ②　**10** ②　**11** ①

陽イオン交換樹脂を用いた滴定実験――授業で陽イオン交換樹脂を使った経験のある人は少ないであろう。最初に使い方が説明されているので，その内容を理解しながら，設問に沿って解いていくことになる。

問1

酸のHの残った塩を酸性塩という。③$NaHSO_4$が酸性塩になる。残りの①$CuSO_4$，②Na_2SO_4，④NH_4Clは，酸のHも塩基のOHも残っていない塩なので正塩である。

b｜　各々の水溶液には電解質から生じた陽イオンが含まれる。陽イオン交換樹脂に通すことでこの陽イオンがすべて水素イオンに交換される。

ア　$KCl \longrightarrow \underline{K^+} + Cl^-$
$\longrightarrow \underline{H^+} + Cl^-$（塩酸の水溶液）

イ　$NaOH \longrightarrow \underline{Na^+} + OH^-$
$\longrightarrow \underline{H^+} + OH^-$（水になる）

ウ　$MgCl_2 \longrightarrow \underline{Mg^{2+}} + 2Cl^-$
$\longrightarrow \underline{2H^+} + 2Cl^-$（塩酸の水溶液）

エ　$CH_3COONa \longrightarrow \underline{Na^+} + CH_3COO^-$
$\longrightarrow \underline{H^+} + CH_3COO^-$（酢酸の水溶液）

ア，**ウ**は強酸のHClが得られるので，交換されたH^+はそのまま存在する。

イは水が生成する。

エは弱酸のCH_3COOHが得られるが，水溶液中では，ほとんどがCH_3COOH分子の形となり，H^+はごく少量である。

したがって，2 mol分のH^+が生成する**ウ**のH^+の物質量が最も大きい。

問2

a｜　$CaCl_2$は強酸HClと強塩基$Ca(OH)_2$からなる塩なので水溶液は中性を示し，pHは7である。

①～④の10.0 mLの水溶液中にある酸および塩基の物質量は

$$0.100\ \mathrm{mol/L} \times \frac{10.0}{1000}\ \mathrm{L} = 1.0 \times 10^{-3}\ \mathrm{mol}\ になる。$$

①	H_2SO_4	+	$2KOH$	→	K_2SO_4	+	$2H_2O$
反応前	1.0×10^{-3} mol		1.0×10^{-3} mol				
反応量	-0.50×10^{-3} mol		-1.0×10^{-3} mol	→	$+0.50\times10^{-3}$ mol		$+1.0\times10^{-3}$ mol
反応後	0.50×10^{-3} mol		0		0.50×10^{-3} mol （中性の塩）		1.0×10^{-3} mol

反応後の水溶液にはH_2SO_4が残るので酸性を示す。pHは7よりも小さい。

②	HCl	+	KOH	→	KCl	+	H_2O
	1.0×10^{-3} mol		1.0×10^{-3} mol	→	1.0×10^{-3} mol		1.0×10^{-3} mol

中和反応が過不足なく起こり，水溶液中にはKClが生成している。KClは強酸と強塩基からなる塩なので中性を示し，pHは7である。

③	HCl	+	NH_3	→	NH_4Cl
	1.0×10^{-3} mol		1.0×10^{-3} mol		1.0×10^{-3} mol

中和反応が過不足なく起こり，水溶液中にはNH_4Clが生成している。NH_4Clは，強酸と弱塩基からなる塩なので酸性を示す。pHは7より小さい。

④	$2HCl$	$+ Ba(OH)_2 \rightarrow$	$BaCl_2$	$+ 2H_2O$
反応前	1.0×10^{-3} mol	1.0×10^{-3} mol		
反応量	-1.0×10^{-3} mol	-0.50×10^{-3} mol $\rightarrow$	$+0.50 \times 10^{-3}$ mol	$+1.0 \times 10^{-3}$ mol
反応後	0	0.50×10^{-3} mol	0.50×10^{-3} mol (中性の塩)	1.0×10^{-3} mol

反応後の水溶液には $Ba(OH)_2$ が残るので塩基性を示す。pH は7よりも大きい。

よって，混合後 pH が7となる水溶液は②である。

b｜ 水溶液を希釈するときは，「メスフラスコ」を用いるのがポイント。

②のように「塩酸をメスフラスコに移して，水を加えて 500 mL にする」操作を行う。

c｜ **実験Ⅱ**で希釈した 500 mL 中に含まれる HCl の物質量を x〔mol〕とする。

実験Ⅲでは，そのうちの 10.0 mL をとって NaOH 水溶液で中和滴定している点に注意する。

$HCl + NaOH \longrightarrow NaCl + H_2O$ の中和反応では HCl と NaOH は 1：1 の物質量比で反応する。

$$\overset{HCl}{\left(\frac{10.0}{500}x\,\text{〔mol〕}\right)} : \overset{NaOH}{\left(0.100\ \text{mol/L} \times \frac{40.0}{1000}\ \text{L}\right)} = 1 : 1$$

これを解いて，$x = 0.200$ mol

1 mol の Ca^{2+} に対して，2 mol の H^+ が交換されることから

$Ca^{2+} : H^+ = 1 : 2$

の関係が成立する。生成した H^+ の物質量は 0.200 mol なので，試料 A 中の Ca^{2+} の物質量は 0.100 mol とわかる。$CaCl_2$ 1 mol 中には，Ca^{2+} が 1 mol 含まれるので，$CaCl_2$ の物質量も 0.100 mol である。

$CaCl_2$ の質量は，式量が $CaCl_2 = 111$ より

111 g/mol × 0.100 mol = 11.1 g になる。

よって，試料Aの 11.5 g に含まれていた H_2O の質量は 11.5 − 11.1 = 0.4 g である。

88

12	②	13	②	14	①		
15	④	16	②	17・18	②・⑤（順不同）		
19	①	20	⑤	21	②	22	⑤

問１

a｜ (1)式の両辺の原子数が等しくなるように，係数 ア ～ ウ を決めていく。

H 原子に着目　イ = 2

Cr 原子に着目　ア = ウ × 2

O 原子に着目　ア × 4 = ウ × 7 + 1

以上を解いて　ア = 2　イ = 2　ウ = 1

b｜ CrO_4^{2-} 中の Cr の酸化数を x とすると

$x + (-2) \times 4 = -2$

$x = +6$

また，$Cr_2O_7^{2-}$ 中の Cr の酸化数を y とすると

$y \times 2 + (-2) \times 7 = -2$

$y = +6$

したがって，Cr の酸化数はいずれも +6 であり，反応の前後で変化していない。

問２　滴定実験において，溶液を滴下して体積を正確にはかるのに使用するのは，②のビュレットである。

問３

①　**操作Ⅰ**においては，しょうゆ 5.00 mL をはかり取ってメスフラスコに入れた後，標線まで水を加えるので，あらかじめ内壁が純水でぬれていても結果には影響しない。また，ホールピペットを用いてしょうゆをはかり取った時点で，含まれている溶質の量は測定されていることになる。(正しい)

②　$AgNO_3$ 水溶液を滴下していくと，$Ag^+ + Cl^- \longrightarrow AgCl$ の反応により白色沈殿が生成する。指示薬として少量のクロム酸カリウム K_2CrO_4 を加えておくと，AgCl がほぼ沈殿し終わった時点で，$2Ag^+ + CrO_4^{2-} \longrightarrow Ag_2CrO_4$ の反応により暗赤色の沈殿が生じる。この色の変化により AgCl の沈殿の終点を判断することができる。

したがって，滴定の前に Ag_2CrO_4 を加え(Ag_2CrO_4 は水に溶けにくいので，沈殿は残っている)，続いて $AgNO_3$ 水溶液のかわりに KNO_3 を加えても AgCl の沈殿は生じない。つまり，**Cl^- のモル濃度を求めることはできない**。(誤り)

③　NaCl のモル濃度を Cl^- のモル濃度と等しいとして計算すると，KCl も NaCl と同じようにみなされることになり，正しい濃度よりも高く見積もってしまうことになる。(正しい)

④　しょうゆ C をしょうゆ B と同じ 5.00 mL 取ると $AgNO_3$ 水溶液の滴下量は $\dfrac{13.70}{2} = 6.85$ mL になる。

同じ 5.00 mL で比較して，しょうゆ B の場合の滴下量の 15.95 mL の半分以下の値である。

したがって，しょうゆ C に含まれる Cl^- のモル濃度はしょうゆ B に含まれる Cl^- のモル濃度の半分以下とみなすことができる。(正しい)

⑤　一定量のしょうゆに対して，$AgNO_3$ 水溶液の滴下量が大きいほど，そのしょうゆの Cl^- のモル濃度は高いといえる。

表1から，5.00 mL で比較してみる。

$AgNO_3$ 水溶液の滴下量は

しょうゆ A では　14.25 mL

しょうゆ B では　15.95 mL

しょうゆCでは $\frac{13.70}{2} = 6.85\ \mathrm{mL}$

であり，しょうゆBが最も多い。

つまり，Cl^-のモル濃度が最も高いものは，しょうゆBである。(誤り)

問4 図1において，$AgNO_3$水溶液の滴下量がa(mL)になるまで，溶けているAg^+の物質量は0である。つまり，加えたAg^+は，全部が$AgCl$として沈殿していると考えられる。$AgNO_3$水溶液の滴下量に比例して，沈殿した$AgCl$の質量が増加していく。

しかし，滴下した$AgNO_3$水溶液がa(mL)を過ぎると，試料に溶けているAg^+が増加していることから，加えたAg^+は反応せずに水溶液中に増加していくとわかる。したがって，$AgCl$の沈殿は滴下量a(mL)以後は一定となりそれ以上増加しない。

以上，沈殿した$AgCl$の質量の変化を表しているのは①のグラフになる。

試料に溶けているAg^+の物質量と，沈殿した$AgCl$の質量のグラフを上下において比較すると両者の関係がわかりやすい。

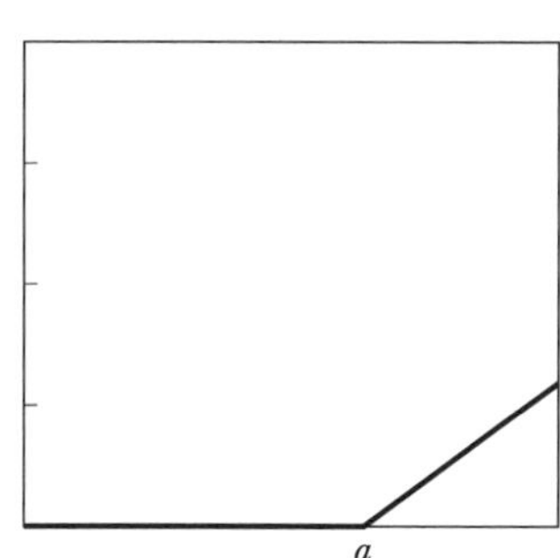

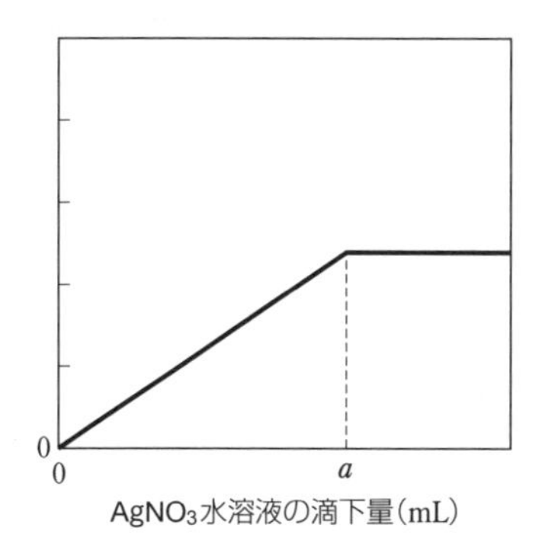

問5

しょうゆAに含まれるCl^-のモル濃度をx〔mol/L〕とする。

操作Ⅰで5.00 mLのしょうゆを水で250 mLに希釈しているので濃度は$x〔\mathrm{mol/L}〕\times \frac{5.00}{250} = \frac{1}{50}x〔\mathrm{mol/L}〕$にうすまっている。これを5.00 mL取り，**操作Ⅴ**で0.0200 mol/Lの$AgNO_3$水溶液で滴定したとき滴下量が14.25 mLになったときに暗赤色沈殿が生じている。したがって，次の量的関係がそのとき成立している。

$$Ag^+ + Cl^- \longrightarrow AgCl$$

$$\frac{1}{50}x〔\mathrm{mol/L}〕\times \frac{5.00}{1000}\ \mathrm{L} = 0.0200\ \mathrm{mol/L} \times \frac{14.25}{1000}\ \mathrm{L}$$

$$x = 2.85\ \mathrm{mol/L}$$

b｜ しょうゆAの15 mLに含まれるCl^-の物質量は

$$2.85\ \mathrm{mol/L} \times \frac{15}{1000}\ \mathrm{L}$$

しょうゆAに含まれているCl^-がすべて$NaCl$から生じたものと考えると，$NaCl$(＝58.5)の質量は

$$58.5 \times 2.85 \times \frac{15}{1000} = 2.50 \fallingdotseq 2.5\ \mathrm{g}$$

89

23	①	24	④	25	①	26	③	27	③

問1

① エタノールの水溶液は**中性**を示す。(誤り)

② 一般に固体の密度は液体よりも大きく，エタノールの場合も，固体の密度の方が大きい。なお，水などのごく一部の物質については，固体の密度が液体よりも小さいものもある。(正しい)

③ エタノールは，炭素と水素を含む化合物であり，完全燃焼すると次のように二酸化炭素と水を生じる。(正しい)

$$C_2H_5OH + 3O_2 \longrightarrow 2CO_2 + 3H_2O$$

④ エタノールは，燃料や飲料，消毒薬，化学工業の原料などに用いられている。(正しい)

問2

① グラフを見ると，20℃から40℃に上昇させるのに要する時間は，水の方がエタノールよりも長い。したがって，必要な熱量は水の方がエタノールよりも大きい。(正しい)

② エタノール水溶液を加熱していったとき，時間t_1における温度は，エタノールの沸点78℃と水の沸点100℃の中間である。したがって，エタノールは水溶液中に残存している。(正しい)

③ 純物質の沸点は物質量に依存しないので，液体を蒸発させても沸点は変わらない。沸騰が開始した後，加熱を続けても温度は一定である。(正しい)

④ エタノール50 gは，水50 gよりも短時間で蒸発しているので，エタノールの方が少ない熱量で蒸発させることができることになる。同じ1 gの液体を蒸発させるのに必要な熱量は，水よりもエタノールの方が

小さい。（誤り）

問3

質量パーセント濃度〔%〕

$$= \frac{\text{溶質の質量〔g〕}}{\text{溶液の質量〔g〕}} \times 100$$

$$= \frac{\text{エタノールの質量〔g〕}}{\text{エタノールの質量〔g〕} + \text{水の質量〔g〕}} \times 100$$

a｜　質量パーセント濃度 10 %のエタノール水溶液である原液 **A** をつくる。

①　質量パーセント濃度 $= \frac{100\ \text{g}}{100\ \text{g} + 900\ \text{g}} \times 100$

$= 10\ \%$　（正しい）

②　質量パーセント濃度 $= \frac{100\ \text{g}}{100\ \text{g} + 1000\ \text{g}} \times 100$

$\fallingdotseq 9.1\ \%$　（誤り）

③　エタノールの質量

$0.79\ \text{g/cm}^3 \times 100\ \text{cm}^3 = 79\ \text{g}$

水の質量　$1.00\ \text{g/cm}^3 \times 900\ \text{cm}^3 = 900\ \text{g}$

質量パーセント濃度 $= \frac{79\ \text{g}}{79\ \text{g} + 900\ \text{g}} \times 100$

$\fallingdotseq 8.1\%$　（誤り）

④　エタノールの質量

$0.79\ \text{g/cm}^3 \times 100\ \text{cm}^3 = 79\ \text{g}$

水の質量　$1.00\ \text{g/cm}^3 \times 1000\ \text{cm}^3 = 1000\ \text{g}$

質量パーセント濃度 $= \frac{79\ \text{g}}{79\ \text{g} + 1000\ \text{g}} \times 100$

$\fallingdotseq 7.3\ \%$　（誤り）

なお，①～④を各々立式した段階で式を比較すれば，①が正しく，②～④の値が 10 %でないことが判断できる。

b｜　原液 **A** として 100 g を用いたとする。

原液 **A** の質量パーセント濃度は 10 %なので原液 **A** に含まれているエタノールの質量は

$$100\ \text{g} \times \frac{10}{100} = 10\ \text{g}$$

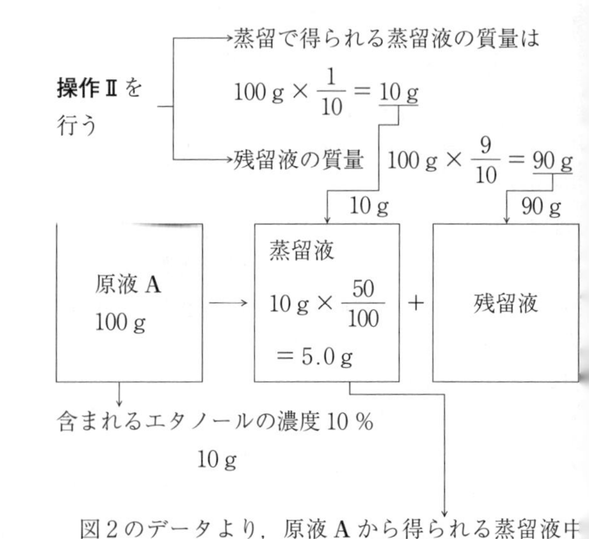

図2のデータより，原液 **A** から得られる蒸留液中のエタノールの質量パーセント濃度は 50 %である。

各々の液体に含まれているエタノールの質量を整理すると

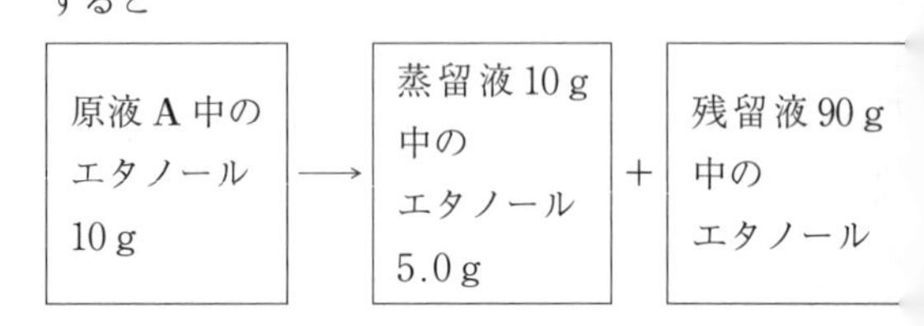

残留液中に含まれるエタノールは，全体のエタノールの質量から，蒸留液中にあった質量を引いて

$10\ \text{g} - 5.0\ \text{g} = 5.0\ \text{g}$

残留液中のエタノールの質量パーセント濃度は

$$\frac{5.0\ \text{g}}{90\ \text{g}} \times 100 \fallingdotseq 5.6\ \%$$

c｜　蒸留を繰り返して，濃度の高いエタノール水溶液をつくる。

前問で，10 %の原液 **A** から得られた 50 %の蒸留液を蒸留液 1 として，それを原液として蒸留を繰り返す。蒸留液 1 は図 2 のなかの原液 **E**(50 %)と同じであり，これを蒸留したのと同じことになる。つまり蒸留液 2 のエタノールの質量パーセント濃度は，今度は原液 **E** から始めて図 2 の蒸留液中のエタノールの質量パーセント濃度を読み取ると，78 %とわかる。

第5編 **模擬問題**

第 1 回

●解答・配点一覧

（50 点満点）

問題番号（配点）	解答番号	正解	配点	問題番号（配点）	解答番号	正解	配点
第1問（30）	1	①	2	第2問（20）	12	①	2
	2	⑥	3		13	③	2
	3	①	3		14	②	2
	4	⑤	3		15	③	2
	5	⑤	3		16	②	2
	6	①	3		17	④	3
	7	③	3		18	②	4
	8	④	2		19	①	3
	9	③	3				
	10	②	2				
	11	①	3				

●解説

第 1 問

■ **問 1**　塩酸は，塩化水素 HCl の水溶液であり，HCl ＋ H_2O の混合物である。

他の物質の化学式を書くと，② CO_2，③ S_x，④ H_2O，⑤ C，⑥ $CuSO_4$ で，すべて純物質である。したがって，①塩酸が答えとなる。

■ **問 2**

①　第一イオン化エネルギーを比較する。第一イオン化エネルギーは，周期表において同一周期では左に行くほど小さく，同族では下に行くほど小さくなる傾向がある。ナトリウム Na とリチウム Li は同じ 1 族であるから，周期表で Li の下に位置する Na の方が第一イオン化エネルギーは小さく，陽イオンになりやすい。（正しい）

②　貴ガスは安定で，イオンになったり，他の原子と結合したりすることがないので，最外殻電子数が 2，8 であっても，価電子数は 0 としている。（正しい）

③　塩素 Cl の電子配置は

　K殻 2　L殻 8　M殻 7

よって，最外殻電子数は 7 である。（正しい）

④　同位体は原子番号が同じであるが，原子核中の中性子数が異なるため質量数が違うものである。（正しい）

⑤　アルミニウム Al の電子配置は

　K殻 2　L殻 8　M殻 3 である。

M殻に存在する電子は 3 個になる。（正しい）

⑥　マグネシウム $_{12}Mg$ は，電子 2 個を放出して 2 価の陽イオンである Mg^{2+} となる。

陽イオンになると最外殻電子が失われるので，1 つ内側の電子殻が最外殻となる。したがって，**Mg^{2+} の方が Mg より半径が小さくなる**。（誤り）

一般に，原子が陽イオンになると，もとの原子よりも小さくなる。

■ **問 3**　①～⑤の分子を電子式で示してみる。（○○は共有電子対，●●は非共有電子対とする）

① H ○○ F（非共有電子対 3 対）　② H ○○ O ○○ H（非共有電子対 2 対）

③ H ○○ C ○○ H（上下に H）　④ ●● N ○○○ N ●●

⑤ H ○○ H

非共有電子対は，①3 対　②2 対　③0　④2 対　⑤0 となる。

最も多くの非共有電子対があるのは①HF である。

■ **問 4**　極性分子か無極性分子かは，「原子間の結合の極性」と「分子の形」で判断する。

各分子の形は次のようになる。

① H－Cl　②

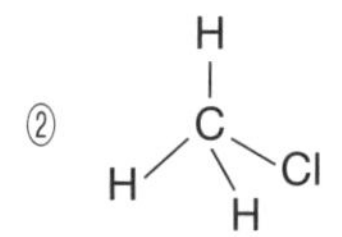

③ N（H, H, H と結合）　④ O（H, H と結合）

⑤ O＝C＝O

⑤ CO_2 は，C＝O 結合に極性があるが，分子が直線形であるため，互いに打ち消し合って無極性分子になる。

■ **問 5**　標準状態における気体の密度なので，各々の気体 1 mol をとって，体積と質量を調べればよい。

① CH_4 ＝ 16 より

$$密度 = \frac{16\,g}{22.4\,L}$$

② NH_3 ＝ 17 より

$$密度 = \frac{17\,g}{22.4\,L}$$

③ O_2 ＝ 32 より

$$密度 = \frac{32\,g}{22.4\,L}$$

④ Ne ＝ 20 より

$$密度 = \frac{20\,g}{22.4\,L}$$

⑤ F_2 ＝ 38 より

$$密度 = \frac{38\,g}{22.4\,L}$$

分子量の最も大きな⑤F_2が密度最大とわかる。

■ 問6

CO_2 の 33.0 g は $\dfrac{33.0}{44} = 0.75\ \mathrm{mol}$

H_2O の 9.0 g は $\dfrac{9.0}{18} = 0.50\ \mathrm{mol}$

に相当する。

C_3H_n が完全燃焼するときの反応は

$$C_3H_n + \left(3 + \frac{n}{4}\right)O_2 \longrightarrow 3CO_2 + \frac{n}{2}H_2O$$

と表される。

反応式の係数比 ＝ 物質量の比となるので

$$CO_2 : H_2O = 3 : \frac{n}{2} = 0.75 : 0.50$$

$$n = 4$$

気体の分子式は C_3H_4 となる。

答えは①である。

■ 問7

溶液中の溶質 HCl の物質量に着目する。次のように図で示してみるとわかりやすい。

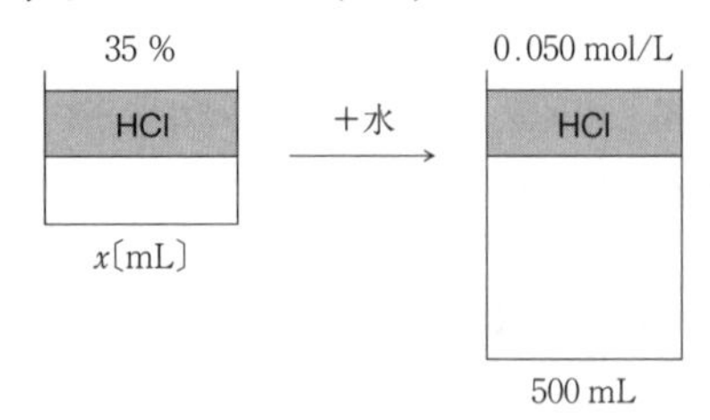

0.050 mol/L の希塩酸 500 mL 中の HCl の物質量は

$$0.050\ \mathrm{mol/L} \times \frac{500}{1000}\ \mathrm{L} = 0.025\ \mathrm{mol} \quad \cdots\cdots(1)$$

35 % の塩酸 x〔mL〕をとったときに，含まれる HCl の物質量は，（密度が 1.18 g/cm^3 より溶液の質量は 1.18x〔g〕になることに注意）

$$\frac{1.18x \times \dfrac{35}{100}}{36.5}\ \mathrm{mol} \quad \cdots\cdots(2)$$

HCl の物質量が等しくなるので，(1)＝(2)より

$$\frac{1.18x \times \dfrac{35}{100}}{36.5} = 0.025$$

$$x \fallingdotseq 2.2$$

答えは③である。

■ 問8

① 硫黄酸化物（SO_x）だけでなく，窒素酸化物（NO_x）も，雲の中の水滴にとり込まれたり，雨滴に溶け込んだりして，硫酸や硝酸となり酸性雨の原因となる。（正しい）

② フロンは，冷蔵庫などの冷媒に使われていたが，オゾン層の破壊を促進するので使用が禁止され，オゾン層の破壊効果の少ない代替フロンへの使用切り替えがなされている。（正しい）

③ ダイオキシンは塩素を含む化合物であり，塩化ビニルなどの塩素を含むゴミを燃やすと，複雑な反応を経て生じてしまうことがある。（正しい）

④ **硫化水素には腐卵臭がある。**（誤り）

硫化水素は空気より重い気体であり，窪地（くぼち）などにたまり，事故が起こっている。

⑤ 二酸化炭素は，温室効果ガスであり，地球温暖化の原因の一つとなっている。（正しい）

■ 問9

a｜ シュウ酸二水和物 $(COOH)_2 \cdot 2H_2O$ の式量は 126 である。この結晶 x〔g〕は $\dfrac{x}{126}$〔mol〕に相当する。

0.100 mol/L のシュウ酸水溶液を 250 mL つくるので

$$\frac{x}{126} = 0.100\ \mathrm{mol/L} \times \frac{250}{1000}\ \mathrm{L}$$

$$x = 3.15\ \mathrm{g}$$

よって，必要な $(COOH)_2 \cdot 2H_2O$ は 3.15 g になり正解は③である。

b｜ ①のビーカーや③のメスシリンダーの目盛りは不正確なので，体積を正確にはかり取ることはできない。また，③では，$(COOH)_2 \cdot 2H_2O$ に 250 mL の水を加えているので，全体の体積は 250 mL 以上になる。

②が正しい。

シュウ酸水溶液 250 mL を調製する手順は次のように整理することができる。

1） 100 mL のビーカーに，はかり取った $(COOH)_2 \cdot 2H_2O$ 3.15 g を入れて少量の水で溶かす。

2） この溶液とビーカーの洗液とを合わせて 250 mL のメスフラスコに移す。（溶液と洗液が合わせて 250 mL より多くならないように注意してビーカーの中を洗う。）

3） 水をメスフラスコの標線まで入れ，250 mL の溶液にする。

c｜ シュウ酸 $(COOH)_2$ は弱酸，水酸化ナトリウム NaOH は強塩基である。この中和反応の中和点で生じる塩 $(COONa)_2$ は弱塩基性を示すので，この範囲に変色域をもつフェノールフタレインを指示薬に用い，色の変化は無色から赤色に変化する。中和反応の反応式は次のようになる。

$$(COOH)_2 + 2NaOH \longrightarrow (COONa)_2 + 2H_2O$$

$(COOH)_2$ と NaOH は 1：2 の物質量比で反応す

ので，NaOH 水溶液の濃度を x〔mol/L〕とすると

$$\left(0.100 \times \frac{20.0}{1000}\right) : \left(x \times \frac{8.0}{1000}\right) = 1 : 2$$

$$x = 0.50$$

したがって，答えは①である。

第2問

■ 問1

H_2O では，酸素の酸化数は－2，水素の酸化数は＋1となる。

O_2 は単体なので，酸素の酸化数は0である。

H_2O_2 においては例外で，酸素の酸化数は－1となる。

（化合物内で酸素の酸化数が－2とならない例としてよく出るので覚えておこう。）

(1)の反応で，H_2O_2 における O の酸化数は－1，H_2O と IO^- における O の酸化数はともに－2になる。O の酸化数は減少しているので，過酸化水素は還元されている。

(2)の反応で，H_2O_2 における O の酸化数は－1，O_2 では O の酸化数は0になる。O の酸化数は増加しているので，過酸化水素は酸化されている。IO^- と H_2O における O の酸化数はともに－2であり，変化していない。

この反応において，過酸化水素 H_2O_2 が酸化される反応と還元される反応の両方が同時に起こったことになる。

過酸化水素 H_2O_2 と過マンガン酸カリウム $KMnO_4$ の酸化還元滴定である。

②，③，⑤は滴定実験における器具の使い方ですべて適当である。（正しい）

① $H_2O_2 \longrightarrow O_2 + 2H^+ + 2e^-$ ……(1)

$MnO_4^- + 8H^+ + 5e^- \longrightarrow Mn^{2+} + 4H_2O$ ……(2)

この2式から e^- を消去するために(1)×5＋(2)×2を計算する。

$$2MnO_4^- + 5H_2O_2 + 6H^+ \longrightarrow 2Mn^{2+} + 5O_2 + 8H_2O$$

硫酸酸性で反応を行ったとして，両辺に $2K^+$，$3SO_4^{2-}$ を加えると

$$2KMnO_4 + 5H_2O_2 + 3H_2SO_4 \longrightarrow K_2SO_4 + 2MnSO_4 + 5O_2 + 8H_2O$$

$KMnO_4$ と H_2O_2 は物質量比2：5で反応しているので，H_2O_2 1 mol に対しては $KMnO_4$ は0.4 mol が反応する。（正しい）

④ 過マンガン酸カリウムは酸性溶液中で酸化剤として働くが，溶液を酸性溶液にするために希硝酸を用いることはできない。それは，**希硝酸自体が酸化剤なので，H_2O_2 と反応してしまい**，「$KMnO_4$ と H_2O_2 が2：5の物質量比で反応する」という量的関係が成り立たなくなるからである。酸性溶液にするためには希硫酸が使用されることが多い。（誤り）

⑥ MnO_4^-（赤紫色）→ Mn^{2+}（ほぼ無色）の反応が起こっている。滴下した $KMnO_4$ が過剰となった場合には，MnO_4^- の赤紫色が消えずに残ることになる。したがって，この滴定実験で $KMnO_4$ に着目したときには，MnO_4^- の赤紫色が消えずにわずかに残る時点を，反応の終点とする。（正しい）

■ 問2

a｜ 実験1より，金属の質量は143 g である。

実験2より，あふれた水の体積が16.0 mL であることから，金属の体積が16.0 cm^3 であることがわかる。

よって，この金属の密度は，

$$\frac{143}{16.0} \fallingdotseq 8.94\ \mathrm{g/cm^3}$$

である。表面の塗装による誤差を考慮すれば，この金属が銅かニッケルのいずれかであると推測できる。

実験3でこの金属は，希硫酸と反応し気体を発生している。希硫酸によって酸化されない銅は除外されることになる。

以上の結果より，この金属がニッケルであると推測できる。

よって，答えは②である。

b｜ 赤鉄鉱や磁鉄鉱などの鉄鉱石を，コークス（炭素）と石灰石とともに溶鉱炉に入れ熱風を吹き込むと，銑鉄が得られる。これは，コークスから生じた一酸化炭素により，鉄鉱石の主成分である酸化鉄が Fe_2O_3 ⇒ Fe_3O_4 ⇒ FeO ⇒ Fe のように順次還元されることを利用したものである。

銑鉄は炭素分を多く含む鉄で，酸素を吹き込むと鋼が得られる。

アルミニウムはボーキサイトから純粋な酸化アルミニウム（アルミナ）を取り出して電気分解することにより得られる。アルミニウムは非常に軽量な金属なので，単体としてだけでなく，ジュラルミンなどの合金やアルマイト（酸化被膜をつけた製品）としても広く用いられている。なお，クジャク石は銅を含む鉱石である。

よって，答えは①である。

第2回

●解答・配点一覧

（50点満点）

問題番号（配点）	解答番号	正解	配点	問題番号（配点）	解答番号	正解	配点
第1問（30）	1	②	3	第2問（20）	11	④	2
	2	⑥	3		12	⑥	2
	3	④	3		13	⑤	4
	4	⑤	3		14	⑤	4
	5	①	4		15	②	4
	6	②	3		16	①	＊4
	7	④	2		17	③	
	8	⑤	2				
	9	②	3				
	10	③	4				

＊は両方正解の場合のみ点を与える

●解説

第1問

■ 問1

① ヘリウム原子で原子の大きさと原子核の大きさを比較してみると次のようになる。

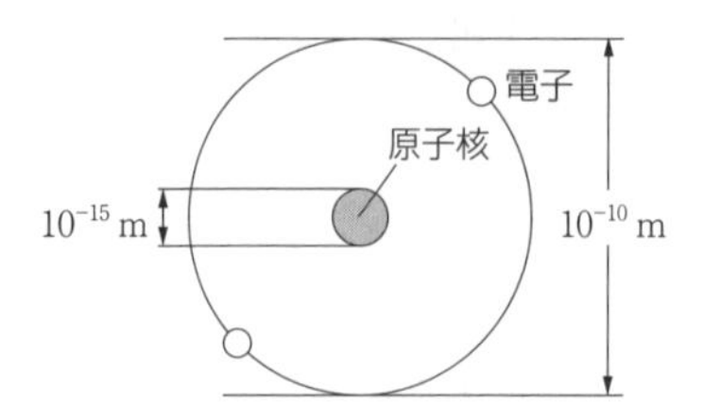

原子をドーム球場の大きさとすると，原子核はビーズ玉と同じ大きさになり，極めて小さい。（正しい）

② **水素原子は，陽子のみで原子核ができている**。したがって，「すべて」の原子で，原子核は陽子と中性子からできているとはいえない。（誤り）

③ 陽子の数が原子番号となる。（正しい）

④ 原子番号が等しく，質量数が異なる原子を同位体という。つまり，同位体では陽子の数は等しく，中性子の数だけが異なることになる。（正しい）

⑤ 原子は，全体として電荷をもたず，電気的に中性である。同位体では陽子の数が等しいので，電子数も等しくなる。（正しい）

■ 問2 ア～エを電子式で表してみる。

ア
```
    ••
H : N : H
    ••
    H
```

イ
```
    ••
H : O : H
    ••
```

ウ
```
    H
    ••
H : C : H
    ••
    H
```

エ
```
[    H    ]+
[    ••   ]
[ H : N : H ]
[    ••   ]
[    H    ]
```

このなかで，非共有電子対が存在しないのは，ウとエである。

■ 問3 aはフッ素F，bはネオンNe，cはアルミニウムAlの電子配置を示している。

① aで示されているフッ素と塩素は，ともにハロゲン(17族)に属している。（正しい）

② ナトリウムイオンNa^+は，Na原子のM殻から電子を1個失ったイオンで，Neと同じ電子配置になる。（正しい）

③ アルミニウムは，周期表の第3周期に属する。（正しい）

④ 貴ガス原子は安定しており，イオン化エネルギーが非常に大きく，陽イオンになりにくい。a～cでイオン化エネルギーが最大のものは，bのネオンである。（誤り）

⑤ アルミニウムは，M殻の電子3個を放出してアルミニウムイオンAl^{3+}になりやすい。（正しい）

■ 問4

① 水分子H_2Oの非共有電子対がH^+に提供されると，オキソニウムイオンH_3O^+ができる。

```
    ••                      [     H     ]+
H : O : H  +  H+   ──→      [     ••    ]
    ••                      [ H : O : H ]
                            [     ••    ]
```

この結合は配位結合であるが，結合のできる過程が違うだけで，もとからある共有結合と区別することはできない。（正しい）

② 金属結合は自由電子による結合であり，自由電子の移動により電気や熱をよく導く。（正しい）

③ NaClの結晶は，Na^+とCl^-の間の静電気的な力(クーロン力)で引き合って結びついている。（正しい）

④ 臭化水素HBrは，非金属元素のHとBrでできたもので，共有結合と考えられる。結合間の極性が強いので，水に溶けるとイオンになって水和する。（正しい）

⑤ 例えば二酸化炭素CO_2においては，C＝O結

に極性がある。しかし，分子が直線形であるために，その極性が互いに打ち消し合って無極性分子になる。

$$\overset{\delta-}{O} = \overset{\delta+}{C} = \overset{\delta-}{O}$$

このように，**無極性分子だからといって，すべての共有結合に電荷のかたよりがないとはいえない。**（誤り）

■ **問5** w〔g〕のステアリン酸は$\frac{w}{M}$〔mol〕に相当する。これをシクロヘキサンに溶かして500 mLとし，それからv〔mL〕を滴下する。したがって，その中に含まれるステアリン酸は$\frac{w}{M} \times \frac{v}{500}$〔mol〕となる。分子数になおすと$N_A \times \left(\frac{w}{M} \times \frac{v}{500}\right)$個である。

（単分子膜の面積）

＝（分子1個が占める面積）×（分子数）

の関係が成り立つので，各々を代入すると

$$S = a \times \frac{N_A wv}{500M}$$

整理して

$$N_A = \frac{500SM}{avw}$$ 答えは①となる。

■ **問6** まず，化学反応式をつくる。反応式の「係数比＝物質量比」となるので，1 molのジメチルヒドラジンが反応したときに生じるN_2，CO_2，H_2Oの物質量を求めることができる。

$C_2H_8N_2$の係数を1として化学反応式をつくるとよい。

$$C_2H_8N_2 + dN_2O_4 \longrightarrow aN_2 + bCO_2 + cH_2O$$

N_2O_4の係数をdとして，左辺と右辺の原子の個数が等しくなるようにすると

炭素： $2 = b$ ……(1)

水素： $8 = 2c$ ……(2)

窒素： $2 + 2d = 2a$ ……(3)

酸素： $4d = 2b + c$ ……(4)

(1)〜(4)を解くと，$b = 2$ $c = 4$ $d = 2$ $a = 3$

よって，化学反応式は

$C_2H_8N_2 + 2N_2O_4 \longrightarrow 3N_2 + 2CO_2 + 4H_2O$となる。

1 molのジメチルヒドラジンが消費されたときに，「$a = 3$，$b = 2$，$c = 4$の係数比」となることから，3 molの窒素，2 molの二酸化炭素，4 molの窒素，二酸化炭素，水が生成する。この組合せになっているのは②である。

■ **問7**

① ブレンステッド・ローリーの定義にしたがえば，H^+を与える物質が酸で，H^+を受け取る物質が塩基になる。（正しい）

② 水は次のように反応し，ブレンステッド・ローリーの定義より酸としても塩基としても働く。（正しい）

$$HCl + \underline{H_2O} \longrightarrow H_3O^+ + Cl^-$$

H^+を受け取る＝塩基

$$NH_3 + \underline{H_2O} \rightleftarrows NH_4^+ + OH^-$$

H^+を与える＝酸

③ 酢酸は弱酸，塩酸は強酸である。同じ濃度であれば，弱酸の電離度は強酸の電離度よりも小さい。（正しい）

④ pH 12のNaOH水溶液では $[H^+] = 1 \times 10^{-12}$ mol/L $[H^+][OH^-] = 10^{-14}$より $[OH^-] = 1 \times 10^{-2}$ mol/Lになる。これを10倍に薄めると

$$[OH^-] = 1 \times 10^{-2} \times \frac{1}{10} = 1 \times 10^{-3} \text{ mol/L}$$

これを水素イオン濃度になおして，pHの値を求めると

$[H^+][OH^-] = 10^{-14}$より $[H^+] = 1 \times 10^{-11}$ mol/L

$$pH = 11$$

pHは**11**となる。塩基性が弱くなると，このようにpHの値は7に近づくので，小さくなる。（誤り）

⑤ 水酸化バリウム水溶液に希硫酸を加えていくと，次の中和反応が起こる。

$$Ba(OH)_2 + H_2SO_4 \longrightarrow BaSO_4 + 2H_2O$$

沈殿は，生じた塩の$BaSO_4$である。

中和点で存在する$BaSO_4$やH_2Oはほとんど電離しないので，水に溶けているイオンの濃度は最小となる。（正しい）

■ **問8**

① 亜鉛は水素よりもイオン化傾向が大きく，希硫酸と反応して水素を発生する。（正しい）

$$Zn + H_2SO_4 \longrightarrow ZnSO_4 + H_2$$

② 反応式を書いてみると

$$Cu + \underset{0}{\underline{Cl_2}} \longrightarrow \underset{-1}{Cu\underline{Cl_2}}$$

塩素の酸化数は，0→−1と減少しているので還元されている。（正しい）

③ 酸化鉄(Ⅲ)などの鉄の酸化物に，一酸化炭素を作用させると鉄の単体が得られる。

$$\underset{+3}{\underline{Fe}_2O_3} + 3\underset{+2}{\underline{C}O} \longrightarrow 2\underset{0}{\underline{Fe}} + 3\underset{+4}{\underline{C}O_2}$$

還元 酸化

これは鉄を還元する反応であり，一酸化炭素は還元剤として作用している。(正しい)

④　亜鉛と硫酸銅(Ⅱ)の反応は

$Zn + CuSO_4 \longrightarrow ZnSO_4 + Cu$

$\begin{cases} Zn \longrightarrow Zn^{2+} + 2e^- \\ Cu^{2+} + 2e^- \longrightarrow Cu \end{cases}$

のように理解できるので，Cu よりも Zn の方がイオン化傾向は大きい。(正しい)

⑤　化学電池では，正極で還元・負極で酸化が起こっている。

燃料電池全体では水素の燃焼反応が起こっている。

$2H_2 + O_2 \longrightarrow 2H_2O$

(H：0 → +1，O：0 → −2)　酸化

水素は酸化されているので，水素を供給する電極は**負極**となる。(誤り)

■ 問9

a | メタノールが完全燃焼するときの反応式は次のようになる。

$2CH_3OH + 3O_2 \longrightarrow 2CO_2 + 4H_2O$

$CH_3OH = 32$ より，メタノール 3.2 g は 0.10 mol に相当する。この 0.10 mol のメタノールを完全燃焼するのに必要な酸素の質量を m〔g〕とすると，メタノールと酸素は物質量比 2：3 で反応するので，$O_2 = 32$ より

$$0.10 : \frac{m}{32} = 2 : 3$$

$$m = 4.8\,\text{g}$$

答えは②である。

b | 酸素 x〔g〕，つまり $\frac{x}{32}$〔mol〕で反応させたときの反応前後の各物質の物質量の変化は，

	$2CH_3OH$ +	$3O_2$ ⟶	$2CO_2$ +	$4H_2O$
反応前の量	0.10 mol	$\frac{x}{32}$ mol		
反応量	−0.10 mol	−0.15 mol	+0.10 mol	+0.20 mol
反応後の量	0	$\left(\frac{x}{32} - 0.15\right)$ mol	0.10 mol	0.20 mol

生成した水はすべて液体であるから除いて，容器内の気体(酸素と二酸化炭素)の物質量の合計は，

$$\left(\frac{x}{32} - 0.15\right) + 0.10$$

$= \frac{x}{32} - 0.05$〔mol〕となる。

答えは③である。

第2問

■ 問1

a | 塩酸と水酸化ナトリウムはいずれも 1 価の酸と塩基であり，滴定曲線において，希塩酸 **1** の 10.0 mL を完全に中和させるのに(中和点までに)必要な水酸化ナトリウム水溶液の量は 10 mL である。

次に各イオンの量がどのように変化するかを考えてみよう。

H^+ は塩酸から電離するイオンで，水酸化ナトリウム水溶液の滴下による中和反応により少なくなり，中和点以降でほとんど存在しなくなる。⇒④のグラフになる。

Na^+ は，水酸化ナトリウムから電離するイオンである。中和反応後は生成物である塩化ナトリウムから電離するので，中和反応の前後で Na^+ として水溶液中に存在する。したがって，水酸化ナトリウム水溶液の滴下とともに増加し，中和点を過ぎても増加していく。中和点での水酸化ナトリウム水溶液の滴下量は 10 mL である。このときの Na^+ は Y_1〔mol〕であり，水酸化ナトリウム水溶液を 20 mL 滴下したとき Na^+ は $2Y_1$〔mol〕となる。⇒⑥のグラフになる。

b | 3 つの滴定曲線によれば，希塩酸 **1**，希塩酸 **2**，希塩酸 **3** をそれぞれ中和するのに必要な水酸化ナトリウム水溶液の体積の比は 10 mL：20 mL：30 mL = 1：2：3 である。

したがって，それぞれの希塩酸中に含まれる H^+ の物質量の比も，1：2：3 になる。

また，滴定した希塩酸の体積は，それぞれ 10.0 mL ずつと等しいため，モル濃度の比は物質量の比と同じになる。

以上より，希塩酸 **2** と希塩酸 **3** のモル濃度の比は①の 2：3 であるとわかる。

c | ①　硫酸 H_2SO_4 は 2 価の強酸，塩酸は 1 価の強酸である。同じ濃度なら硫酸の方が電離により H^+ を多く生じているため，pH の値は小さくなる。(正しい)

$H_2SO_4 \longrightarrow 2H^+ + SO_4^{2-}$

$HCl \longrightarrow H^+ + Cl^-$

②　指示薬は，その変色域が中和点前後で pH が急激に変化する範囲に入っているものを選ぶ。強酸と強塩基の中和反応なら，pH は強酸性側から強塩基性側へ一気に変化するので，フェノールフタレイン，メチルオレンジのどちらも指示薬とすることができる。(正しい)

③　水酸化ナトリウム NaOH は強塩基であるため，その水溶液は必ず塩基性であり，pH は 7 よりも大きい。NaOH 水溶液を水で薄めていくと，塩基性が弱

り，pH の値は小さくなっていくが，7 より小さくなる(＝酸性になる)ことはない。(正しい)

④　pH ＝ 3 の塩酸中における H^+ のモル濃度は，1×10^{-3} mol/L である。塩酸は強酸であるため，水溶液中ではほぼ完全に電離していると考えてよい。

$$HCl \longrightarrow H^+ + Cl^-$$

したがって，これを 100 倍に薄めると，H^+ のモル濃度は $\frac{1}{100}$ 倍になり，1×10^{-5} mol/L となる。

したがって，pH ＝ 5 となる。(正しい)

⑤　酢酸 CH_3COOH は電離度が小さく弱酸であるため，水溶液中ではほとんど分子の形で存在しており，CH_3COO^- は少ない。

$$CH_3COOH \rightleftarrows CH_3COO^- + H^+$$

ここに水酸化ナトリウム NaOH 水溶液を加えると，次の中和反応が起こる。

$$CH_3COOH + NaOH \longrightarrow CH_3COONa + H_2O$$

$$(CH_3COOH + OH^- \longrightarrow CH_3COO^- + H_2O)$$

つまり，NaOH の OH^- によって酢酸の H^+ が奪われ，酢酸イオン CH_3COO^- が生じるので，**水溶液中の酢酸イオンの濃度は増加する**。(誤り)

■ 問2

$$K_2CrO_4 + 2AgNO_3 \longrightarrow Ag_2CrO_4 + 2KNO_3$$

この反応において，K_2CrO_4 と $AgNO_3$ が過不足なく反応するのは物質量比 1：2 のときである。同じモル濃度 0.10 mol/L の水溶液を用いているので，体積比が 1：2 のときになる。

この体積比で混合したのは，試験管**イ**である。

K_2CrO_4 水溶液の体積　4.0 mL

$AgNO_3$ 水溶液の体積　8.0 mL

各々の試験管の体積の和は 12.0 mL になっているので，**イ**以外の試験管では，一方の水溶液の体積が**イ**よりも多くても，他方の水溶液の体積は**イ**よりも少ないので，いずれも反応量は**イ**よりも少ないことになる。

沈殿量は，**イ**で最大となり，正解は②となる。

b｜　試験管**イ**での反応の量的関係は

$$K_2CrO_4 \quad + \quad 2AgNO_3 \quad \longrightarrow \quad Ag_2CrO_4 \quad + \quad 2KNO_3$$

$$0.10\,\text{mol/L} \times \frac{4.0}{1000}\,\text{L} \quad 0.10\,\text{mol/L} \times \frac{8.0}{1000}\,\text{L} \qquad 0.10 \times \frac{4.0}{1000}\,\text{mol} \quad 0.10 \times \frac{8.0}{1000}\,\text{mol}$$

反応により生成した Ag_2CrO_4(＝332)は

$$0.10 \times \frac{4.0}{1000} = 4.0 \times 10^{-4}\,\text{mol}$$

その質量は

$332 \times 4.0 \times 10^{-4} = 0.1328 \fallingdotseq 0.13$ g になる。

演習問題

50 物質量 5分

原子量　H = 1.0，O = 16，Na = 23，Ar = 40，Fe = 56 とする。

次の **a**・**b** について，物質量〔mol〕が最も多いものを，それぞれの解答群の①～④のうちから一つずつ選べ。**a** [1]　**b** [2]

a
① 56 g の鉄
② 1.0 mol/L の塩化ナトリウム水溶液 300 mL をつくるのに必要な塩化ナトリウム
③ 標準状態で 33.6 L の酸素
④ 1.0 mol のエタノールが完全燃焼したときに生成する二酸化炭素

b
① 40 g のアルゴン
② 標準状態で 40 L のメタンを完全燃焼させたときに生成する水
③ 標準状態で 40 L の窒素
④ 40 g の水酸化ナトリウムが溶けている水溶液を過不足なく中和するのに必要な硫酸

51 炭素の燃焼 5分

原子量　C = 12，O = 16 とする。　10●

ある自動車が 10 km 走行したとき 1.0 L の燃料を消費した。このとき発生した二酸化炭素の質量は，平均すると 1 km あたり何 g か。最も適当な数値を，次の①～⑥のうちから一つ選べ。ただし，燃料は完全燃焼したものとし，燃料に含まれる炭素の質量の割合は 85%，燃料の密度は 0.70 g/cm^3 とする。

[3] g

① 16　② 33　③ 60　④ 220　⑤ 260　⑥ 450

52 水和物の分解反応 4分

原子量　H = 1.0，O = 16，Mg = 24，S = 32 とする。

るつぼに硫酸マグネシウム水和物($MgSO_4 \cdot nH_2O$)2.46 g をはかりとり，水和水(結晶水)が完全になくなるまで加熱した。放冷した後に残った無水物($MgSO_4$)の質量は 1.20 g であった。このときの変化は次の化学反応式で示される。

$$MgSO_4 \cdot nH_2O \longrightarrow MgSO_4 + nH_2O$$

係数 n として適当な数値を，次の①～⑤のうちから一つ選べ。[4]

① 1　② 3　③ 5　④ 7　⑤ 9

53 単体の酸化 5分

原子量　O = 16，Ni = 59 とする。　19●

ニッケル Ni を含む合金 6.0 g から，すべての Ni を酸化ニッケル(Ⅱ)NiO として得た。この NiO の質量が 1.5 g であるとき，もとの合金中の Ni の含有率(質量パーセント)は何%か。最も適当な数値を，次の①～⑥のうちから一つ選べ。[5] %

① 5.5　② 7.8　③ 10　④ 16　⑤ 20　⑥ 25

54 濃度の換算 4分

原子量　H = 1.0，O = 16 とする。

質量パーセント濃度が c〔%〕の過酸化水素水の密度を d〔g/cm^3〕とするとき，この水溶液のモル濃度〔mol/L〕を表す式として正しいものはどれか。次の①～⑥のうちから一つ選べ。[6]

① $\dfrac{0.1\,c}{34\,d}$　② $\dfrac{10\,c}{34\,d}$　③ $\dfrac{100\,c}{34\,d}$　④ $\dfrac{0.1\,cd}{34}$　⑤ $\dfrac{10\,cd}{34}$　⑥ $\dfrac{100\,cd}{34}$

2 中和反応と pH

1 中和反応の計算では，次の 2 つの解法がある。

例 0.10 mol/L の塩酸 40 mL を中和するには，0.20 mol/L の水酸化バリウム水溶液が何 mL 必要か。

…………………………

解法 1 化学反応式を書き，「反応式の係数比＝物質量比」で求める。

塩酸は $HCl \longrightarrow H^+ + Cl^-$ ……①

水酸化バリウムは $Ba(OH)_2 \longrightarrow Ba^{2+} + 2OH^-$ ……②

$H^+ + OH^- \longrightarrow H_2O$ となるように，①× 2 ＋②とする。

$$2HCl + Ba(OH)_2 \longrightarrow BaCl_2 + 2H_2O$$

HCl と $Ba(OH)_2$ は物質量比 2 : 1 で反応している。

$Ba(OH)_2$ 水溶液の体積を x〔L〕とすると，

$$\left(0.10\ \text{mol/L} \times \frac{40}{1000}\ \text{L}\right) : (0.20\ \text{mol/L} \times x〔\text{L}〕) = 2 : 1$$

これを解いて，$x = 0.010$ L　よって，10 mL

解法 2 (酸からの H^+ の物質量)＝(塩基からの OH^- の物質量)を活用する。

c〔mol/L〕の a 価の酸 V〔L〕と，c'〔mol/L〕の b 価の塩基 V'〔L〕がちょうど中和したとき，

$a \times c \times V = b \times c' \times V'$ が成り立つ。この式に代入すると，

HCl ↓ $HCl \longrightarrow \underline{H^+} + Cl^-$ H^+

$Ba(OH)_2$ ↓ $Ba(OH)_2 \longrightarrow Ba^{2+} + \underline{2OH^-}$ $2OH^-$

$$1 \times 0.10\ \text{mol/L} \times \frac{40}{1000}\ \text{L} = 2 \times 0.20\ \text{mol/L} \times x〔\text{L}〕$$

これを解いて，$x = 0.010$ L　よって，10 mL

2 pH(水素イオン指数)の計算

$[H^+] = 10^{-n}$ mol/L のとき，pH $= n$

c〔mol/L〕の 1 価の酸の電離度が α のとき，その水溶液の水素イオン濃度 $[H^+]$ は，

$[H^+] = c\alpha$　　電離度 α は濃度により変化する。

例 0.1 mol/L の塩酸($\alpha = 1$)と酢酸($\alpha = 0.01$)の水溶液の pH を求めよ。

…………………………

0.1 mol/L の塩酸は $HCl \longrightarrow H^+ + Cl^-$ と完全に電離しているので，

$[H^+] = 0.1 = 10^{-1}$ mol/L　　よって，pH $= 1$

0.1 mol/L の酢酸は $CH_3COOH \longrightarrow CH_3COO^- + H^+$ で電離度 $\alpha = 0.01$ であるから，

$[H^+] = 0.1 \times 0.01 = 10^{-3}$ mol/L　　よって，pH $= 3$

例 pH 1 の塩酸 1 mL をとり，薄めて 100 mL としたとき，pH はいくらか。

…………………………

pH ＝ 1 —(+2)→ pH ＝ 3

↓ ↑

$[H^+] = 10^{-1}$ mol/L —(濃度を $\frac{1}{100} = 10^{-2}$ 倍にする ＝ 1 mL を薄めて 100 mL にする)→ $[H^+] = 10^{-1} \times 10^{-2} = 10^{-3}$ mol/L

答えの pH ＝ 3 は，ちょうど 1 ＋ 2 ＝ 3 の関係となっている。

演　習　問　題

55　水酸化ナトリウムと硫酸の反応　3分

濃度未知の水酸化ナトリウム水溶液 V_1〔L〕を中和するために，濃度 C〔mol/L〕の希硫酸 V_2〔L〕を要した。この水酸化ナトリウム水溶液の濃度は何 mol/L か。正しいものを，次の①～⑥のうちから一つ選べ。［ 1 ］mol/L

①　$\dfrac{2CV_2}{V_1}$　②　$\dfrac{2CV_1}{V_2}$　③　$\dfrac{CV_2}{2V_1}$　④　$\dfrac{CV_1}{2V_2}$　⑤　$\dfrac{CV_2}{V_1}$　⑥　$\dfrac{CV_1}{V_2}$

56　塩酸と水酸化ナトリウムの反応　3分

10 倍に薄めた希塩酸 10 mL を，0.10 mol/L の水酸化ナトリウム水溶液で滴定したところ，中和までに 8.0 mL を要した。薄める前の希塩酸の濃度は何 mol/L か。最も適当な数値を，次の①～⑤のうちから一つ選べ。［ 2 ］mol/L

①　0.080　②　0.16　③　0.40　④　0.80　⑤　1.2

57　シュウ酸，塩酸と水酸化ナトリウムの反応　5分

0.10 mol/L のシュウ酸 $(COOH)_2$ 水溶液と，濃度未知の塩酸がある。それぞれ 10 mL を，ある濃度の水酸化ナトリウム水溶液で滴定したところ，中和に要した体積は，それぞれ 7.5 mL と 15 mL であった。この塩酸の濃度は何 mol/L か。最も適当な数値を，次の①～⑥のうちから一つ選べ。

［ 3 ］mol/L

①　0.025　②　0.050　③　0.10　④　0.20　⑤　0.40　⑥　0.80

58　酢酸の電離　5分　原子量　H = 1.0，C = 12，O = 16 とする。

酢酸 6.0 g に水を加え，溶液の体積を 100 mL にしたところ，質量は 100 g になった。また，この溶液中の酢酸の電離度は 5.0×10^{-3} であった。この溶液に関する記述として正しいものを，次の①～⑤のうちから一つ選べ。［ 4 ］

①　この酢酸水溶液の質量パーセント濃度は 5.7 % である。
②　この酢酸水溶液のモル濃度は 0.10 mol/L である。
③　この溶液に水を加えて 10 倍に薄めても，酢酸の電離度は変わらない。
④　この溶液中の酢酸イオンの物質量は 5.0×10^{-4} mol である。
⑤　この溶液を中和するのに必要な水酸化ナトリウムの物質量は 5.0×10^{-4} mol である。

59　中和反応とイオン濃度の比　5分

0.10 mol/L の水酸化ナトリウム水溶液 100 mL に，0.050 mol/L の硫酸 50 mL を加えた。この混合水溶液中のナトリウムイオンと水酸化物イオンのモル濃度の比（$[Na^+]:[OH^-]$）として最も適当なものを，次の①～⑤のうちから一つ選べ。［ 5 ］

①　1：4　②　1：2　③　1：1　④　2：1　⑤　4：1

60 混合物の定量 5分

原子量　H = 1.0，O = 16，K = 39 とする。

水酸化カリウムと塩化カリウムとの混合物 10 g を純水に溶かした。この溶液を中和するのに，2.5 mol/L の硫酸 10 mL を要した。もとの混合物は，水酸化カリウムを質量で何％含んでいたか。最も適当な数値を，次の①～⑥のうちから一つ選べ。［ 6 ］％

①　7.0　　②　14　　③　28　　④　56　　⑤　72　　⑥　86

61 pH の変化 4分

pH 1.0 の塩酸 10 mL に水を加えて pH 3.0 にした。この pH 3.0 の水溶液の体積は何 mL か。最も適当な数値を，次の①～⑥のうちから一つ選べ。［ 7 ］mL

①　30　　②　100　　③　500　　④　1000　　⑤　5000　　⑥　10000

62 中和反応後の pH 8分

濃度不明の塩酸 500 mL と 0.010 mol/L の水酸化ナトリウム水溶液 500 mL を混合したところ，溶液の pH は 2.0 であった。

塩酸の濃度〔mol/L〕として最も適当な数値を，次の①～⑤のうちから一つ選べ。ただし，溶液中の塩化水素の電離度を 1.0 とする。［ 8 ］mol/L

①　0.010　　②　0.020　　③　0.030　　④　0.040　　⑤　0.050

63 中和反応，電離度 6分

0.036 mol/L の酢酸水溶液の pH は 3.0 であった。次の問い（**a**・**b**）に答えよ。

a　この酢酸水溶液 10.0 mL を，水酸化ナトリウム水溶液で中和滴定したところ，18.0 mL を要した。用いた水酸化ナトリウム水溶液の濃度は何 mol/L か。最も適当な数値を，次の①～⑤のうちから一つ選べ。［ 9 ］mol/L

①　0.010　　②　0.020　　③　0.040　　④　0.065　　⑤　0.130

b　この酢酸水溶液中の酢酸の電離度として最も適当な数値を，次の①～⑤のうちから一つ選べ。［ 10 ］

①　1.0×10^{-6}　　②　1.0×10^{-3}　　③　2.8×10^{-2}　　④　3.6×10^{-2}　　⑤　3.6×10^{-1}

64 逆滴定の量的関係 6分

ある量の気体のアンモニアを入れた容器に 0.30 mol/L の硫酸 40 mL を加え，よく振ってアンモニアをすべて吸収させた。反応せずに残った硫酸を 0.20 mol/L の水酸化ナトリウム水溶液で中和滴定したところ，20 mL を要した。はじめのアンモニアの体積は，標準状態で何 L か。最も適当な数値を，次の①～⑤のうちから一つ選べ。［ 11 ］L

①　0.090　　②　0.18　　③　0.22　　④　0.36　　⑤　0.45

3 酸化還元反応

1 ●─酸化剤・還元剤の半反応式のつくり方

酸化剤，還元剤の働きを示し，e^- を含んでいる反応式を半反応式という。この半反応式のつくり方をマスターしよう。

例　酸化剤の過マンガン酸カリウム $KMnO_4$(酸性溶液中)と，還元剤として働くときの過酸化水素 H_2O_2 の半反応式を書け。

次の順序で考えていく。

＊ $KMnO_4$ は K^+ と MnO_4^- に電離している。　＊ H_2O_2 はふつう酸化剤だが，反応の相手により還元剤になる。

○ $KMnO_4$(酸化剤)　　○ H_2O_2(還元剤)

(1)　酸化剤，還元剤を左辺に，反応後の物質(覚えておく)を右辺に書く。酸化数の変化のあった原子に着目して，係数をつけて両辺で合わせておく。

(2)　変化した酸化数に相当する電子 e^- を加える。(酸化剤では左辺に，還元剤では右辺に)

$MnO_4^- + \boxed{5e^-} \longrightarrow Mn^{2+}$　　$H_2O_2 \longrightarrow O_2 + \boxed{2e^-}$

左辺の電荷の総和は−6になっている　右辺の電荷は＋2　左辺の電荷は0　右辺の電荷の総和は−2になっている

(3)　両辺の電荷をそろえるため，水素イオン H^+ を加える。(酸性溶液中)

$MnO_4^- + \boxed{8H^+} + 5e^- \longrightarrow Mn^{2+}$　　$H_2O_2 \longrightarrow O_2 + \boxed{2H^+} + 2e^-$

左辺は −6＋8＝＋2の電荷になり，右辺と等しくなる　右辺は −2＋2＝0の電荷になり，左辺と等しくなる

(4)　両辺の H，O の数をそろえるために，H_2O を加える。

$MnO_4^- + 8H^+ + 5e^- \longrightarrow Mn^{2+} + \boxed{4H_2O}$　　(H_2O_2 の H，O の数はすでに両辺で等しい。)

したがって，$KMnO_4$ は　　H_2O_2 は

$MnO_4^- + 8H^+ + 5e^- \longrightarrow Mn^{2+} + 4H_2O$　　$H_2O_2 \longrightarrow O_2 + 2H^+ + 2e^-$

2 ●─半反応式からイオン反応式 ⟶ 化学反応式をつくる。

酸化剤，還元剤の半反応式から e^- を消去して，反応式をつくっていく。

例　硫酸酸性の過マンガン酸カリウム水溶液に過酸化水素水を加えたときの化学反応式を書け。

$KMnO_4$ は酸化剤，H_2O_2 は還元剤になる。半反応式を示すと，

酸化剤　$KMnO_4$　　$MnO_4^- + 8H^+ + 5e^- \longrightarrow Mn^{2+} + 4H_2O$　……(1)

還元剤　H_2O_2　　$H_2O_2 \longrightarrow O_2 + 2H^+ + 2e^-$　……(2)

酸化還元反応では，電子の授受は過不足なく行われるので，(1)×2＋(2)×5として e^- を消去する。

$2MnO_4^- + 5H_2O_2 + 6H^+ \longrightarrow 2Mn^{2+} + 5O_2 + 8H_2O$　……(3)

H^+ は硫酸($H_2SO_4 \longrightarrow 2H^+ + SO_4^{2-}$)から出たものであることに注意して，(3)のイオン反応式の両辺に($2K^+ + 3SO_4^{2-}$)を加えて，化学反応式にする。

$2KMnO_4 + 5H_2O_2 + 3H_2SO_4 \longrightarrow K_2SO_4 + 2MnSO_4 + 5O_2 + 8H_2O$

3 ●─酸化還元反応の計算には，次の２つの解法がある。

例 硫酸酸性にした 0.1 mol/L の過マンガン酸カリウム水溶液 16 mL と，ちょうど反応した過酸化水素水は 10 mL であった。この過酸化水素水のモル濃度を求めよ。

解法 1　化学反応式を書き，「反応式の係数比＝物質量比」で求める。

化学反応式は

$$\underline{2KMnO_4} + \underline{5H_2O_2} + 3H_2SO_4 \longrightarrow K_2SO_4 + 2MnSO_4 + 5O_2 + 8H_2O$$

反応式の係数より，$KMnO_4$ と H_2O_2 は物質量比 2 : 5 で反応するとわかる。（イオン反応式で 2 : 5 であることを推量してもよい。）

したがって，H_2O_2 のモル濃度を x〔mol/L〕とすると，

$$\underset{KMnO_4}{\left(0.1\ \mathrm{mol/L} \times \frac{16}{1000}\ \mathrm{L}\right)} : \underset{H_2O_2}{\left(x\,[\mathrm{mol/L}] \times \frac{10}{1000}\ \mathrm{L}\right)} = 2 : 5$$

$$\left(x \times \frac{10}{1000}\right) \times 2 = \left(0.1 \times \frac{16}{1000}\right) \times 5$$

$$x = 0.4\ \mathrm{mol/L}$$

解法 2　電子 e^- の授受が過不足なく行われることから求める。

酸化剤　$KMnO_4$　$MnO_4^- + 8H^+ + 5e^- \longrightarrow Mn^{2+} + 4H_2O$

（1 mol の MnO_4^- は 5 mol の e^- を受け取る。）

還元剤　H_2O_2　$H_2O_2 \longrightarrow O_2 + 2H^+ + 2e^-$

（1 mol の H_2O_2 は 2 mol の e^- を出す。）

（$KMnO_4$ の受け取った e^- の物質量）＝（H_2O_2 の出した e^- の物質量）

$$\left(0.1\ \mathrm{mol/L} \times \frac{16}{1000}\ \mathrm{L}\right) \times 5 = \left(x\,[\mathrm{mol/L}] \times \frac{10}{1000}\ \mathrm{L}\right) \times 2$$

$$x = 0.4\ \mathrm{mol/L}$$

よって，過酸化水素水のモル濃度は 0.4 mol/L である。

なお，この反応において，常に硫酸は多めに入れてあるので，過マンガン酸カリウムと過酸化水素の反応に影響することはないと考えてよい。

また，酸としては硫酸を用いることが多い。それは以下の理由による。

硝酸を用いると，硝酸は酸化剤としても作用するので，$KMnO_4$ と H_2O_2 の反応量に影響を及ぼすことになる。

（H_2O_2 を酸化してしまう）

$$\boxed{2KMnO_4 + 5H_2O_2} + 6HNO_3 \longrightarrow \cdots\cdots$$

塩酸を用いると，$KMnO_4$ が HCl を酸化して塩素ガスが発生してしまい，$KMnO_4$ と H_2O_2 の反応量に影響を及ぼすことになる。

（$2HCl \longrightarrow Cl_2$ と酸化する）

$$\boxed{2KMnO_4 + 5H_2O_2} + 6HCl \longrightarrow \cdots\cdots$$

よって，硝酸，塩酸を使うことができないことになり，その結果，硫酸が用いられることが多い。

演 習 問 題

65 過マンガン酸カリウムと過酸化水素 4分

過マンガン酸カリウムと過酸化水素は次のように反応する。これに関する下の問い(a・b)に答えよ。

$$2KMnO_4 + 3H_2SO_4 + 5H_2O_2 \longrightarrow K_2SO_4 + 2MnSO_4 + 5O_2 + 8H_2O$$

a 反応の前後で，マンガンの酸化数はいくつ変化したか。正しい数値を，次の①～⑤のうちから一つ選べ。[1]

① 2 ② 3 ③ 4 ④ 5 ⑤ 6

b 発生した酸素の体積は，標準状態で，11.2 L であった。反応した過マンガン酸カリウムは何 mol か。最も適当な数値を，次の①～⑤のうちから一つ選べ。[2] mol

① 0.2 ② 0.4 ③ 0.6 ④ 0.8 ⑤ 1.0

66 酸化還元反応 4分

0.050 mol/L $FeSO_4$ 水溶液 20 mL と過不足なく反応する 0.020 mol/L の $KMnO_4$ 硫酸酸性水溶液の体積は何 mL か。最も適当な数値を，以下の①～⑧のうちから一つ選べ。ただし，MnO_4^- と Fe^{2+} はそれぞれ酸化剤および還元剤として次のように働く。[3] mL

$$MnO_4^- + 8H^+ + 5e^- \longrightarrow Mn^{2+} + 4H_2O$$

$$Fe^{2+} \longrightarrow Fe^{3+} + e^-$$

① 2.0 ② 4.0 ③ 10 ④ 20 ⑤ 40 ⑥ 50 ⑦ 100 ⑧ 250

67 過マンガン酸カリウムとシュウ酸 5分

硫酸で酸性にしたシュウ酸に，温めながら 0.25 mol/L の過マンガン酸カリウム水溶液を 60 mL 加えた。このとき，次の酸化還元反応が起こっている。

$$(COOH)_2 \longrightarrow 2CO_2 + 2H^+ + 2e^-$$

$$MnO_4^- + 8H^+ + 5e^- \longrightarrow Mn^{2+} + 4H_2O$$

過マンガン酸カリウムが完全に反応したとすると，発生する二酸化炭素の体積は標準状態で何 L か。発生した気体は水溶液に溶けないものとして，最も適当な数値を，次の①～⑥のうちから一つ選べ。[4] L

① 0.17 ② 0.34 ③ 0.84 ④ 1.7 ⑤ 3.4 ⑥ 8.4

68 酸化還元滴定 5分

濃度未知の $SnCl_2$ の酸性水溶液 200 mL がある。これを 100 mL ずつに分け，それぞれについて Sn^{2+} を Sn^{4+} に酸化する実験を行った。一方の $SnCl_2$ 水溶液中のすべての Sn^{2+} を Sn^{4+} に酸化するのに，0.10 mol/L の $KMnO_4$ 水溶液が 30 mL 必要であった。もう一方の $SnCl_2$ 水溶液中のすべての Sn^{2+} を Sn^{4+} に酸化するとき，必要な 0.10 mol/L の $K_2Cr_2O_7$ 水溶液の体積は何 mL か。最も適当な数値を，以下の①～⑤のうちから一つ選べ。ただし，MnO_4^- と $Cr_2O_7^{2-}$ は酸性水溶液中でそれぞれ次のように酸化剤として働く。[5] mL

$$MnO_4^- + 8H^+ + 5e^- \longrightarrow Mn^{2+} + 4H_2O$$

$$Cr_2O_7^{2-} + 14H^+ + 6e^- \longrightarrow 2Cr^{3+} + 7H_2O$$

① 5 ② 18 ③ 25 ④ 36 ⑤ 50

1 実験操作と薬品の取り扱い

1 ●─混合物の分離・精製

(1) ろ過……不溶性の固体と液体の混合物を分離する。

（例）NaCl の結晶にガラス片が混入した場合

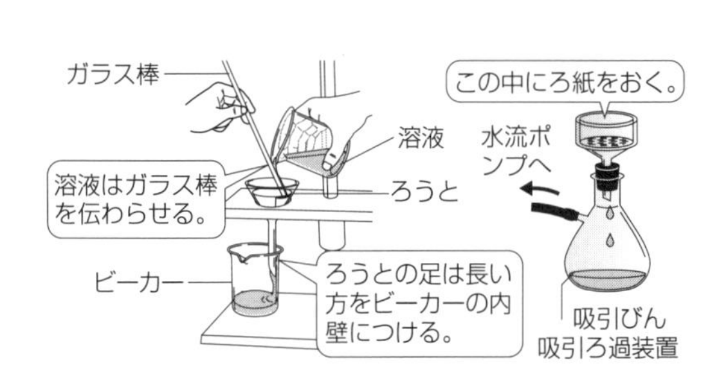

(2) 昇華……固体の混合物から，昇華しやすい物質を分離する。

（例）不純物を含むヨウ素

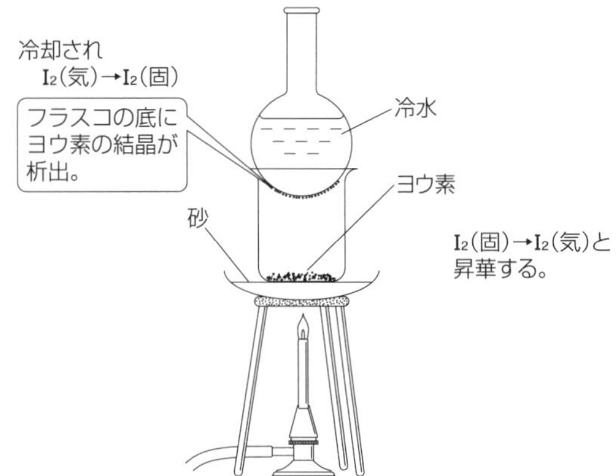

(3) 蒸留……物質の沸点の差を利用して分離する。2種類以上の液体の混合物を分離する場合は，分別蒸留 ⟶ 分留という。

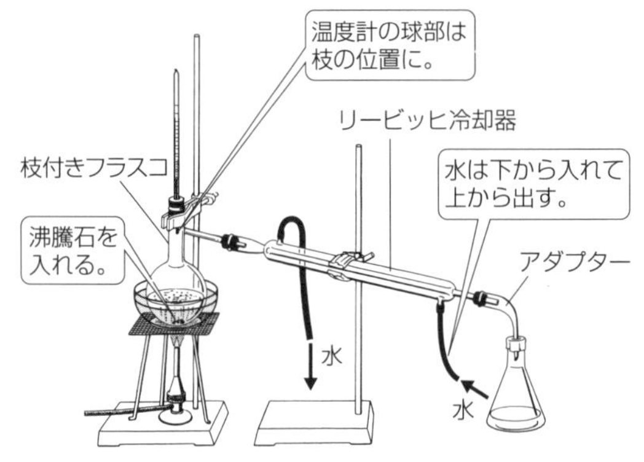

(4) クロマトグラフィー……溶媒に溶かした物質がシリカゲルなどの固体表面を移動するとき，物質により移動の速度が異なることを利用する。

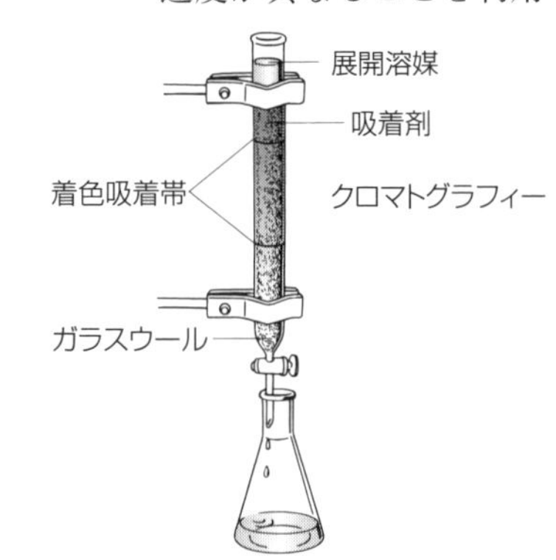

(5) 抽出……分液ろうとを使用する。目的の物質をよく溶かす溶媒を用いて分離する操作。溶解度の差を利用する。

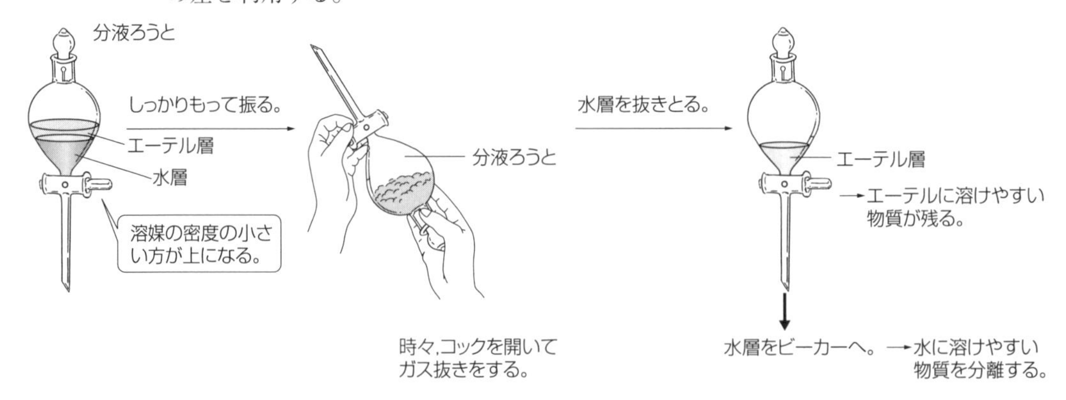

2 ●—測定に用いるガラス製器具

メスフラスコ	液体を決まった体積だけ正確にとる。溶液を希釈する場合にも使用。
ホールピペット	溶液の一定体積をはかりとるときに用いる。
ビュレット	滴定に用いる。 滴下した液体の体積を測定する。
メスシリンダー	液体の体積を測定できるが，精度は低い。

メスフラスコ，ホールピペット，ビュレットの3つは容積が正確である。ガラス製器具は加熱すると容積が変わるので，これらは加熱乾燥してはいけない。

ホールピペット，ビュレットは中に入れる溶液で数回すすいでから使う。(共洗い)

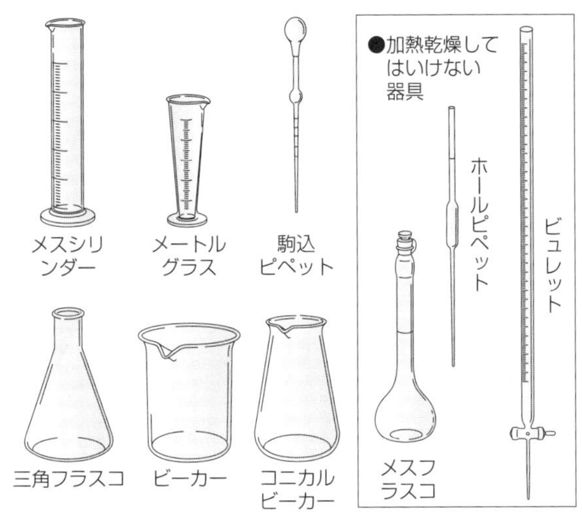

3 ●—滴定操作

(1)　試薬の調製……ホールピペット，メスフラスコで行う。

(例) 酢酸を希釈する。

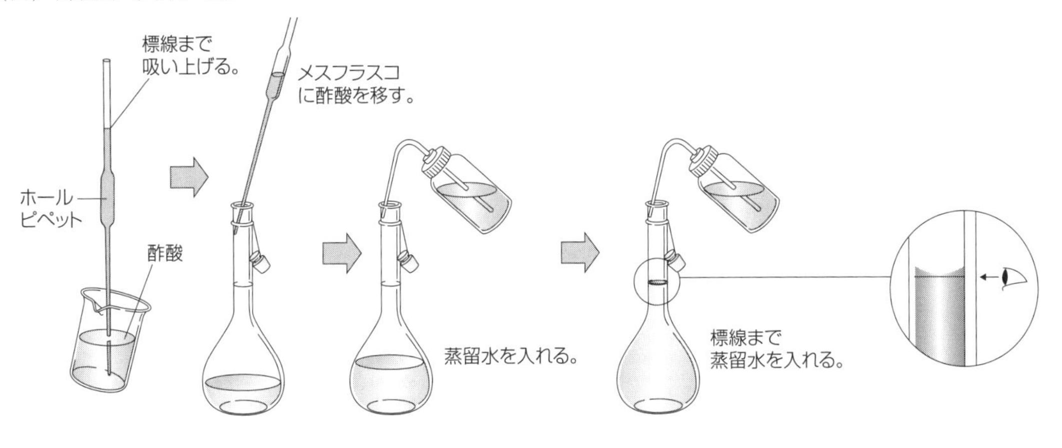

(2) 試薬の滴下……ビュレットを用いる。

滴下した液体の体積は，滴下前のビュレットの目盛りと滴下後の目盛りの読みの差になる。

（例）濃度未知の酢酸水溶液を水酸化ナトリウム水溶液で中和滴定する。

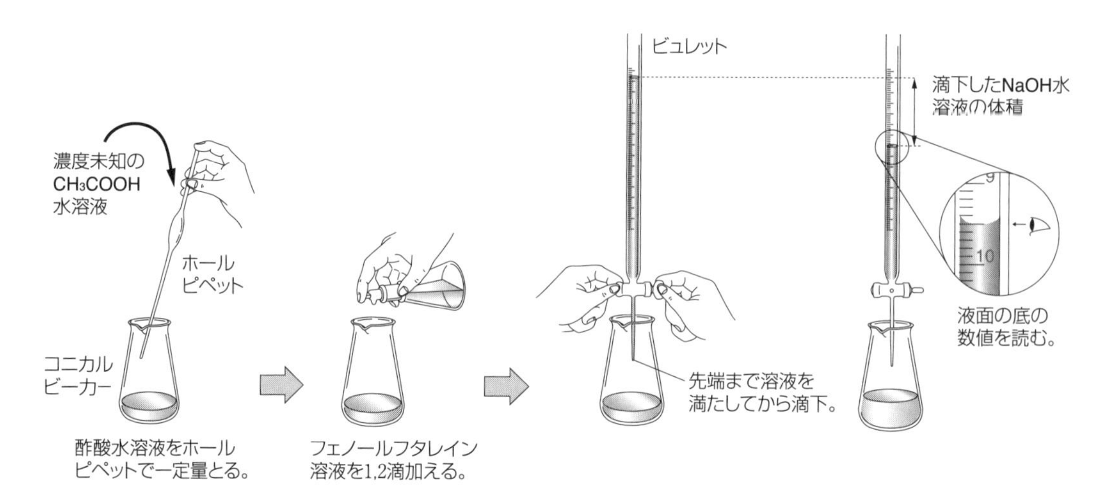

ホールピペット，ビュレットは使用する試薬で共洗いしてから使う。

メスフラスコ，コニカルビーカーは水洗後，ぬれたまま使ってよい。

4 ●—中和滴定における指示薬

中和点の pH の大小により，使用する指示薬を決める。

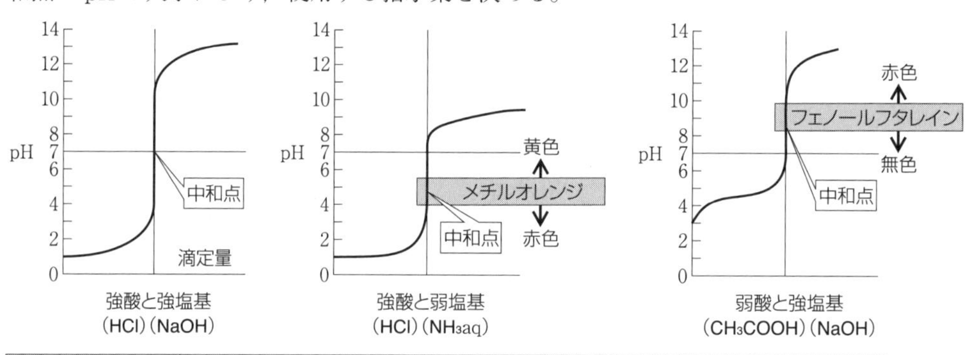

酸と塩基	指示薬	変色域と色の変化
強酸と弱塩基	メチルオレンジ	赤（pH 3.1 ～ 4.4）黄
	メチルレッド	赤（pH 4.2 ～ 6.2）黄
弱酸と強塩基	フェノールフタレイン	無（pH 8.0 ～ 9.8）赤
強酸と強塩基	上のいずれの指示薬を用いてもよい。	

5 ●—試薬の保存

試薬	理由	保存法
金属ナトリウム	水と激しく反応する。空気中で酸化する。	石油中
黄リン	空気中におくと，自然発火しやすい。	水中
フッ化水素酸	ガラスを腐食する。	ポリエチレンの容器に保存
硝酸銀	日光により分解する。	褐色びんに保存
エーテル	揮発性や引火性が強い。	冷暗所に密栓して保存

演習問題

69 物質の分離操作 3分
19●

次の分離操作**ア**・**イ**の名称として最も適当なものを，下の①～⑤のうちから一つずつ選べ。

ア [1]　**イ** [2]

ア 固体が直接気体になる変化を利用して，混合物から目的の物質を分離する。

イ 溶媒に対する物質の溶けやすさの違いを利用して，混合物から目的の物質を溶媒に溶かし出して分離する。

① 吸着　② 抽出　③ 再結晶　④ 昇華法(昇華)　⑤ 蒸留

70 蒸留 3分

実験室で合成した酢酸エチルを精製するために図1の蒸留装置を組み立てた。点線で囲んだ部分A～Cに関する記述**ア**～**キ**について，正しいものの組合せとして最も適当なものを，以下の①～⑧のうちから一つ選べ。[3]

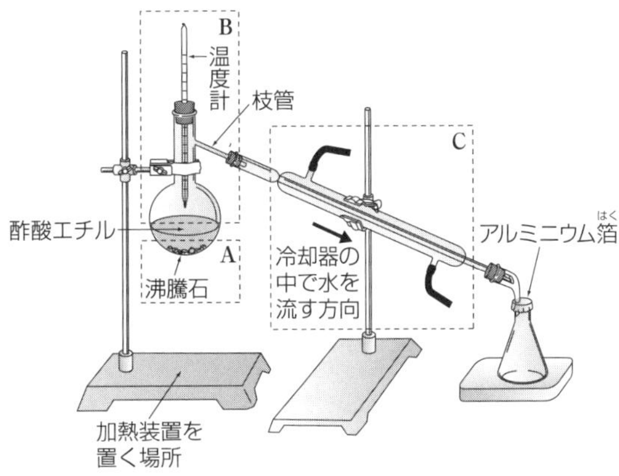

図 1

〔部分A〕
沸騰石を入れているのは，

ア フラスコ内の液体の突沸を防ぐためである。

イ フラスコ内の液体の温度を速く上げるためである。

〔部分B〕
蒸留されて出てくる成分の沸点を正しく確認するために，

ウ 温度計の最下端を液中に入れる。

エ 温度計の最下端を液面のすぐ近くまで下げる。

オ 温度計の最下端を枝管の付け根の高さまで上げる。

〔部分C〕
冷却水を流す方向は，

カ 矢印の方向でよい。

キ 矢印の方向とは逆にする。

	A	B	C
①	ア	ウ	カ
②	ア	エ	キ
③	ア	オ	カ
④	ア	オ	キ
⑤	イ	ウ	カ
⑥	イ	ウ	キ
⑦	イ	エ	カ
⑧	イ	オ	キ

71 物質の構成元素の確認 3分

18●

純物質**ア**と純物質**イ**の固体をそれぞれ別のビーカーに入れ，次の**実験**Ⅰ～Ⅲを行った。**ア**と**イ**に当てはまる純物質として最も適当なものを，下の①～⑥のうちから一つずつ選べ。

ア [4]　**イ** [5]

実験Ⅰ　**ア**の固体に水を加えてかき混ぜると，**ア**はすべて溶けた。

実験Ⅱ　**実験**Ⅰで得られた**ア**の水溶液の炎色反応を観察したところ，黄色を示した。また，**ア**の水溶液に硝酸銀水溶液を加えると，白色沈殿が生じた。

実験Ⅲ　**イ**の固体に水を加えてかき混ぜても**イ**は溶けなかったが，続けて塩酸を加えると気体の発生をともなって**イ**が溶けた。

① 硝酸カリウム　② 硝酸ナトリウム　③ 炭酸カルシウム
④ 硫酸バリウム　⑤ 塩化カリウム　⑥ 塩化ナトリウム

72 中和滴定の実験 3分

濃度がわかっている塩酸をホールピペットを用いてコニカルビーカーにとり，フェノールフタレイン溶液を数滴加えた。これに図1のようにして，濃度がわからない水酸化ナトリウム水溶液をビュレットから滴下した。この滴定実験に関する次の問い**a**・**b**に答えよ。その答えの組合せとして正しいものを，以下の①～⑧のうちから一つ選べ。[6]

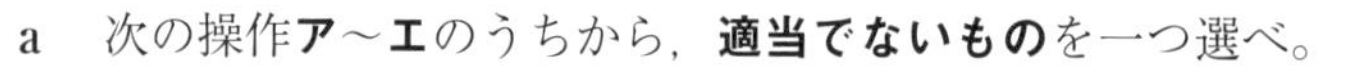

a　次の操作**ア**～**エ**のうちから，**適当でないもの**を一つ選べ。

ア　ビュレットの内部を蒸留水で洗ってから，滴定に用いる水酸化ナトリウム水溶液で洗った。

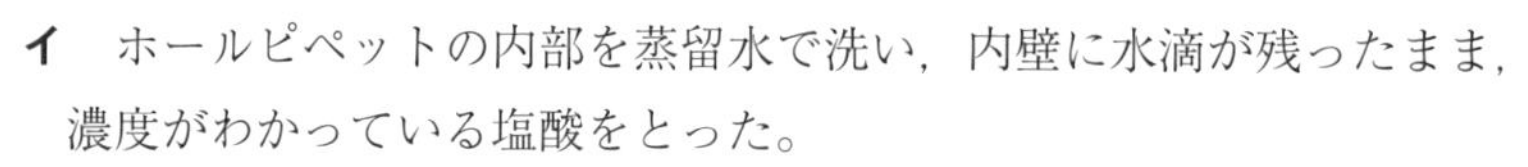

イ　ホールピペットの内部を蒸留水で洗い，内壁に水滴が残ったまま，濃度がわかっている塩酸をとった。

ウ　コニカルビーカーの内部を蒸留水で洗い，内壁に水滴が残ったまま，濃度がわかっている塩酸を入れた。

エ　指示薬のフェノールフタレインが，かすかに赤くなって消えなくなったときのビュレットの目盛りを読んだ。

b　図2は，ビュレットの目盛りを読むときの視線を示している。目盛りを正しく読む視線を，矢印**オ**～**キ**のうちから一つ選べ。

オ
カ
キ

図 1　図 2

	a	b
①	ア	オ
②	ア	カ
③	イ	カ
④	イ	キ
⑤	ウ	キ
⑥	ウ	カ
⑦	エ	オ
⑧	エ	カ

73 実験操作の注意 3分

19●

実験の安全に関する記述として**適当でないもの**を，次の①～⑤のうちから一つ選べ。[7]

① 薬品のにおいをかぐときは，手で気体をあおぎよせる。
② 硝酸が手に付着したときは，直ちに大量の水で洗い流す。
③ 濃塩酸は，換気のよい場所で扱う。
④ 濃硫酸を希釈するときは，ビーカーに入れた濃硫酸に純水を注ぐ。
⑤ 液体の入った試験管を加熱するときは，試験管の口を人のいない方に向ける。

2 気体の発生

1 ●—気体の発生装置…試料が(固体／液体)，加熱(有／無)で判断する。

(1) 固体 ＋ 液体(加熱なし)の場合

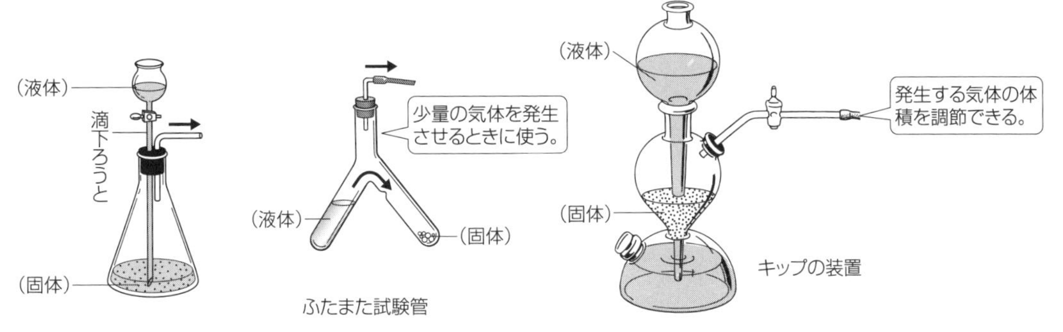

(2) 固体 ＋ 液体(加熱あり)の場合

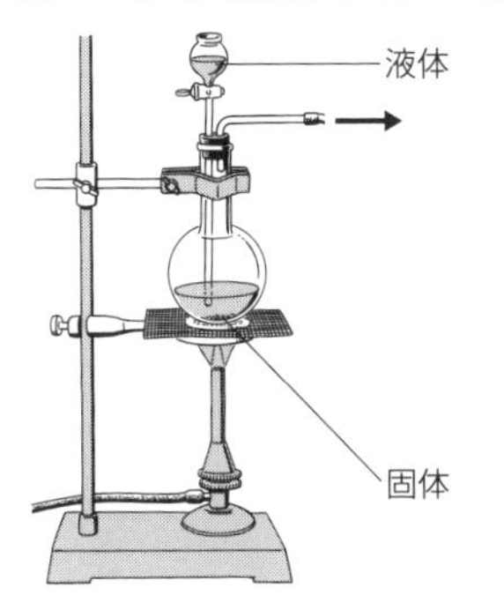

(3) 固体 ＋ 固体(加熱あり)の場合

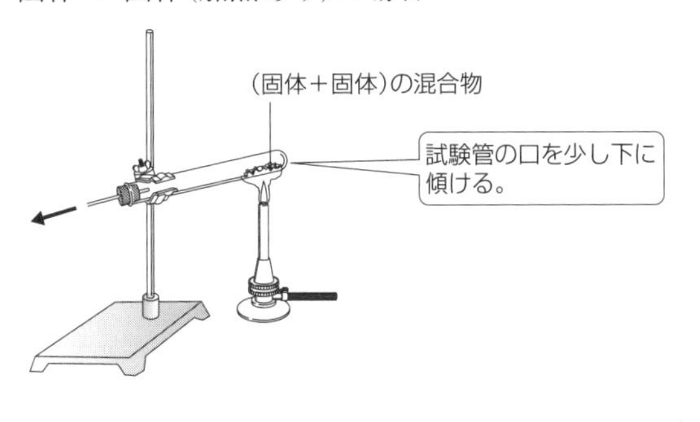

2 ●—捕集法…発生した気体が(水に溶ける／溶けない)，(空気より重い／軽い)で判断する。

	水上置換	下方置換	上方置換
捕集法			
条件	水に溶けにくい気体	水に溶けやすく，空気より重い気体	水に溶けやすく，空気より軽い気体
例	H_2，O_2，N_2，CO，NO，炭化水素 CH_4，C_2H_4，C_2H_2 など	HCl，H_2S，Cl_2，CO_2，SO_2，NO_2 など	NH_3

捕集装置の決め方

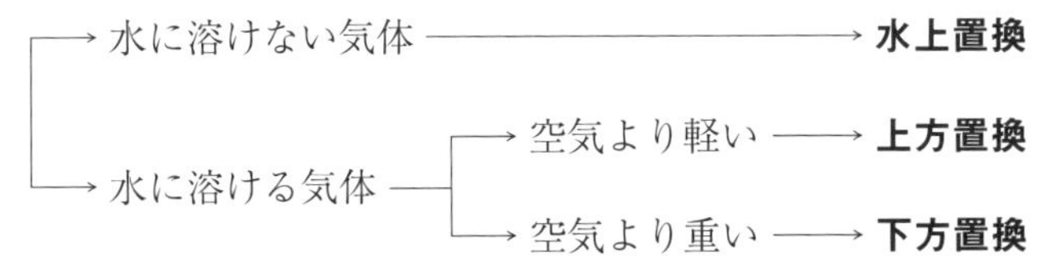

空気より重いか，軽いかは，その気体の分子量が空気の平均分子量 28.8 よりも大きいか，小さいかで判断できる。

3 ●—気体の乾燥…乾燥させたい気体と反応しない乾燥剤を用いる。

		乾燥できる気体	乾燥できない気体
中性の乾燥剤	塩化カルシウム $CaCl_2$	ほとんどの気体	NH_3(反応してしまう)*1
	シリカゲル $SiO_2 \cdot nH_2O$		—
酸性の乾燥剤	濃硫酸 H_2SO_4	中性・酸性の気体(H_2, O_2, CO_2 など)	塩基性の気体(NH_3) 還元性の強い気体(H_2S)*2
	十酸化四リン P_4O_{10}		塩基性の気体(NH_3)
塩基性の乾燥剤	酸化カルシウム CaO	中性・塩基性の気体(H_2, O_2, NH_3 など)	酸性の気体
	ソーダ石灰 ($NaOH + CaO$)		

*1 反応して $CaCl_2 \cdot 8NH_3$ をつくってしまう。

*2 還元性の強い気体とは酸化還元反応する可能性がある。

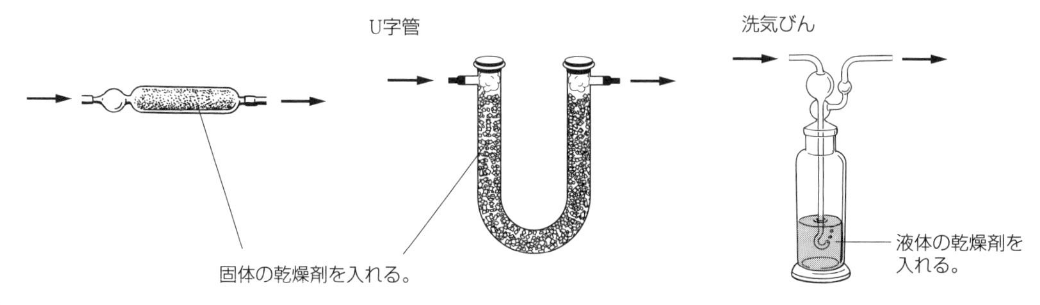

4 ●—気体の精製…洗気びんを用いる。

(例) 塩素の製法(酸化マンガン(Ⅳ)と濃塩酸を加熱して発生させる。)

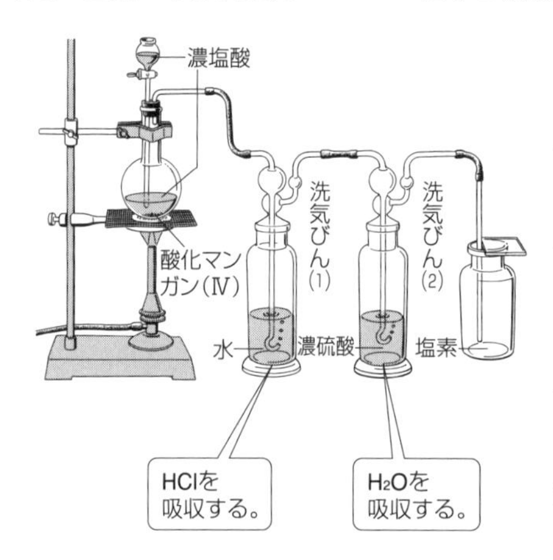

$$MnO_2 + 4HCl \longrightarrow MnCl_2 + 2H_2O + Cl_2$$

このとき，揮発性の濃塩酸を加熱しているので，塩化水素が発生し気体に混ざり込む。

発生した塩素に混入している塩化水素と水を除くため，水と濃硫酸の入った２つの洗気びんを使う。HCl は水に非常によく溶けるので，洗気びん(1)の水に吸収して取り除く。(この際，Cl_2 もいくらか水に溶けるが，HCl に比べて溶解度が小さいので，すぐに飽和してしまう。)

水を通した気体は水分を含むので，濃硫酸を入れた洗気びん(2)で水分を取り除き，塩素を得る。

5 ●—ガスバーナーの使い方

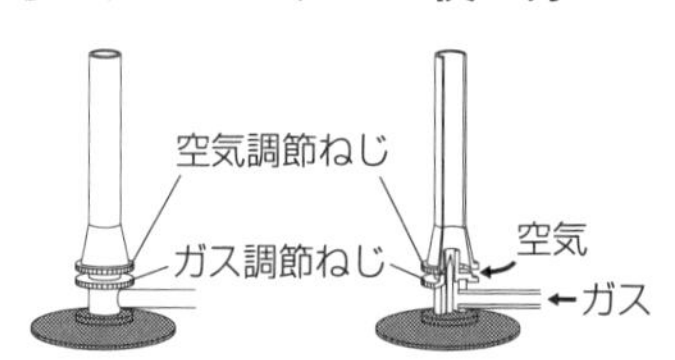

① 元栓を開ける。

② マッチをすり，ガス調節ねじを開けて点火する。

③ 次に空気調節ねじを回して，炎を青色にする。

演習問題

74 気体の精製 5分

次のA欄に示した気体に，B欄の気体が少量含まれている混合気体がある。この混合気体をC欄に示す水溶液に通して，できるだけB欄の気体を含まないA欄の気体を得たい。C欄の水溶液として**適当でないもの**を，次の①～⑤のうちから一つ選べ。［ 1 ］

	A	B	C
①	二酸化炭素	塩化水素	炭酸水素ナトリウム水溶液
②	水　素	アンモニア	希硫酸
③	酸　素	二酸化硫黄	硫酸酸性の過マンガン酸カリウム水溶液
④	塩化水素	硫化水素	硝酸銀水溶液
⑤	窒　素	二酸化炭素	石灰水

75 アンモニアの発生実験 3分

塩化アンモニウムと水酸化カルシウムの混合物を加熱すると，次の反応によりアンモニアが発生する。

$$2NH_4Cl + Ca(OH)_2 \longrightarrow CaCl_2 + 2H_2O + 2NH_3$$

図1は，アンモニアの発生装置および上方置換による捕集装置を示している。

この実験に関する記述として**誤りを含むもの**を，次の①～⑤のうちから一つ選べ。［ 2 ］

① アンモニアを集めた丸底フラスコ内に，湿らせた赤色リトマス紙を入れると，リトマス紙は青色になった。
② アンモニアを集めた丸底フラスコの口に，濃塩酸をつけたガラス棒を近づけると，白煙が生じた。
③ 水酸化カルシウムの代わりに硫酸カルシウムを用いると，アンモニアがより激しく発生した。
④ ソーダ石灰は，発生した気体から水分を除くために用いている。
⑤ アンモニア発生の反応が終了した後，試験管内には固体が残った。

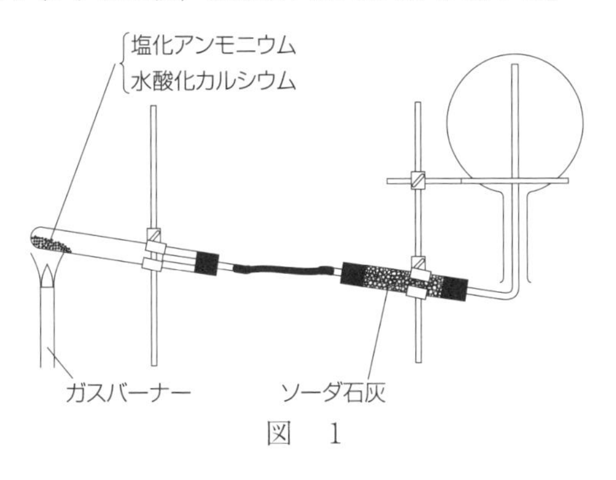

図 1

第1編 知識の確認
第2編 計算問題対策
第3編 実験・グラフ問題対策
第4編 思考問題対策
第5編 模擬問題

76 塩化水素の発生実験 3分

図１の装置を用いて，塩化ナトリウムに硫酸を加えて加熱し，発生した気体を集気びんに集めた。

$NaCl + H_2SO_4 \longrightarrow NaHSO_4 + HCl$

この実験に関する記述として正しいものを，次の①～⑤のうちから一つ選べ。 3

① 集気びんに集められた気体は，無色・無臭である。
② 湿らせたヨウ化カリウムデンプン紙を集気びんに入れると，紙は青紫色になる。
③ 湿らせた赤色リトマス紙を集気びんに入れると，紙は青色になる。
④ 湿らせた赤色リトマス紙を集気びんに入れると，紙は漂白される。
⑤ 塩化ナトリウムの代わりに塩化カリウムを用いても，同じ気体が発生する。

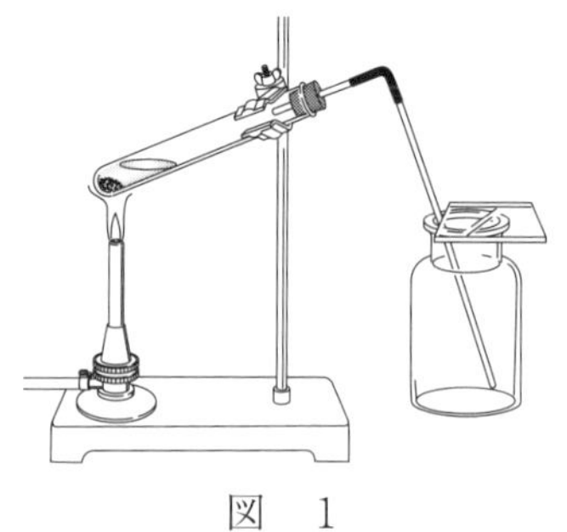
図 1

77 硫化水素の発生実験 3分

図１の装置を用いて，硫化鉄(Ⅱ)に希硫酸を加えて気体を発生させた。

$FeS + H_2SO_4 \longrightarrow FeSO_4 + H_2S$

この実験に関する記述として正しいものを，次の①～⑤のうちから一つ選べ。 4

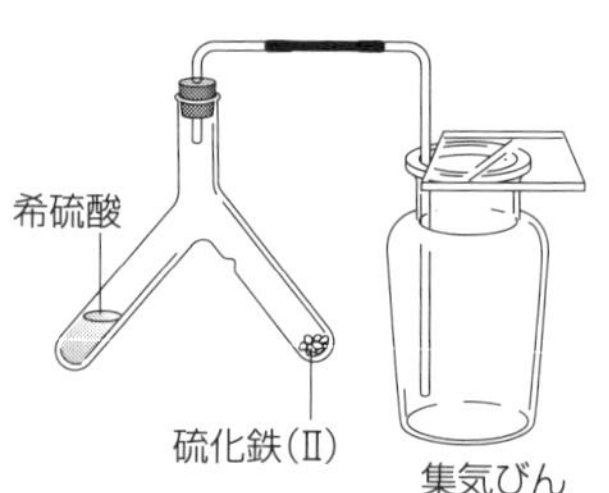

図 1

① 黄色の気体が発生する。
② 希硫酸の代わりに希塩酸を用いると，同じ気体は発生しない。
③ 希硫酸の代わりに水酸化ナトリウム水溶液を用いても，同じ気体が発生する。
④ 集気びんに水を入れておくと，発生した気体が溶解して，その水溶液は塩基性を示す。
⑤ 集気びんに硫酸銅(Ⅱ)水溶液を入れておくと，発生した気体と反応して沈殿を生じる。

78 キップの装置 5分

図１は固体と液体の反応を利用して気体を発生させる装置である。AとBの接合部Eの気密は保たれている。

Bに亜鉛粒を入れ，Aに希硫酸を入れる。コック(活栓)Dを開くと水素が発生する。コックDを閉じると，希硫酸が移動して亜鉛との接触が断たれ，水素の発生が止まる。この実験を行うとき，次の**ア**・**イ**について最も適当なものを，それぞれの解答群の①～⑤のうちから一つずつ選べ。

ア 亜鉛の代わりに用いることができる物質 5

イ 水素発生中に，コックDを閉じるとき，希硫酸の移動する方向 6

アの解答群

① CaC_2　② Fe　③ Pb　④ Cu　⑤ SiO_2

イの解答群

① A→C　② C→B　③ B→D
④ B→C→A　⑤ A→C→B

A
D
E
B
栓
亜鉛粒
C

図 1

79 塩素の発生実験 3分

19●

実験室で塩素 Cl_2 を発生させたところ，得られた気体には，不純物として塩化水素 HCl と水蒸気が含まれていた。図1に示すように，二つのガラス容器(洗気びん)に濃硫酸および水を別々に入れ，順次この気体を通じることで不純物を取り除き，Cl_2 のみを得た。これらのガラス容器に入れた液体Aと液体B，および気体を通じたことによるガラス容器内の水の pH の変化の組合せとして最も適当なものを，下の①～④のうちから一つ選べ。ただし，濃硫酸は気体から水蒸気を除くために用いた。

7

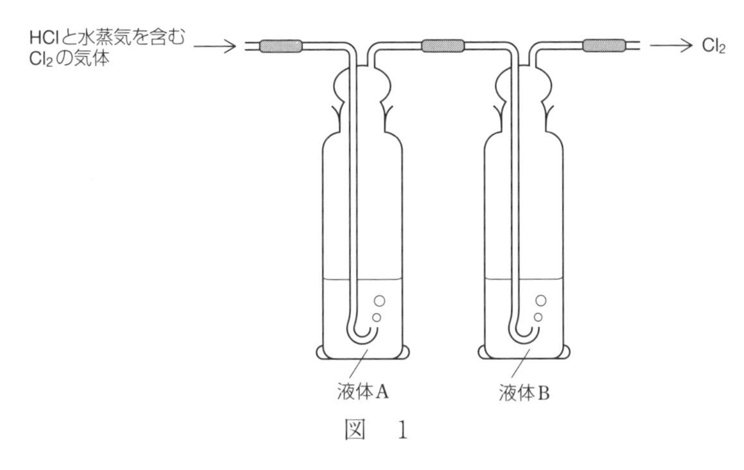

図 1

	液体A	液体B	ガラス容器内の水の pH
①	濃硫酸	水	大きくなる
②	濃硫酸	水	小さくなる
③	水	濃硫酸	大きくなる
④	水	濃硫酸	小さくなる

3 グラフ問題の解法

1 〈数値読み取りタイプ〉

このタイプでは，グラフの線(ライン)で読まずに，点(ポイント)で読むのがコツである。

グラフの特徴的な点，例えば，折れ曲がりになっている点に着目することが多い。

問題を解く際，グラフの読み取りと，文章に示されている計算の両方を行う必要がある。

例 0.24 g のマグネシウムに 1.0 mol/L の塩酸を少量ずつ加え，発生した水素を捕集して，その体積を標準状態で測定した。このとき加えた塩酸の体積と発生した水素の体積との関係を表す図として最も適当なものを，次の①～④のうちから一つ選べ。ただし，Mg = 24 とする。

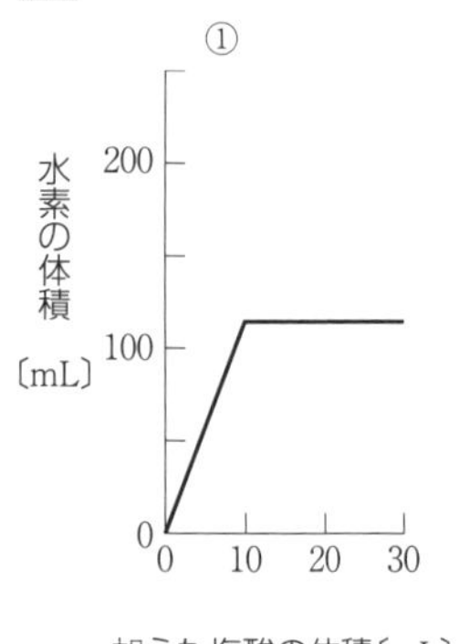

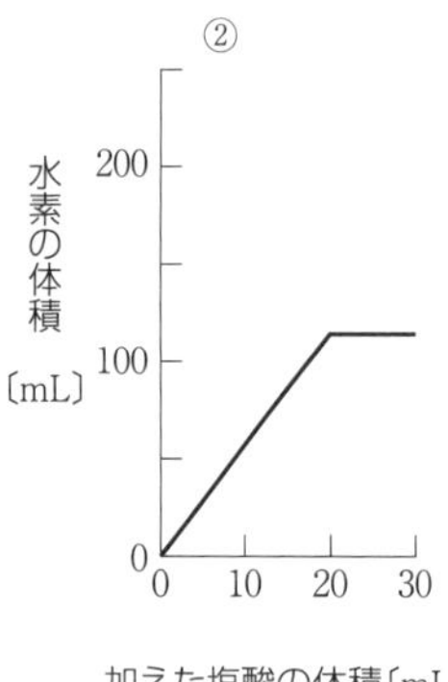

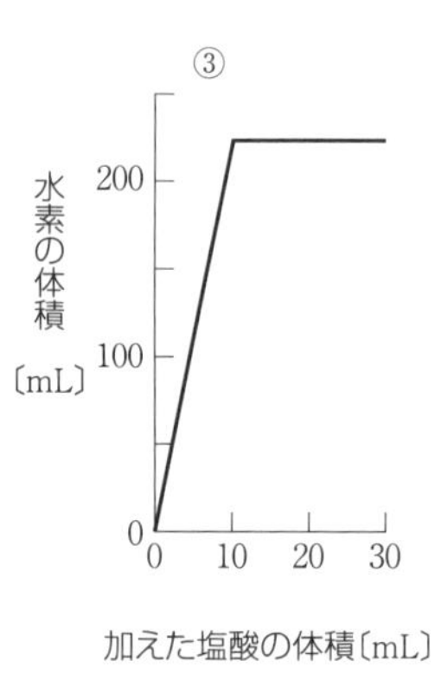

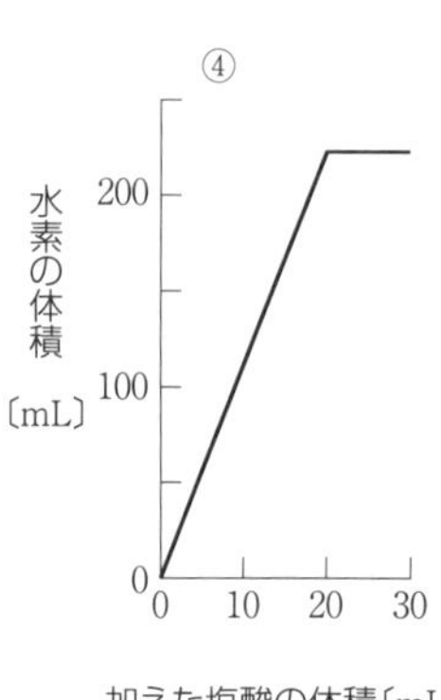

グラフの「折れ曲がり点」がポイントになる。

反応物のうち一方がなくなると，反応は終了し，生成物(この場合は発生する水素の体積)を表すグラフは水平になる。

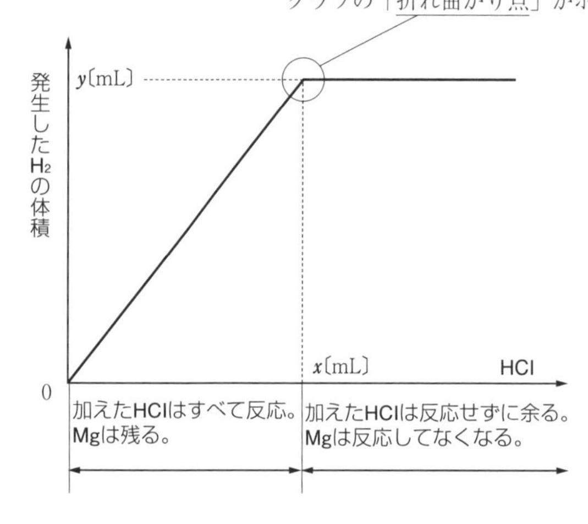

マグネシウムと塩酸の反応は次のようになる。

$$Mg + 2HCl \longrightarrow MgCl_2 + H_2$$

「過不足なく反応しているとき」に相当している。

まず，1.0 mol/L の塩酸の量を x〔L〕とすると，Mg = 24 より，Mg 0.24 g の物質量は，

$$\frac{0.24}{24} = 0.010\ \text{mol}$$

Mg と HCl は 1 : 2 の物質量比で反応しているので，

$$0.010\ \text{mol} : (1.0\ \text{mol/L} \times x\text{〔L〕}) = 1 : 2$$

これを解いて，$x = 0.020$ L　よって，20 mL

このとき，発生する H_2 の体積(標準状態)を y〔L〕とすると，Mg と H_2 の物質量比は 1 : 1 で等しいので，

$$0.010\ \text{mol} = \frac{y}{22.4}\ \text{mol}$$

これを解いて，$y = 0.224$ L　よって，224 mL

$(x,\ y) = (20,\ 224)$ の折れ曲がり点となっているグラフをさがせばよい。

よって，答えは④である。

2 ●―〈形の読み取りタイプ〉

グラフ問題では，第一に，横軸(x 軸)と縦軸(y 軸)の示す量が何かをおさえよう。
「2変数(x, y)の関係を，グラフはどう表しているのか」がポイントになる。
滴定曲線についての例を用いて説明していく。

例 濃度0.10 mol/Lのアンモニア水10 mLを濃度0.10 mol/Lの塩酸で滴定しながら，その体積(滴下量)と溶液のpHとの関係を調べた。この中和滴定実験に関する次の問い(**a**・**b**)に答えよ。

a　滴定曲線として最も適当なものを，右の図の①～④のうちから一つ選べ。

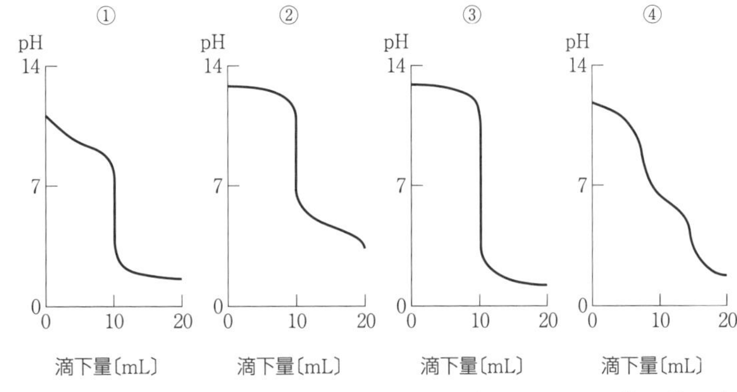

b　この滴定を行うとき，次の指示薬ア・イに関する記述として正しいものを，下の①～④のうちから一つ選べ。

指示薬ア　メチルレッド(変色域 pH 4.2 ～ 6.2)
指示薬イ　フェノールフタレイン(変色域 pH 8.0 ～ 9.8)

①　ア・イとも使用できる。　②　アは使用できるが，イは使用できない。
③　アは使用できないが，イは使用できる。　④　ア・イとも使用できない。

反応式　$NH_3 + HCl \longrightarrow NH_4Cl$

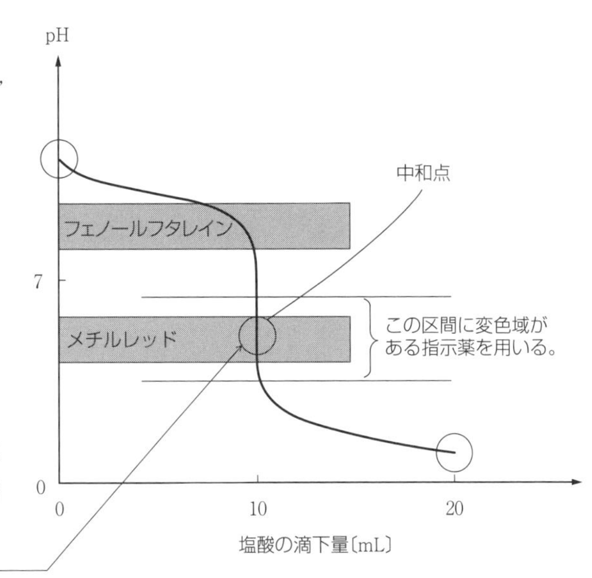

a　1価の塩基と1価の酸の中和であるから，中和点の前後でpHが大きく変わる。したがって，④のグラフは違うとわかる。

次に，これは，「弱塩基－強酸」のパターンである。

着目点は2つ。

(1)　グラフの左端(始点)と右端(終点)
始点はまだ塩酸を加える前の溶液であるから，このpHはアンモニア水の示すものになる。逆に，中和反応が終了して過剰に酸を加えていった終点のpHは塩酸の示すpHに近づく。

(2)　中和点のpH
生成するNH_4Clは液性が酸性を示す塩なので，中和点のpHは7より小さくなる。①のグラフになる。

b　滴定曲線で垂直となっている部分に，変色域をもつものが指示薬となる。①のグラフにメチルレッドとフェノールフタレインの変色域をかき込んでみるとわかる。メチルレッドだけが使用できる。

よって，答えは **a**…①，**b**…②となる。

演習問題

80 アンモニアの発生 5分

8本の試験管に水酸化カルシウムを 0.010 mol ずつ入れた。次に，それぞれの試験管に 0.0025 mol から 0.0200 mol まで 0.0025 mol きざみの物質量の塩化アンモニウムを加えた。この8本の試験管を1本ずつ順に発生装置の試験管と取りかえて加熱した。このとき，次の反応によりアンモニアが発生した。

$$Ca(OH)_2 + 2NH_4Cl \longrightarrow CaCl_2 + 2H_2O + 2NH_3$$

アンモニア発生の反応が終了した後，発生したアンモニアの物質量をそれぞれ調べた。発生したアンモニアと加えた塩化アンモニウムの物質量の関係を示すグラフとして最も適当なものを，次の①～⑥のうちから一つ選べ。 1

①

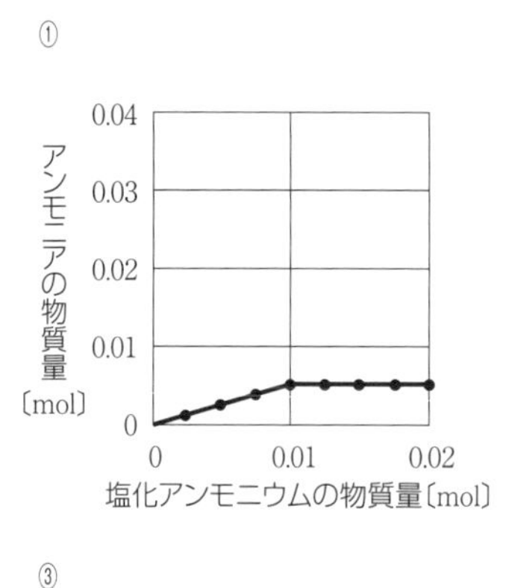

②

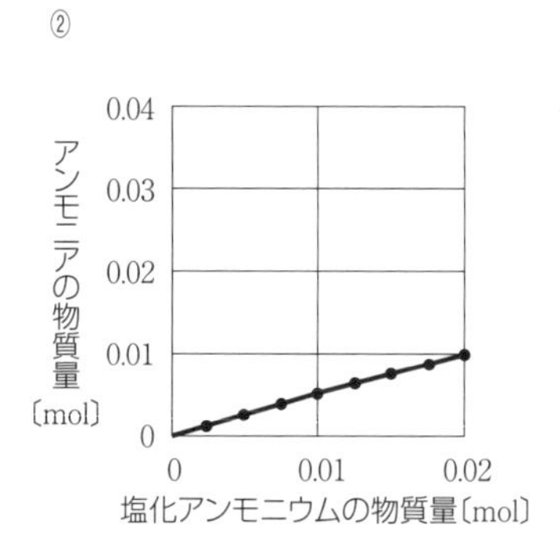

③

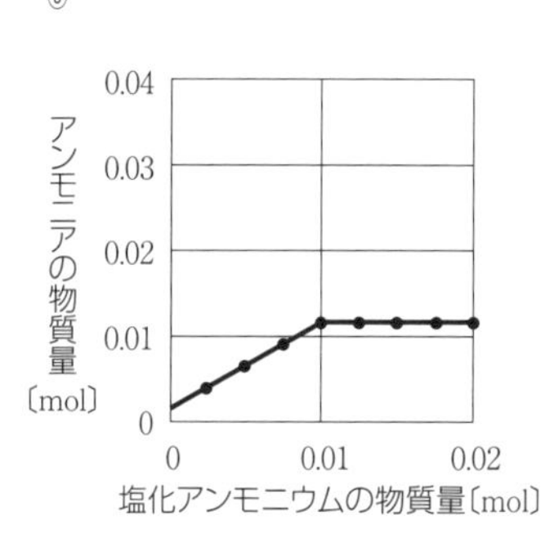

④

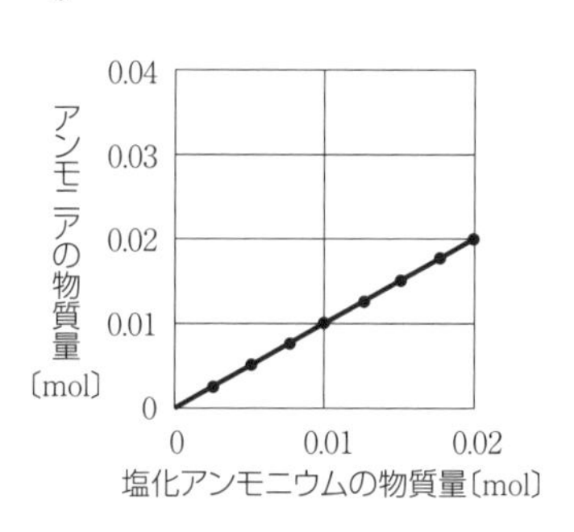

⑤

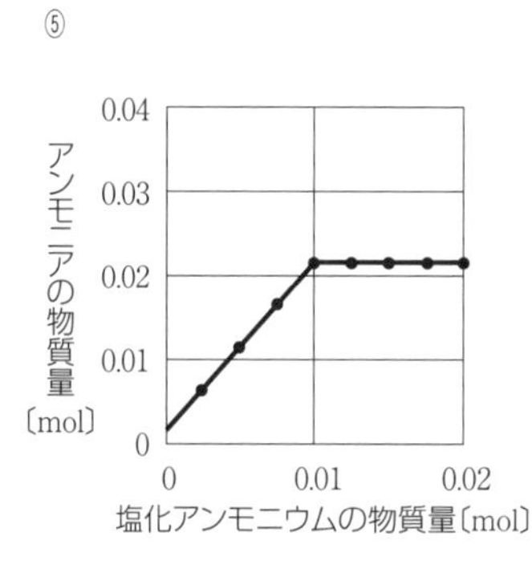

⑥

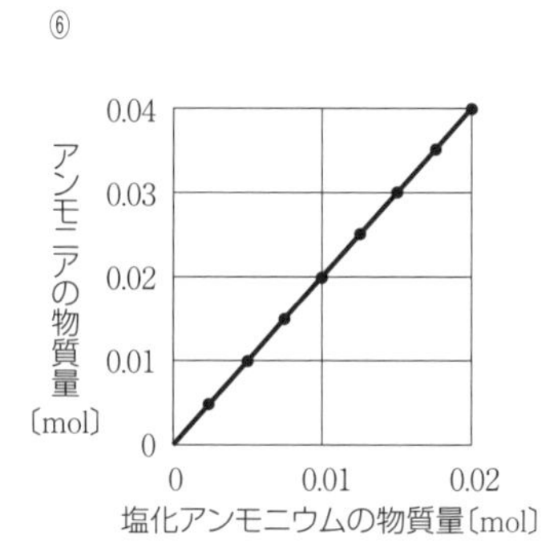

81　中和の量的関係　4分

濃度が0.10 mol/L の酸 **a**・**b** を 10 mL ずつとり，それぞれを 0.10 mol/L 水酸化ナトリウム水溶液で滴定し，滴下量と溶液の pH との関係を調べた。図 1 に示した滴定曲線を与える酸の組合せとして最も適当なものを，以下の①～⑥のうちから一つ選べ。［　2　］

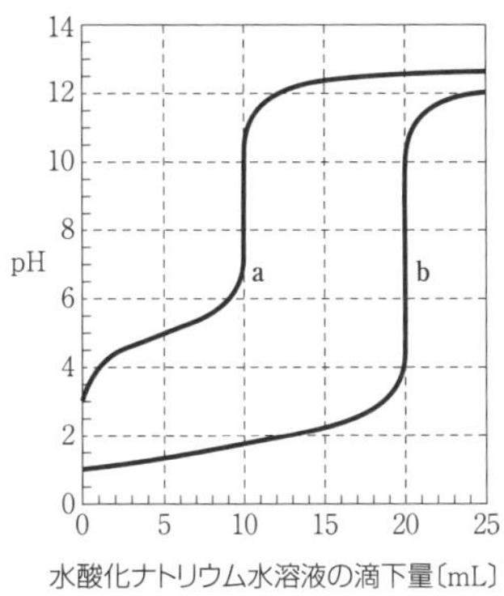

図　1

	a	b
①	塩酸	酢酸
②	酢酸	塩酸
③	硫酸	塩酸
④	塩酸	硫酸
⑤	硫酸	酢酸
⑥	酢酸	硫酸

82　物質の状態　3分

23 共通テスト（第 1 日程）●

分子からなる純物質 X の固体を大気圧のもとで加熱して，液体状態を経てすべて気体に変化させた。そのときの温度変化を模式的に図 1 に示す。A～E における X の状態や現象に関する記述**ア**～**オ**において，正しいものはどれか。正しい組合せとして最も適当なものを，後の①～⓪のうちから一つ選べ。［　3　］

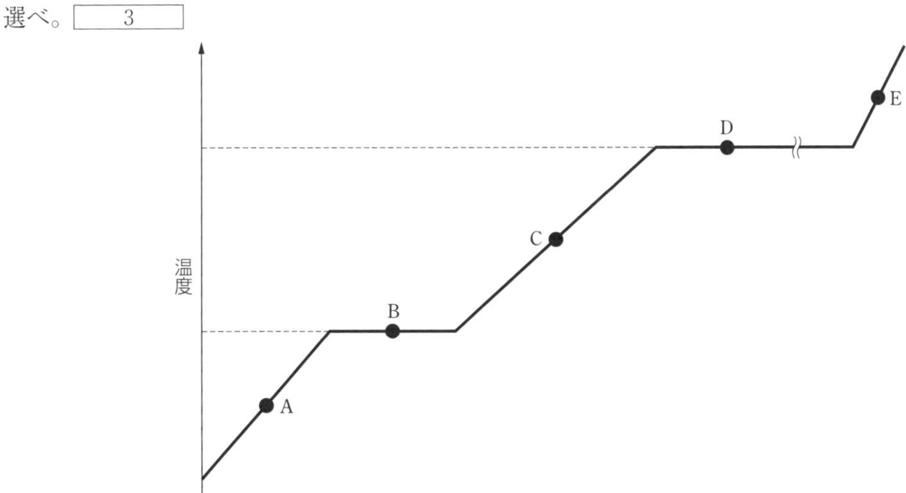

図 1　加熱による純物質 X の温度変化（模式図）

ア　A では，分子は熱運動していない。
イ　B では，液体と固体が共存している。
ウ　C では，分子は規則正しい配列を維持している。
エ　D では，液体の表面だけでなく内部からも気体が発生している。
オ　E では，分子間の平均距離は C のときと変わらない。

① **ア**，**イ**　② **ア**，**ウ**　③ **ア**，**エ**　④ **ア**，**オ**　⑤ **イ**，**ウ**
⑥ **イ**，**エ**　⑦ **イ**，**オ**　⑧ **ウ**，**エ**　⑨ **ウ**，**オ**　⓪ **エ**，**オ**

83 沈殿反応の量的関係 6分

21 共通テスト(第2日程)●

水溶液中のイオンの濃度は，電気の通しやすさで測定することができる。硫酸銀 Ag_2SO_4 および塩化バリウム $BaCl_2$ は，水に溶解して電解質水溶液となり電気を通す。一方，Ag_2SO_4 水溶液と $BaCl_2$ 水溶液を混合すると，次の反応によって塩化銀 AgCl と硫酸バリウム $BaSO_4$ の沈殿が生じ，水溶液中のイオンの濃度が減少するため電気を通しにくくなる。

$$Ag_2SO_4 + BaCl_2 \longrightarrow BaSO_4\downarrow + 2AgCl\downarrow$$

この性質を利用した次の**実験**に関する問い(a〜c)に答えよ。

実験　0.010 mol/L の Ag_2SO_4 水溶液 100 mL に，濃度不明の $BaCl_2$ 水溶液を滴下しながら混合溶液の電気の通しやすさを調べたところ，表1に示す電流(μA)が測定された。ただし，1 μA = 1×10^{-6} A である。

表1　$BaCl_2$ 水溶液の滴下量と電流の関係

$BaCl_2$ 水溶液の滴下量(mL)	電流(μA)
2.0	70
3.0	44
4.0	18
5.0	13
6.0	41
7.0	67

a　この**実験**において，Ag_2SO_4 を完全に反応させるのに必要な $BaCl_2$ 水溶液は何 mL か。最も適当な数値を，次の①〜⑤のうちから一つ選べ。必要があれば，下の方眼紙を使うこと。

[4] mL

① 3.6　② 4.1　③ 4.6　④ 5.1　⑤ 5.6

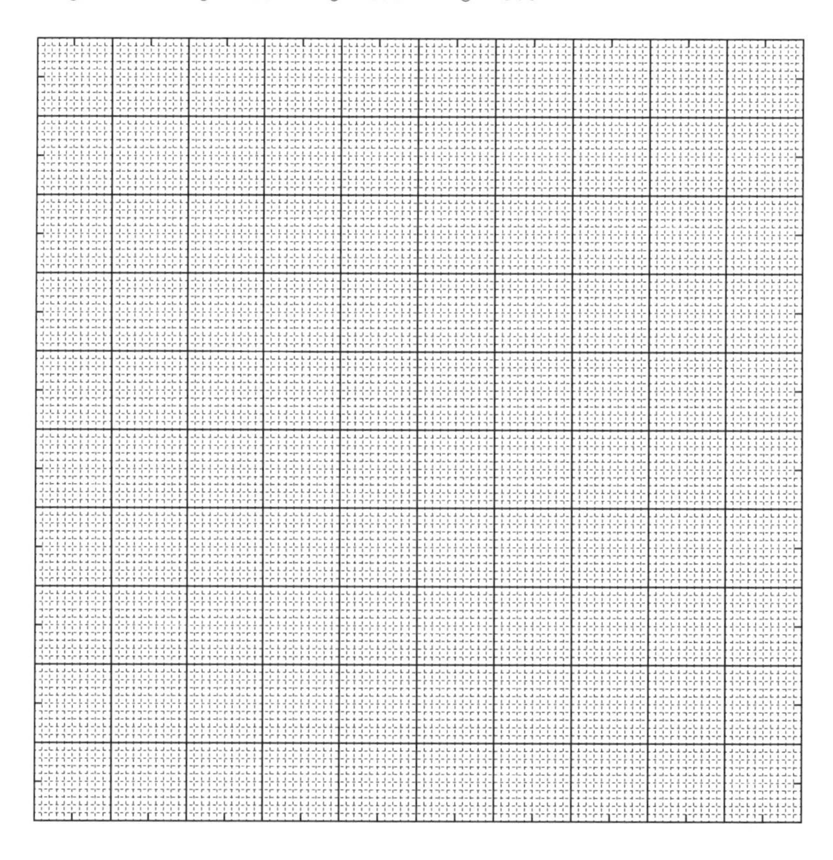

b　十分な量の $BaCl_2$ 水溶液を滴下したとき，生成する AgCl（式量 143.5）の沈殿は何 g か。最も適当な数値を，次の①～④のうちから一つ選べ。［ 5 ］g

①　0.11　　②　0.14　　③　0.22　　④　0.29

c　用いた $BaCl_2$ 水溶液の濃度は何 mol/L か。最も適当な数値を，次の①～⑥のうちから一つ選べ。［ 6 ］mol/L

①　0.20　　②　0.22　　③　0.24　　④　0.39　　⑤　0.44　　⑥　0.48

1──思考問題の解法

1 ●─〈内容把握〉

思考力を重視した問題に対しては，まず問題の趣旨をきちんととらえることが重要になる。特に，目新しい内容や実験がとりあげられたときは，問題にそって考えていく必要がある。

問題文

乾いた丸底フラスコにアンモニアを一定量捕集した後，図1のような装置を組み立てた。ゴム栓に固定したスポイト内の水を丸底フラスコの中に少量入れたところ，ビーカー内の水がガラス管を通って丸底フラスコ内に噴水のように噴き上がった。❶ この実験に関する記述として**誤りを含むもの**を，次ページの①～④のうちから一つ選べ。

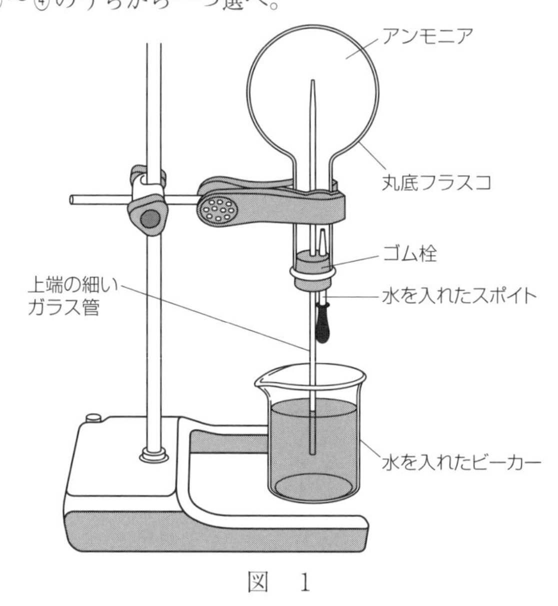

図　1

要点チェック

❶噴水実験は次の順序で考えられる。

スポイトで水を入れる

丸底フラスコ内の気圧が下がる

アンモニアが水に溶け込む

噴き上がった水にアンモニアが溶け込む

ビーカーの水が噴き上がる

なぜ「噴水」が起こったかを推理する。

アンモニアの性質
1) 水に非常に溶けやすい気体
2) 空気より軽い
3) アンモニア水は弱塩基性

⬇

このデータから何が起こるか考えよう。

水を丸底フラスコ内に入れる ➡ アンモニアが水に溶け込む ➡ 丸底フラスコ内の気圧が下がる ➡ 気圧の差により，ビーカーの水が丸底フラスコ内に噴き上がる

問題文	要点チェック
① ゴム栓がゆるんですき間があると，水が噴き上がらないことがある。	ゴム栓がゆるんですき間があると，空気が入り込んでしまう。 ➡丸底フラスコ内の気圧の減少量は小さくなってしまい，ビーカーの水が噴き上がらないことがある。(**正しい**)
② 丸底フラスコ内のアンモニアの量が少ないと，噴き上がる水の量が少なくなる。	丸底フラスコ内のアンモニアの量が少ない。➡丸底フラスコ内の気圧の減少量が小さくなり，噴き上がる水の量が少なくなる。(**正しい**)
③ ビーカーの水にBTB(ブロモチモールブルー)溶液を加えておくと，噴き上がった水は青くなる。	BTB溶液は，塩基性溶液で青色に呈色する。ビーカーの水にBTB溶液を加えておく。 ➡噴き上がった水にはアンモニアが溶けて，弱塩基性のアンモニア水になる。 ➡BTB溶液は青色になる。(**正しい**)
④ アンモニアの代わりにメタンを用いても，水が噴き上がる。	極性分子のアンモニアが水によく溶けるのに対して，無極性分子のメタンは水に溶けにくい。➡最初に少量の水を加えた段階で丸底フラスコ内の気圧は下がらず，噴水は起こらない。(**誤り**)

2 ●―〈データ分析〉

データ分析の問題は，「必要なデータ」と「必要でないデータ」を見分けていくことが解法の第一歩となる。そして，問題文に与えられた数値の意味を的確につかんでいく必要がある。

問題文

図1のラベルが貼ってある3種類の飲料水X～Zのいずれかが，コップⅠ～Ⅲにそれぞれ入っている。どのコップにどの飲料水が入っているかを見分けるために，BTB(ブロモチモールブルー)溶液と図2のような装置を用いて実験を行った。その結果を次ページの表1に示す。

飲料水X

名称：ボトルドウォーター
原材料名：水(鉱水)

栄養成分(100 mL あたり)	
エネルギー	0 kcal
たんぱく質・脂質・炭水化物	0 g
ナトリウム	0.8 mg
カルシウム	1.3 mg
マグネシウム	0.64 mg
カリウム	0.16 mg

pH値　8.8～9.4❶　硬度　59 mg/L

飲料水Y

名称：ナチュラルミネラルウォーター
原材料名：水(鉱水)

栄養成分(100 mL あたり)	
エネルギー	0 kcal
たんぱく質・脂質・炭水化物	0 g
ナトリウム	0.4～1.0 mg
カルシウム	0.6～1.5 mg
マグネシウム	0.1～0.3 mg
カリウム	0.1～0.5 mg

pH値　約7❶　硬度　約30 mg/L

飲料水Z

名称：ナチュラルミネラルウォーター
原材料名：水(鉱水)

栄養成分(100 mL あたり)	
たんぱく質・脂質・炭水化物	0 g
ナトリウム	1.42 mg❷
カルシウム	54.9 mg
マグネシウム	11.9 mg
カリウム	0.41 mg

pH値　7.2❶　硬度　約1849 mg/L❷

図　1

要点チェック

❶ 飲料水X，Y，Zの違いをこのデータから見つけよう。

飲料水X	pH値	8.8~9.4	塩基性
飲料水Y	pH値	約7	中性
飲料水Z	pH値	7.2	中性

❷ □内の数値に着目する。

飲料水Z

ナトリウム	1.42 mg
カルシウム	54.9 mg
マグネシウム	11.9 mg
カリウム	0.41 mg

→ 金属元素が多い → 硬度が高い

問題文	要点チェック

表1 実験操作とその結果

	(1)BTB溶液を加えて色を調べた結果❸	(2)図2の装置を用いて電球がつくか調べた結果❹
コップⅠ	緑	ついた
コップⅡ	緑	つかなかった
コップⅢ	青	つかなかった

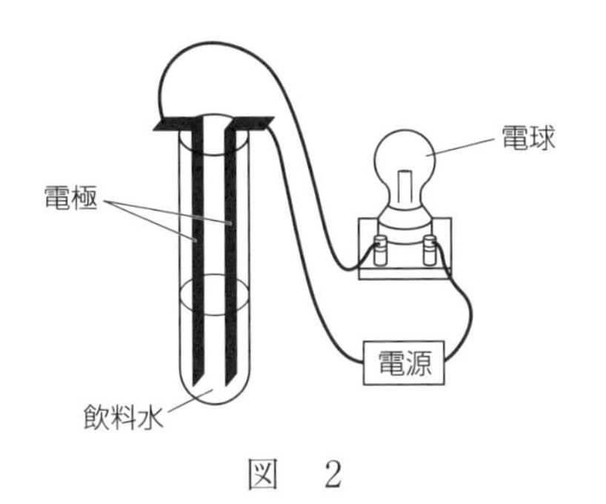

図 2

❸ 溶液の液性を比べる実験になる。

BTB溶液の色の変化
酸性 ― 中性 ― 塩基性
黄　　緑　　青

❹ 電球がつけば，溶液が電解質とわかる。

コップⅠ～Ⅲに入っている飲料水X～Zの組合せとして最も適当なものを，次の①～⑥のうちから一つ選べ。ただし，飲料水X～Zに含まれる陽イオンはラベルに示されている元素のイオンだけとみなすことができ，水素イオンや水酸化物イオンの量はこれらに比べて無視できるものとする。

	コップⅠ	コップⅡ	コップⅢ
①	X	Y	Z
②	X	Z	Y
③	Y	X	Z
④	Y	Z	X
⑤	Z	X	Y
⑥	Z	Y	X

コップⅠ → 電球がつく → Z
コップⅡ
コップⅢ

↓

コップⅠ　中性
コップⅡ　中性 → Y
コップⅢ　塩基性
└→ 残りのⅢがX

この順に考えていくとわかりやすい。

(2)の方から先に見ていくのがコツ。

(2)について，コップⅠだけ電球がついたことから，水溶液中に含まれるイオンが最も多いZがコップⅠであると判断できる。

次いで，(1)について，pHの値に着目する。pHが約7で中性であるのがYとZである。表1のデータから溶液が緑色で中性であるのはコップⅠとⅡである。コップⅠがZなので，コップⅡがYであると判断できる。

残ったコップⅢがXである。よって，正解は⑥になる。

演習問題

84 原子の構造 3分

21 共通テスト(第1日程)●

図1は原子番号が1から19の各元素について，天然の同位体存在比が最も大きい同位体の原子番号と，その原子の陽子・中性子・価電子の数の関係を示す。

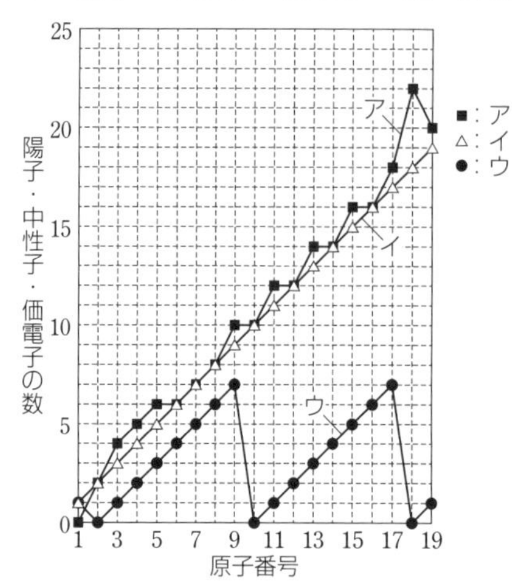

図1　原子番号と，その原子の陽子・中性子・価電子の数の関係

図1の**ア**～**ウ**に対応する語の組合せとして正しいものを，次の①～⑥のうちから一つ選べ。 1

	ア	イ	ウ
①	陽　子	中性子	価電子
②	陽　子	価電子	中性子
③	中性子	陽　子	価電子
④	中性子	価電子	陽　子
⑤	価電子	陽　子	中性子
⑥	価電子	中性子	陽　子

85 中和反応におけるイオン 5分

16(追)●

0.10 mol/L の塩酸 10 mL に 0.10 mol/L の水酸化ナトリウム水溶液を滴下すると，この混合水溶液中に存在する各イオンのモル濃度はそれぞれ図1のように変化する。曲線 **a** ～ **c** は H^+，Na^+，OH^- のどのイオンのモル濃度の変化を示しているか。最も適当な組合せを，下の①～⑥のうちから一つ選べ。 2

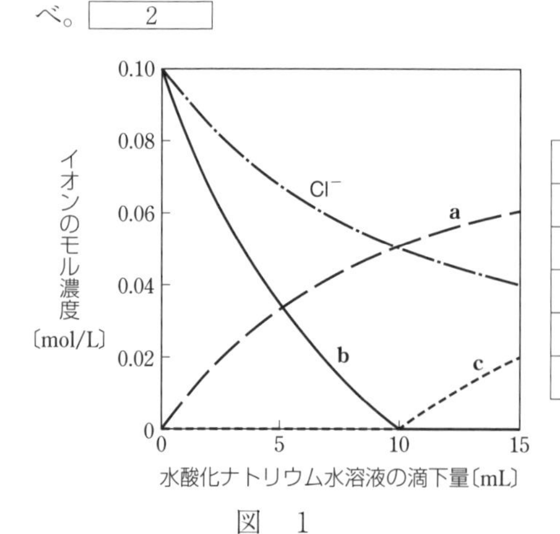

図　1

	曲線 a	曲線 b	曲線 c
①	Na^+	H^+	OH^-
②	Na^+	OH^-	H^+
③	OH^-	H^+	Na^+
④	OH^-	Na^+	H^+
⑤	H^+	Na^+	OH^-
⑥	H^+	OH^-	Na^+

86 中和滴定 8分

18 プレテスト●

学校の授業で，ある高校生がトイレ用洗浄剤に含まれる塩化水素の濃度を中和滴定により求めた。次に示したものは，その実験報告書の一部である。この報告書を読み，問い(**問1～4**)に答えよ。

「まぜるな危険　酸性タイプ」の洗浄剤に含まれる塩化水素濃度の測定

【目的】

トイレ用洗浄剤のラベルに「まぜるな危険　酸性タイプ」と表示があった。このトイレ用洗浄剤は塩化水素を約10%含むことがわかっている。この洗浄剤(以下「試料」という)を水酸化ナトリウム水溶液で中和滴定し，塩化水素の濃度を正確に求める。

【試料の希釈】

滴定に際して，試料の希釈が必要かを検討した。塩化水素の分子量は36.5なので，試料の密度を1 g/cm^{3}と仮定すると，試料中の塩化水素のモル濃度は約3 mol/Lである。この濃度では，約0.1 mol/Lの水酸化ナトリウム水溶液を用いて中和滴定を行うには濃すぎるので，試料を希釈することとした。試料の希釈溶液10 mLに，約0.1 mol/Lの水酸化ナトリウム水溶液を15 mL程度加えたときに中和点となるようにするには，試料を［ア］倍に希釈するとよい。

【実験操作】

1. 試料10.0 mLを，ホールピペットを用いてはかり取り，その質量を求めた。
2. 試料を，メスフラスコを用いて正確に［ア］倍に希釈した。
3. この希釈溶液10.0 mLを，ホールピペットを用いて正確にはかり取り，コニカルビーカーに入れ，フェノールフタレイン溶液を2，3滴加えた。
4. ビュレットから0.103 mol/Lの水酸化ナトリウム水溶液を少しずつ滴下し，赤色が消えなくなった点を中和点とし，加えた水酸化ナトリウム水溶液の体積を求めた。
5. 3と4の操作を，さらにあと2回繰り返した。

【結果】

1. 実験操作1で求めた試料10.0 mLの質量は10.40 gであった。
2. この実験で得られた滴下量は次のとおりであった。

	加えた水酸化ナトリウム水溶液の体積〔mL〕
1回目	12.65
2回目	12.60
3回目	12.61
平均値	12.62

3. 加えた水酸化ナトリウム水溶液の体積を，平均値12.62 mLとし，試料中の塩化水素の濃度を求めた。なお，試料中の酸は塩化水素のみからなるものと仮定した。

(中略)

希釈前の試料に含まれる塩化水素のモル濃度は，2.60 mol/Lとなった。

4. 試料の密度は，結果1より1.04 g/cm^{3}となるので，試料中の塩化水素(分子量36.5)の質量パーセント濃度は［イ］%であることがわかった。

(以下略)

問1 [ア] に当てはまる数値として最も適当なものを，次の①〜⑤のうちから一つ選べ。

[3]倍

① 2　② 5　③ 10　④ 20　⑤ 50

問2 別の生徒がこの実験を行ったところ，水酸化ナトリウム水溶液の滴下量が，正しい量より大きくなることがあった。どのような原因が考えられるか。最も適当なものを，次の①〜④のうちから一つ選べ。[4]

① 実験操作3で使用したホールピペットが水でぬれていた。
② 実験操作3で使用したコニカルビーカーが水でぬれていた。
③ 実験操作3でフェノールフタレイン溶液を多量に加えた。
④ 実験操作4で滴定開始前にビュレットの先端部分にあった空気が滴定の途中でぬけた。

問3 [イ] に当てはまる数値として最も適当なものを，次の①〜⑤のうちから一つ選べ。

[5]％

① 8.7　② 9.1　③ 9.5　④ 9.8　⑤ 10.3

問4 この「酸性タイプ」の洗浄剤と，次亜塩素酸ナトリウム NaClO を含む「まぜるな危険　塩素系」の表示のある洗浄剤を混合してはいけない。これは，式(1)のように弱酸である次亜塩素酸 HClO が生成し，さらに式(2)のように次亜塩素酸が塩酸と反応して，有毒な塩素が発生するためである。

$$NaClO + HCl \longrightarrow NaCl + HClO \quad (1)$$
$$HClO + HCl \longrightarrow Cl_2 + H_2O \quad (2)$$

式(1)の反応と類似性が最も高い反応は**あ**〜**う**のうちのどれか。また，その反応を選んだ根拠となる類似性は **a**，**b** のどちらか。反応と類似性の組合せとして最も適当なものを，下の①〜⑥のうちから一つ選べ。[6]

【反応】
あ 過酸化水素水に酸化マンガン(Ⅳ)を加えると気体が発生した。
い 酢酸ナトリウムに希硫酸を加えると刺激臭がした。
う 亜鉛に希塩酸を加えると気体が発生した。

【類似性】
a 弱酸の塩と強酸の反応である。
b 酸化還元反応である。

	反応	類似性
①	**あ**	a
②	**あ**	b
③	**い**	a
④	**い**	b
⑤	**う**	a
⑥	**う**	b

87 イオン交換樹脂 10分

21 共通テスト(第 1 日程)●

陽イオン交換樹脂を用いた実験に関する次の問い(**問 1**・**問 2**)に答えよ。

問 1　電解質の水溶液中の陽イオンを水素イオン H^+ に交換する働きをもつ合成樹脂を，水素イオン型陽イオン交換樹脂という。

塩化ナトリウム NaCl の水溶液を例にとって，この陽イオン交換樹脂の使い方を図 1 に示す。粒状の陽イオン交換樹脂を詰めたガラス管に NaCl 水溶液を通すと，陰イオン Cl^- は交換されず，陽イオン Na^+ は水素イオン H^+ に交換され，HCl 水溶液(塩酸)が出てくる。一般に，交換される陽イオンと水素イオンの物質量の関係は，次のように表される。

(陽イオンの価数) × (陽イオンの物質量) = (水素イオンの物質量)

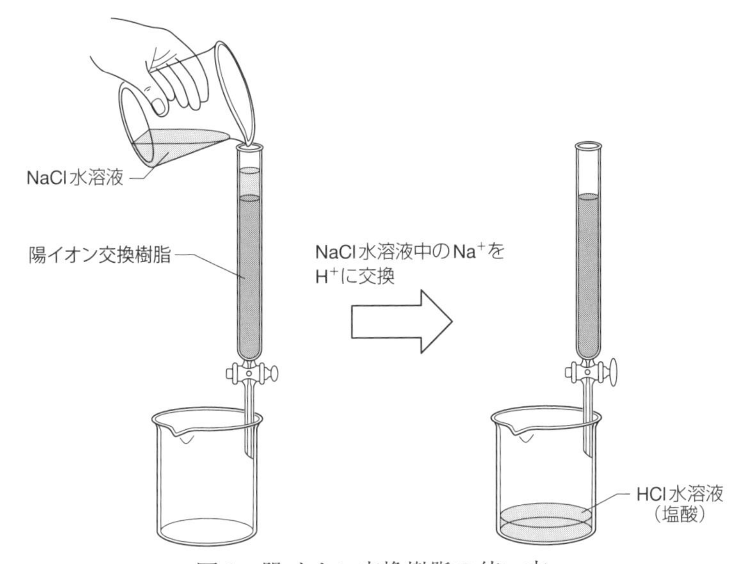

図 1　陽イオン交換樹脂の使い方

次の問い(a・b)に答えよ。

a　NaCl は正塩に分類される。正塩で**ないもの**を，次の①～④のうちから一つ選べ。 [7]

①　$CuSO_4$　　②　Na_2SO_4　　③　$NaHSO_4$　　④　NH_4Cl

b　同じモル濃度，同じ体積の水溶液**ア**～**エ**をそれぞれ，陽イオン交換樹脂に通し，陽イオンがすべて水素イオンに交換された水溶液を得た。得られた水溶液中の水素イオンの物質量が最も大きいものは**ア**～**エ**のどれか。最も適当なものを，次の①～④のうちから一つ選べ。

[8]

ア　KCl 水溶液　　**イ**　NaOH 水溶液　　**ウ**　$MgCl_2$ 水溶液　　**エ**　CH_3COONa 水溶液

①　**ア**　　②　**イ**　　③　**ウ**　　④　**エ**

問2 塩化カルシウム $CaCl_2$ には吸湿性がある。実験室に放置された塩化カルシウムの試料A 11.5 g に含まれる水 H_2O の質量を求めるため，陽イオン交換樹脂を用いて次の**実験**Ⅰ～Ⅲを行った。この実験に関する下の問い（**a**～**c**）に答えよ。

実験Ⅰ 試料A 11.5 g を 50.0 mL の水に溶かし，(a)$CaCl_2$ 水溶液とした。この水溶液を陽イオン交換樹脂を詰めたガラス管に通し，さらに約 100 mL の純水で十分に洗い流して Ca^{2+} がすべて H^+ に交換された塩酸を得た。

実験Ⅱ (b)**実験**Ⅰで得られた塩酸を希釈して 500 mL にした。

実験Ⅲ **実験**Ⅱの希釈溶液をホールピペットで 10.0 mL とり，コニカルビーカーに移して，指示薬を加えたのち，0.100 mol/L の水酸化ナトリウム NaOH 水溶液で中和滴定した。中和点に達するまでに滴下した NaOH 水溶液の体積は 40.0 mL であった。

a 下線部(a)の $CaCl_2$ 水溶液の pH と最も近い pH の値をもつ水溶液を，次の①～④のうちから一つ選べ。ただし，混合する酸および塩基の水溶液はすべて，濃度が 0.100 mol/L，体積は 10.0 mL とする。［ 9 ］

① 希硫酸と水酸化カリウム水溶液を混合した水溶液
② 塩酸と水酸化カリウム水溶液を混合した水溶液
③ 塩酸とアンモニア水を混合した水溶液
④ 塩酸と水酸化バリウム水溶液を混合した水溶液

b 下線部(b)に用いた器具と操作に関する記述として最も適当なものを，次の①～④のうちから一つ選べ。［ 10 ］

① 得られた塩酸をビーカーで 50.0 mL はかりとり，そこに水を加えて 500 mL にする。
② 得られた塩酸をすべてメスフラスコに移し，水を加えて 500 mL にする。
③ 得られた塩酸をホールピペットで 50.0 mL とり，メスシリンダーに移し，水を加えて 500 mL にする。
④ 得られた塩酸をすべてメスシリンダーに移し，水を加えて 500 mL にする。

c **実験**Ⅰ～Ⅲの結果より，試料A 11.5 g に含まれる H_2O の質量は何 g か。最も適当な数値を，次の①～④のうちから一つ選べ。ただし，$CaCl_2$ の式量は 111 とする。［ 11 ］g

① 0.4　② 1.5　③ 2.5　④ 2.6

88　しょうゆに含まれるNaClの滴定　12分　　23共通テスト(第1日程)●

ある生徒は，「血圧が高めの人は，塩分の取りすぎに注意しなくてはいけない」という話を聞き，しょうゆに含まれる塩化ナトリウム NaCl の量を分析したいと考え，文献を調べた。

文献の記述

水溶液中の塩化物イオン Cl^- の濃度を求めるには，指示薬として少量のクロム酸カリウム K_2CrO_4 を加え，硝酸銀 $AgNO_3$ 水溶液を滴下する。水溶液中の Cl^- は加えた銀イオン Ag^+ と反応し塩化銀 AgCl の白色沈殿を生じる。Ag^+ の物質量が Cl^- と過不足なく反応するのに必要な量を超えると，(a)過剰な Ag^+ とクロム酸イオン CrO_4^{2-} が反応してクロム酸銀 Ag_2CrO_4 の暗赤色沈殿が生じる。したがって，滴下した $AgNO_3$ 水溶液の量から，Cl^- の物質量を求めることができる。

そこでこの生徒は，3種類の市販のしょうゆA～Cに含まれる Cl^- の濃度を分析するため，それぞれに次の**操作**Ⅰ～Ⅴを行い，表1に示す実験結果を得た。ただし，しょうゆには Cl^- 以外に Ag^+ と反応する成分は含まれていないものとする。

操作Ⅰ　ホールピペットを用いて，250 mL のメスフラスコに 5.00 mL のしょうゆをはかり取り，標線まで水を加えて，しょうゆの希釈溶液を得た。

操作Ⅱ　ホールピペットを用いて，**操作Ⅰ**で得られた希釈溶液から一定量をコニカルビーカーにはかり取り，水を加えて全量を 50 mL にした。

操作Ⅲ　**操作Ⅱ**のコニカルビーカーに少量の K_2CrO_4 を加え，得られた水溶液を試料とした。

操作Ⅳ　**操作Ⅲ**の試料に 0.0200 mol/L の $AgNO_3$ 水溶液を滴下し，よく混ぜた。

操作Ⅴ　試料が暗赤色に着色して，よく混ぜてもその色が消えなくなるまでに要した滴下量を記録した。

表1　しょうゆA～Cの実験結果のまとめ

しょうゆ	**操作Ⅱ**ではかり取った希釈溶液の体積(mL)	**操作Ⅴ**で記録した $AgNO_3$ 水溶液の滴下量(mL)
A	5.00	14.25
B	5.00	15.95
C	10.00	13.70

問1　下線部(a)に示した CrO_4^{2-} に関する次の記述を読み，後の問い(a・b)に答えよ。

この実験は水溶液が弱い酸性から中性の範囲で行う必要がある。強い酸性の水溶液中では，次の式(1)に従って，CrO_4^{2-} から二クロム酸イオン $Cr_2O_7^{2-}$ が生じる。

$$\boxed{ア}\ CrO_4^{2-} + \boxed{イ}\ H^+ \longrightarrow \boxed{ウ}\ Cr_2O_7^{2-} + H_2O \qquad (1)$$

したがって，試料が強い酸性の水溶液である場合，CrO_4^{2-} は $Cr_2O_7^{2-}$ に変化してしまい指示薬としてはたらかない。式(1)の反応では，クロム原子の酸化数は反応の前後で［エ］。

a　式(1)の係数［ア］～［ウ］に当てはまる数字を，後の①～⑨のうちから一つずつ選べ。ただし，係数が1の場合は①を選ぶこと。同じものを繰り返し選んでもよい。

ア［12］　イ［13］　ウ［14］

① 1　② 2　③ 3　④ 4　⑤ 5
⑥ 6　⑦ 7　⑧ 8　⑨ 9

第1編 知識の確認　第2編 計算問題対策　第3編 実験・グラフ問題対策　第4編 思考問題対策　第5編 模擬問題

b　空欄 エ に当てはまる記述として最も適当なものを，後の①～④のうちから一つ選べ。
エ 15

① ＋3から＋6に増加する
② ＋6から＋3に減少する
③ 変化せず，どちらも＋3である
④ 変化せず，どちらも＋6である

問２ **操作**Ⅳで，$AgNO_3$ 水溶液を滴下する際に用いる実験器具の図として最も適当なものを，次の①～④のうちから一つ選べ。 16

①　②　③　④

問３ **操作**Ⅰ～Ⅴおよび表1の実験結果に関する記述として**誤りを含むもの**を，次の①～⑤のうちから二つ選べ。ただし，解答の順序は問わない。 17 18

① **操作**Ⅰで用いるメスフラスコは，純水での洗浄後にぬれているものを乾燥させずに用いてもよい。
② **操作**Ⅲの K_2CrO_4 および**操作**Ⅳの $AgNO_3$ の代わりに，それぞれ Ag_2CrO_4 と硝酸カリウム KNO_3 を用いても，**操作**Ⅰ～Ⅴによって Cl^- のモル濃度を正しく求めることができる。
③ しょうゆの成分として塩化カリウム KCl が含まれているとき，しょうゆに含まれる NaCl のモル濃度を，**操作**Ⅰ～Ⅴにより求めた Cl^- のモル濃度と等しいとして計算すると，正しいモル濃度よりも高くなる。
④ しょうゆCに含まれる Cl^- のモル濃度は，しょうゆBに含まれる Cl^- のモル濃度の半分以下である。
⑤ しょうゆA～Cのうち，Cl^- のモル濃度が最も高いものは，しょうゆAである。

問 4　**操作Ⅳ**を続けたときの，$AgNO_3$ 水溶液の滴下量と，試料に溶けている Ag^+ の物質量の関係は図 1 で表される。ここで，**操作Ⅴ**で記録した $AgNO_3$ 水溶液の滴下量は a(mL) である。このとき，$AgNO_3$ 水溶液の滴下量と，沈殿した AgCl の質量の関係を示したグラフとして最も適当なものを，後の①～⑥のうちから一つ選べ。ただし，CrO_4^{2-} と反応する Ag^+ の量は無視できるものとする。

19

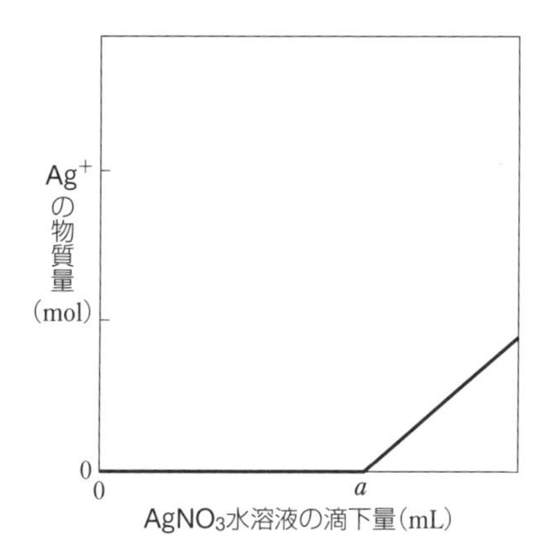

図 1　$AgNO_3$ 水溶液の滴下量と試料に溶けている Ag^+ の物質量の関係

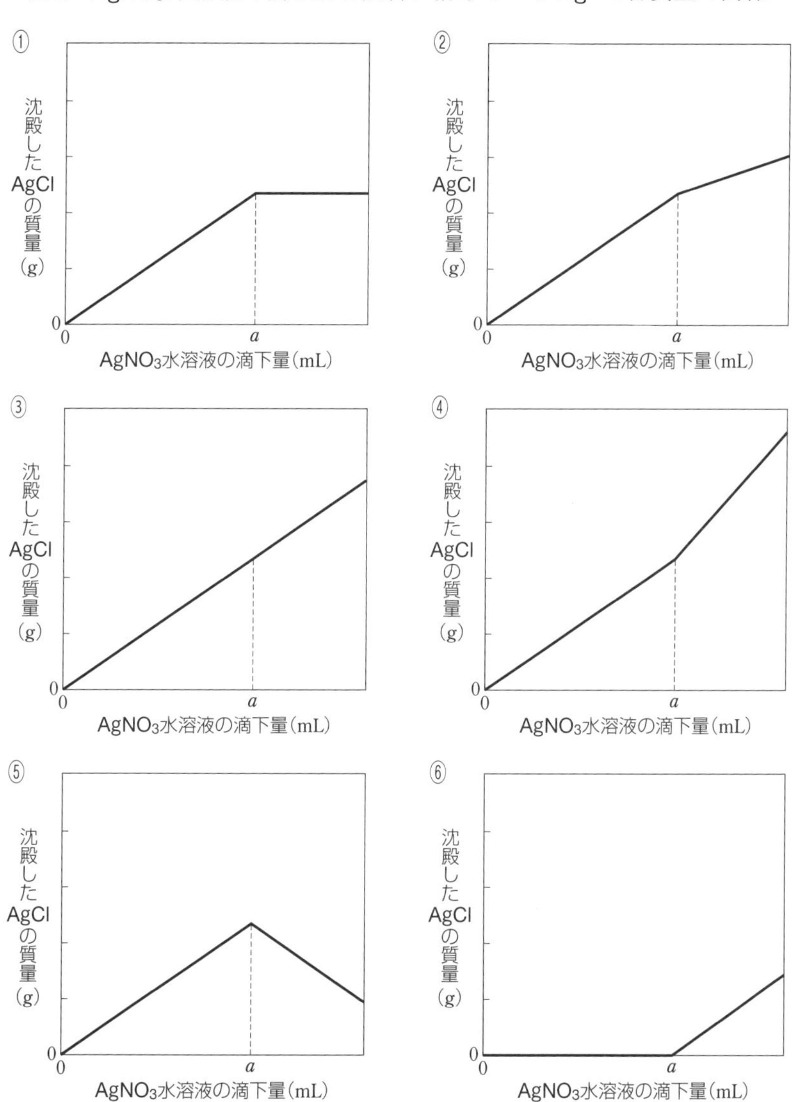

問5 次の問い(a・b)に答えよ。

a　しょうゆAに含まれるCl^-のモル濃度は何mol/Lか。最も適当な数値を，次の①～⑥のうちから一つ選べ。[20] mol/L

① 0.0143　② 0.0285　③ 0.0570
④ 1.43　⑤ 2.85　⑥ 5.70

b　15 mL(大さじ一杯相当)のしょうゆAに含まれるNaClの質量は何gか。その数値を小数第1位まで次の形式で表すとき，[21]と[22]に当てはまる数字を，後の①～⓪のうちから一つずつ選べ。同じものを繰り返し選んでもよい。ただし，しょうゆAに含まれるすべてのCl^-はNaClから生じたものとし，NaClの式量を58.5とする。

NaClの質量 [21] . [22] g

① 1　② 2　③ 3　④ 4　⑤ 5
⑥ 6　⑦ 7　⑧ 8　⑨ 9　⓪ 0

89 エタノールの蒸留 12分

22共通テスト(第1日程)●

エタノールC_2H_5OHは世界で年間およそ1億キロリットル生産されており，その多くはアルコール発酵を利用している。アルコール発酵で得られる溶液のエタノール濃度は低く，高濃度のエタノール水溶液を得るには蒸留が必要である。エタノールの性質と蒸留に関する，次の問い(**問1～3**)に答えよ。

問1 エタノールに関する記述として**誤りを含むもの**はどれか。最も適当なものを，次の①～④のうちから一つ選べ。[23]

① 水溶液は塩基性を示す。
② 固体の密度は液体より大きい。
③ 完全燃焼すると，二酸化炭素と水が生じる。
④ 燃料や飲料，消毒薬に用いられている。

問2 文献によると，圧力1.013×10^5 Paで20℃のエタノール100 gおよび水100 gを，単位時間あたりに加える熱量を同じにして加熱すると，それぞれの液体の温度は図1の実線**a**および**b**のように変化する。t_1，t_2は残ったエタノールおよび水がそれぞれ50 gになる時間である。一方，ある濃度のエタノール水溶液100 gを同じ条件で加熱すると，純粋なエタノールや水と異なり，水溶液の温度は図1の破線**c**のように沸騰が始まったあとも少しずつ上昇する。この理由は，加熱により水溶液のエタノール濃度が変化するためと考えられる。図1の実線**a**，**b**および破線**c**に関する記述として下線部に**誤りを含むもの**はどれか。最も適当なものを，後の①～④のうちから一つ選べ。[24]

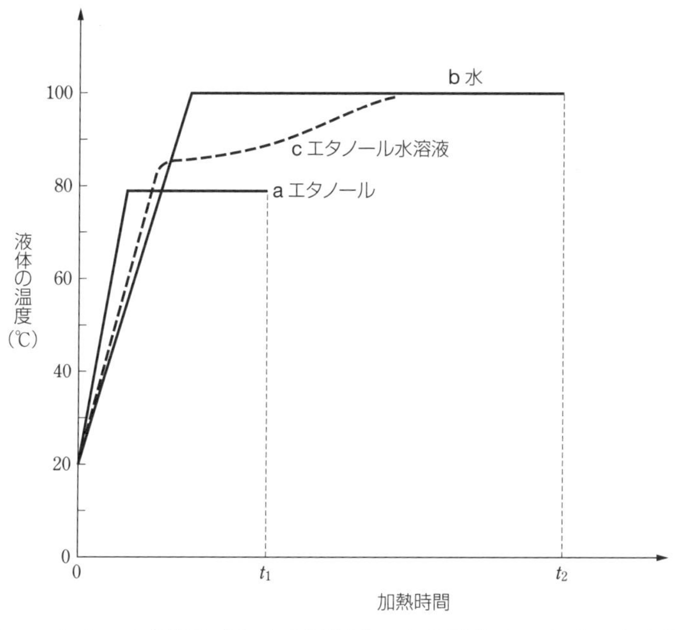

図１　エタノール(実線 a)と水(実線 b)，ある濃度のエタノール水溶液(破線 c)の加熱による温度変化

① エタノールおよび水の温度を 20 ℃から 40 ℃へ上昇させるために必要な熱量は，水の方がエタノールよりも大きい。

② エタノール水溶液を加熱していったとき，時間 t_1 においてエタノールは水溶液中に残存している。

③ 純物質の沸点は物質量に依存しないので，水もエタノールも，沸騰開始後に加熱を続けて液体を蒸発させても液体の温度は変わらない。

④ エタノール 50 g が水 50 g より短時間で蒸発することから，1 g の液体を蒸発させるのに必要な熱量は，エタノールの方が水より大きいことがわかる。

問３　エタノール水溶液(原液)を蒸留すると，蒸発した気体を液体として回収した水溶液(蒸留液)と，蒸発せずに残った水溶液(残留液)が得られる。このとき，蒸留液のエタノール濃度が，原液のエタノール濃度によってどのように変化するかを調べるために，次の**操作Ⅰ～Ⅲ**を行った。

操作Ⅰ　試料として，質量パーセント濃度が 10 %から 90 %までの 9 種類のエタノール水溶液(原液 A～I)をつくった。

操作Ⅱ　蒸留装置を用いて，原液 A～I をそれぞれ加熱し，蒸発した気体をすべて回収して，原液の質量の $\frac{1}{10}$ の蒸留液と $\frac{9}{10}$ の残留液を得た。

原　液 —加　熱→ 蒸留液 ＋ 残留液

操作Ⅲ　得られた蒸留液のエタノール濃度を測定した。

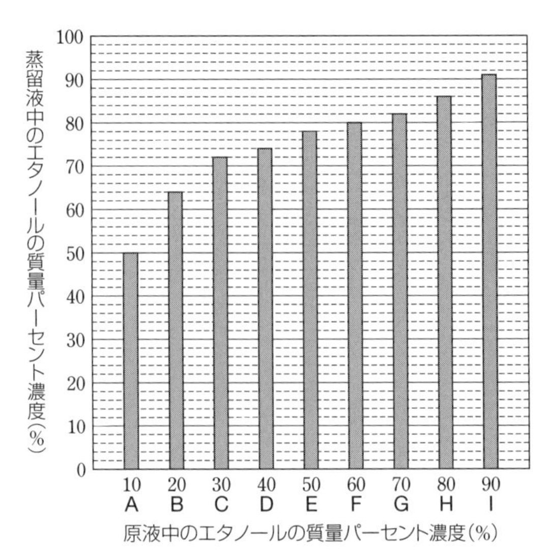

図2　原液 A〜I 中のエタノールの質量パーセント濃度と
蒸留液中のエタノールの質量パーセント濃度の関係

図2に，原液 A〜I を用いたときの蒸留液中のエタノールの質量パーセント濃度を示す。図2より，たとえば質量パーセント濃度 10 % のエタノール水溶液(原液 A)に対して**操作 Ⅱ・Ⅲ**を行うと，蒸留液中のエタノールの質量パーセント濃度は 50 % と高くなることがわかる。次の問い(a 〜 c)に答えよ。

a　**操作 I** で，原液 A をつくる手順として最も適当なものを，次の①〜④のうちから一つ選べ。ただし，エタノールと水の密度はそれぞれ 0.79 g/cm^3，1.00 g/cm^3 とする。 25

① エタノール 100 g をビーカーに入れ，水 900 g を加える。

② エタノール 100 g をビーカーに入れ，水 1000 g を加える。

③ エタノール 100 mL をビーカーに入れ，水 900 mL を加える。

④ エタノール 100 mL をビーカーに入れ，水 1000 mL を加える。

b　原液 A に対して**操作 Ⅱ・Ⅲ**を行ったとき，残留液中のエタノールの質量パーセント濃度は何%か。最も適当な数値を，次の①〜⑤のうちから一つ選べ。 26 %

① 4.4　② 5.0　③ 5.6　④ 6.7　⑤ 10

c　蒸留を繰り返すと，より高濃度のエタノール水溶液が得られる。そこで，**操作 Ⅱ** で原液 A を蒸留して得られた蒸留液 1 を再び原液とし，**操作 Ⅱ** と同様にして蒸留液 2 を得た。蒸留液 2 のエタノールの質量パーセント濃度は何%か。最も適当な数値を，後の①〜⑤のうちから一つ選べ。 27 %

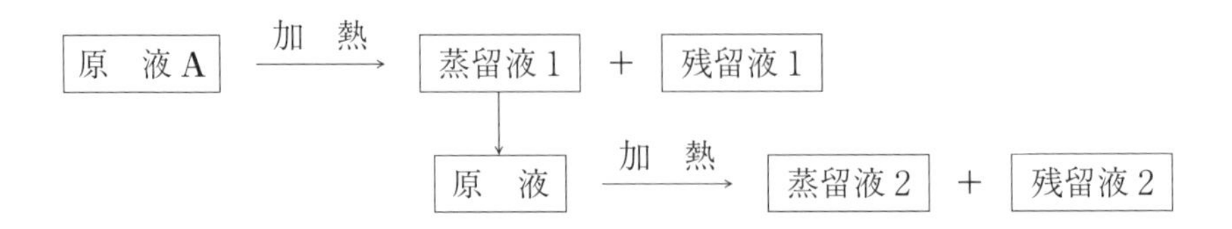

① 64　② 72　③ 78　④ 82　⑤ 91

模擬問題

第1回（30分）

必要があれば，原子量は次の値を使うこと。
H = 1.0　C = 12　N = 14　O = 16　F = 19　Ne = 20　Cl = 35.5

第1問　次の問い(問1～9)に答えよ。　（配点 30）

問1　混合物であるものを，次の①～⑥のうちから一つ選べ。［ 1 ］

① 塩酸　② ドライアイス　③ ゴム状硫黄
④ 水　⑤ ダイヤモンド　⑥ 硫酸銅(Ⅱ)

問2　原子やイオンに関する記述として**誤りを含むもの**を，次の①～⑥のうちから一つ選べ。［ 2 ］

① ナトリウム原子はリチウム原子よりも陽イオンになりやすい。
② 貴ガス原子の価電子の数は0とする。
③ 塩素原子の最外殻電子の数は7である。
④ 同位体は，互いに原子番号が同じで原子核中の中性子の数が異なっている。
⑤ アルミニウム原子のM殻に存在する電子の数は3である。
⑥ マグネシウム原子は，マグネシウムイオンよりも半径が小さい。

問3　最も多くの非共有電子対をもつ分子を，次の①～⑤のうちから一つ選べ。［ 3 ］

① HF　② H_2O　③ CH_4　④ N_2　⑤ H_2

問4　無極性分子であるものを，次の①～⑤のうちから一つ選べ。［ 4 ］

① HCl　② CH_3Cl　③ NH_3　④ H_2O　⑤ CO_2

問5　0℃，1.013×10^5 Pa において気体の密度が最も大きい物質を，次の①～⑤のうちから一つ選べ。［ 5 ］

① メタン　② アンモニア　③ 酸素　④ ネオン　⑤ フッ素

問6　分子式 C_3H_n で表される気体を十分な量の酸素と混合して完全燃焼させたところ，二酸化炭素33.0gと水9.0gが生成した。分子中の n として最も適当な値を，次の①～⑤のうちから一つ選べ。［ 6 ］

① 4　② 5　③ 6　④ 7　⑤ 8

問7　0.050 mol/L の希塩酸 500 mL をつくるには，35％の塩酸(密度 1.18 g/cm^3)が何 mL 必要か。最も適当な数値を，次の①～⑥のうちから一つ選べ。［ 7 ］mL

① 0.55　② 1.1　③ 2.2　④ 5.5　⑤ 11　⑥ 22

問 8　近年，人体・環境に影響を与える化学物質が強く意識されている。これらの問題にかかわる物質の名称とそれによって起こる問題の組合せとして**適当でないもの**を，次の①～⑤のうちから一つ選べ。［　8　］

	物質の名称	問　　題
①	硫黄酸化物(SO_x)	雨水に溶けて酸性雨の原因となり，湖沼の酸性化をひき起こしたり，大理石の像などを溶かしたりすることがある。
②	フロン	人体に有害な紫外線を遮断するオゾン層の破壊の原因となる物質である。
③	ダイオキシン	ゴミの焼却などの際に発生することがある。塩素を含む人体に有害な物質である。
④	硫化水素	自然界において火山ガスや温泉に含まれている。人体に有害であるが無色無臭であり感知しにくい。
⑤	二酸化炭素	生物の呼吸活動や産業活動から発生する，地球温暖化の原因となる気体である。

問 9　シュウ酸標準溶液を用いて，水酸化ナトリウム水溶液の濃度を中和滴定により求める実験を行った。次の問い(a～c)に答えよ。

a　まず，濃度 0.100 mol/L のシュウ酸標準溶液 250 mL を調製した。この水溶液をつくるために必要なシュウ酸二水和物$(COOH)_2 \cdot 2H_2O$ の質量は何 g か。最も適当な数値を，次の①～③のうちから一つ選べ。［　9　］g

①　2.25　　②　2.70　　③　3.15

b　はかり取ったシュウ酸二水和物を水に溶解して標準溶液とする操作として最も適当なものを，次の①～③のうちから一つ選べ。［　10　］

①　500 mL のビーカーにシュウ酸二水和物を入れて約 200 mL の水に溶かし，ビーカーの 250 mL の目盛りまで水を加えたあと，よくかき混ぜた。

②　100 mL のビーカーにシュウ酸二水和物を入れて少量の水に溶かし，この溶液とビーカーの中を洗った液を 250 mL のメスフラスコに移した。水をメスフラスコの標線まで入れ，よく振り混ぜた。

③　500 mL のビーカーにシュウ酸二水和物を入れ，メスシリンダーではかり取った水 250 mL を加え，よくかき混ぜて溶解した。

c　次に，調製した 0.100 mol/L のシュウ酸標準溶液で，水酸化ナトリウム水溶液を中和滴定した。空欄［ア］～［ウ］に当てはまる語および数値の組合せとして正しいものを，下の①～⑥のうちから一つ選べ。［　11　］

シュウ酸標準溶液 20.0 mL に，指示薬として［ア］を 2～3 滴加え，ビュレットから濃度が不明の水酸化ナトリウム水溶液を滴下したところ，8.0 mL を加えたところで中和点に達し，溶液は［イ］に変化した。

そこで，この水酸化ナトリウム水溶液の濃度は［ウ］mol/L と決定した。

	ア	イ	ウ
①	フェノールフタレイン	赤色	0.50
②	フェノールフタレイン	無色	0.25
③	フェノールフタレイン	赤色	0.25
④	メチルオレンジ	黄色	0.25
⑤	メチルオレンジ	黄色	0.50
⑥	メチルオレンジ	赤色	0.25

第２問　日常生活で出会う「化学」について，次の問い(問１・２)に答えよ。　(配点 20)

問１　A君は化学クラブに所属し，文化祭の演示実験で「象の歯磨き粉」を行うことになった。

メスシリンダーに過酸化水素水と家庭用洗剤を入れ，それにヨウ化カリウム水溶液を加えると洗剤が勢いよく泡立ち，泡のかたまりがメスシリンダーから噴き上がる。泡は大量に発生し，すぐにメスシリンダーからあふれ出て，巨大な泡の像のようになる。そのようすが象の鼻のような形をしていることから「象の歯磨き粉」と言われる。

化学クラブでは，まず，予備実験を行うことになった。

洗剤が泡立つのは気体の発生によるものであると考え，まずは，発生する気体が何かを調べた。試験管に少量の過酸化水素水を入れ，ヨウ化カリウム水溶液を加えて振り混ぜてから，火をつけた線香を試験管に差し入れたところ，線香は「ポッ」と音を立てて燃えた。このことから，発生した気体は酸素であり，ヨウ化カリウムが触媒として働いて過酸化水素を分解したと推測した。

部員の１人が，インターネットでこの実験についての反応式を調べてみると，ヨウ化カリウムから生じるヨウ化物イオン I^- が関わる次の反応式の情報が得られた。

$$H_2O_2 + I^- \longrightarrow H_2O + IO^- \quad (1)$$

$$H_2O_2 + IO^- \longrightarrow H_2O + O_2 + I^- \quad (2)$$

(1)＋(2)より　$$2H_2O_2 \longrightarrow 2H_2O + O_2 \quad (3)$$

(3)式より，やはり，この実験における反応は過酸化水素が水と酸素に分解される反応であることがわかった。この反応では，(1)においては，過酸化水素は(　**ア**　)され，(2)においては，過酸化水素は(　**イ**　)されている。

次の問い(a～c)に答えよ。

a　水，酸素，過酸化水素中の酸素原子の酸化数を，次の①～⑥のうちから一つずつ選べ。

H_2O [12]　O_2 [13]　H_2O_2 [14]

①　－2　②　－1　③　0　④　＋1　⑤　＋2　⑥　＋3

b　(　**ア**　)，(　**イ**　)に当てはまる語句として適当なものを，次の①～③のうちから一つずつ選べ。

(　**ア**　) [15]　(　**イ**　) [16]

①　中和　②　酸化　③　還元

c　この実験においては，濃い過酸化水素水を使用すると，皮膚についた場合，皮膚がおかされるなどの危険がある。そこで，実験で使用する過酸化水素水の濃度を測定して安全な濃度に調整することにした。

濃度を調べる過酸化水素水 10 mL を蒸留水で希釈し，酸性溶液とした後，過マンガン酸カリウム水溶液で滴定した。

このとき，次の反応が起こっている。

$H_2O_2 \longrightarrow O_2 + 2H^+ + 2e^-$

$MnO_4^- + 8H^+ + 5e^- \longrightarrow Mn^{2+} + 4H_2O$

この実験に関する記述として**誤りを含むもの**を，次の①～⑥のうちから一つ選べ。[17]

① この滴定では，酸化還元反応に基づき過酸化水素 1 mol が過マンガン酸カリウム 0.4 mol とちょうど反応することになる。
② 過酸化水素水 10 mL は，ホールピペットを用いてはかり取る。
③ 過酸化水素水の希釈はメスフラスコを用いる。
④ 希釈した過酸化水素水を酸性溶液とするために適当な量の希硝酸を加える。
⑤ 過マンガン酸カリウム水溶液はビュレットに入れ，少しずつ滴下する。
⑥ 反応の終点は，過マンガン酸イオンの赤紫色が消えなくなることから判断する。

問2　Bさんは海外旅行のおみやげに，お父さんから動物をかたどった民芸品の置物をもらった。この置物は，単体の金属の塊でつくられているという話であったが，色が塗られていて，金属そのものの色はわからなかった。そこで，この金属の種類を調べるために，次のような実験を行った。

〔実験〕
1. 置物の質量をはかったところ，143 g であった。
2. ビーカーに水を満たし，この置物を静かに入れて，水中に沈めた。
　ビーカーからあふれた水の体積をメスシリンダーではかったところ，16.0 mL であった。
3. 置物の表面の一部にやすりをかけて塗料をけずり取ってから，希硫酸に入れたところ，けずられた部分から気体が発生した。

次の問い(**a** ・ **b**)に答えよ。

a　この金属が表1で示した金属のうちのいずれかであるとすれば，得られた実験結果と表1のデータから，金属は何であると推測できるか。次の①～④のうちから一つ選べ。 18

① 鉄　② ニッケル　③ 銅　④ 亜鉛

表 1

金属	原子量	融点〔℃〕	沸点〔℃〕	密度〔g/cm^3〕
鉄	56	1536	2750	7.9
ニッケル	59	1455	2730	8.9
銅	64	1085	2571	9.0
亜鉛	65	420	907	7.1

b　身のまわりで使用されている缶の多くは金属でつくられている。次の文章中の空欄 ア ～ ウ に当てはまる語句の組合せとして最も適当なものを，下の①～④のうちから一つ選べ。 19

スチール缶などに使われる鉄(鋼)は，炉でコークスや石灰石を用いて鉄鉱石を ア して銑鉄(せんてつ)をつくり，続いて別の炉で イ を吹き込んで，銑鉄に含まれる炭素分を減らして得られる。アルミニウム缶などに使われるアルミニウムは， ウ を原料として，電気分解により得られる。

	ア	イ	ウ
①	還元	酸素	ボーキサイト
②	還元	水素	クジャク石
③	酸化	酸素	クジャク石
④	酸化	水素	ボーキサイト

模擬問題

第２回（30分）

必要があれば，原子量は次の値を使うこと。
H = 1.0　C = 12　N = 14　O = 16　K = 39　Cr = 52　Ag = 108

第１問　次の問い(問１～９)に答えよ。（配点 30）

問１　原子に関する記述として**誤りを含むもの**を，次の①～⑤のうちから一つ選べ。［ 1 ］

① 原子核の大きさは，原子の大きさに比べて極めて小さい。
② すべての原子の原子核は，陽子と中性子からできている。
③ 原子核中の陽子の数は，常に原子番号と一致する。
④ 陽子の数が等しく，中性子の数が異なる原子どうしを互いに同位体という。
⑤ 互いに同位体である原子は，電子数が等しい。

問２　次の**ア**～**エ**の分子またはイオンで，非共有電子対が存在しないものの組合せを，下の①～⑥のうちから一つ選べ。［ 2 ］

ア　NH_3　　**イ**　H_2O　　**ウ**　CH_4　　**エ**　NH_4^+

① **ア**，**イ**　② **ア**，**ウ**　③ **ア**，**エ**　④ **イ**，**ウ**　⑤ **イ**，**エ**　⑥ **ウ**，**エ**

問３　次の図は，原子 a ～ c の電子配置の模式図を示している。a ～ c に関する記述として**誤りを含むもの**を，下の①～⑤のうちから一つ選べ。［ 3 ］

a

9+

b

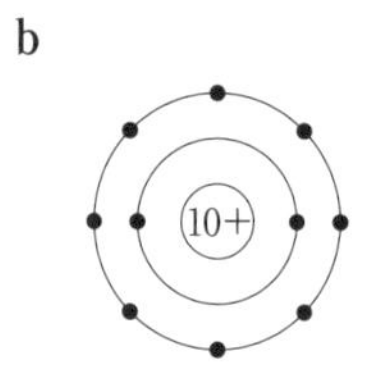

c

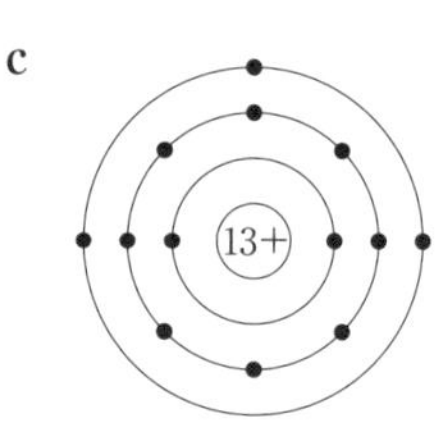

① a と塩素は，周期表の同じ族に属する。
② b の電子配置は Na^+ の電子配置と同じである。
③ c は周期表の第３周期に属する。
④ a ～ c のなかでイオン化エネルギーが最も大きいのは a である。
⑤ c は３価の陽イオンになりやすい。

問４　化学結合に関する記述として**誤りを含むもの**を，次の①～⑤のうちから一つ選べ。［ 4 ］

① オキソニウムイオン H_3O^+ の三つの O−H 結合のうち，一つは配位結合でできているが，他の二つの結合と区別することはできない。
② 金属は原子どうしが自由電子によって結合しているので，電気や熱をよく導く。
③ 塩化ナトリウム NaCl の結晶は，陽イオンと陰イオンが静電気的な力で結合している。
④ 臭化水素 HBr は水素原子と臭素原子が共有結合しているが，水に溶けると陽イオンと陰イオンに分かれる。
⑤ 無極性な分子では，すべての共有結合に電荷のかたよりがない。

問5　シクロヘキサンに溶かしたステアリン酸(分子量 M)の溶液を水面に滴下すると，シクロヘキサンが蒸発して分子がすき間なく水面上に一層に並んだ膜(単分子膜)を形成する。

質量 w〔g〕のステアリン酸をシクロヘキサンに溶かして 500 mL の溶液をつくり，その溶液を水槽に v〔mL〕滴下したところ，面積 S〔cm^2〕の単分子膜を形成した。図1に示すように，ステアリン酸分子1個が占める面積を a〔cm^2〕としたとき，アボガドロ定数 N_A〔/mol〕を表す式はどうなるか。次の①～⑥のうちから一つ選べ。［　5　］/mol

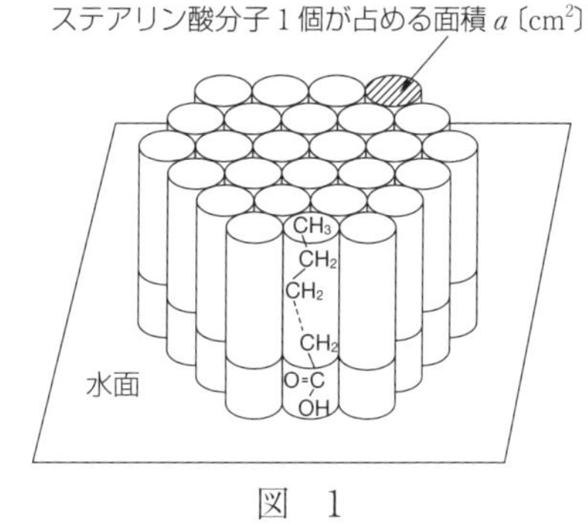

図　1

① $\dfrac{500SM}{avw}$　② $\dfrac{500aM}{vwS}$　③ $\dfrac{500wS}{avM}$　④ $\dfrac{avw}{500SM}$　⑤ $\dfrac{vwSM}{500a}$　⑥ $\dfrac{avwM}{500S}$

問6　ロケットエンジンの推進力として，ジメチルヒドラジン $C_2H_8N_2$ と四酸化二窒素 N_2O_4 の反応が用いられている。この反応で，1 mol のジメチルヒドラジンが消費されたとき，**a**〔mol〕の窒素と **b**〔mol〕の二酸化炭素，**c**〔mol〕の水が生成した。数値(**a**～**c**)の組合せとして最も適当なものを，次の①～⑥のうちから一つ選べ。［　6　］

	a	b	c
①	3	2	2
②	3	2	4
③	4	2	4
④	4	3	6
⑤	6	3	4
⑥	6	3	6

問7　酸と塩基に関する記述として**誤りを含むもの**を，次の①～⑤のうちから一つ選べ。［　7　］

①　水素イオン H^+ を受け取る物質は，塩基である。
②　水は，酸としても塩基としても働く。
③　0.1 mol/L 酢酸の電離度は，同じ濃度の塩酸の電離度より小さい。
④　pH 12 の水酸化ナトリウム水溶液を水で 10 倍に薄めると，その溶液の pH は 13 になる。
⑤　水酸化バリウム水溶液に希硫酸を加えていくと沈殿が生じる。そして，中和点では水に溶けているイオンの濃度が最小になる。

問8　酸化還元反応に関する記述として下線部に**誤りを含むもの**を，次の①～⑤のうちから一つ選べ。[8]

① 亜鉛は希硫酸と反応して，水素を発生する。

② 加熱した銅を塩素に触れさせると，塩化銅(Ⅱ)が生じる。このとき塩素は還元されている。

③ 鉄の酸化物に高温の一酸化炭素を触れさせると，鉄の単体が得られる。このとき一酸化炭素は還元剤として働いている。

④ 銅よりも亜鉛の方が，イオン化傾向が大きいので，亜鉛を硫酸銅(Ⅱ)水溶液に浸すと，亜鉛の表面に銅が析出する。

⑤ 燃料電池を放電すると，全体の反応としては水素の燃焼反応が起こる。したがって，水素を供給する電極が正極となる。

問9　酸素x〔g〕が入った密閉容器にメタノール CH_3OH 3.2 g を入れ，完全燃焼させた。次の問い(a・b)に答えよ。

a　この燃焼で消費された酸素の質量は何 g か。最も適当な数値を，次の①～⑥のうちから一つ選べ。[9] g

① 3.2　② 4.8　③ 5.4　④ 6.4　⑤ 7.2　⑥ 8.0

b　燃焼後の容器内の気体の物質量〔mol〕を表す式として最も適当なものを，次の①～⑥のうちから一つ選べ。ただし，水はすべて液体であり，水に溶ける気体の量は無視できるものとする。

[10] mol

① $\frac{x}{32}$　② $\frac{x}{32}-0.15$　③ $\frac{x}{32}-0.05$

④ $\frac{x}{32}+0.10$　⑤ $\frac{x}{32}+0.15$　⑥ $\frac{x}{32}+0.30$

第2問　滴定実験に関する次の問い(**問1・問2**)に答えよ。　(配点 20)

問1　濃度の異なる希塩酸1～希塩酸3がある。各々の濃度を調べるために，濃度のわかっている水酸化ナトリウム水溶液を用いて中和滴定の実験を行った。

〈実験方法〉

希塩酸1～希塩酸3をそれぞれ 10.0 mL ずつコニカルビーカーに正確にはかり取り，それぞれのコニカルビーカーに水酸化ナトリウム水溶液を少しずつ滴下した。そのときの各水溶液の pH の変化を pH メーターを用いて測定し，滴定曲線を作成した。

〈実験結果〉

各希塩酸の滴定曲線は次のグラフのようになった。

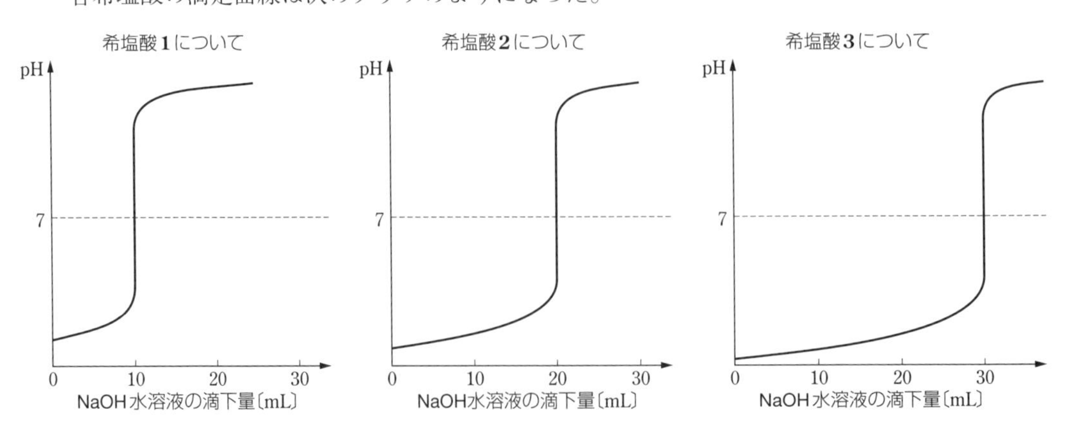

この実験に関する次の問い（a ～ c）に答えよ。

a　10.0 mL の希塩酸 **1** に，水酸化ナトリウム水溶液を 20 mL 加えていく過程で，水溶液中の水素イオンとナトリウムイオンの物質量〔mol〕はそれぞれどのように変化するか。最も適当なものを，次の①～⑥のうちから一つずつ選べ。ただし，同じものを繰り返し選んでもよい。なお，①～⑥の縦軸は，水素イオンまたはナトリウムイオンの物質量を示し，10.0 mL の希塩酸 **1** に含まれている塩化物イオンの物質量を Y_1〔mol〕とする。

水素イオンのグラフ［11］　ナトリウムイオンのグラフ［12］

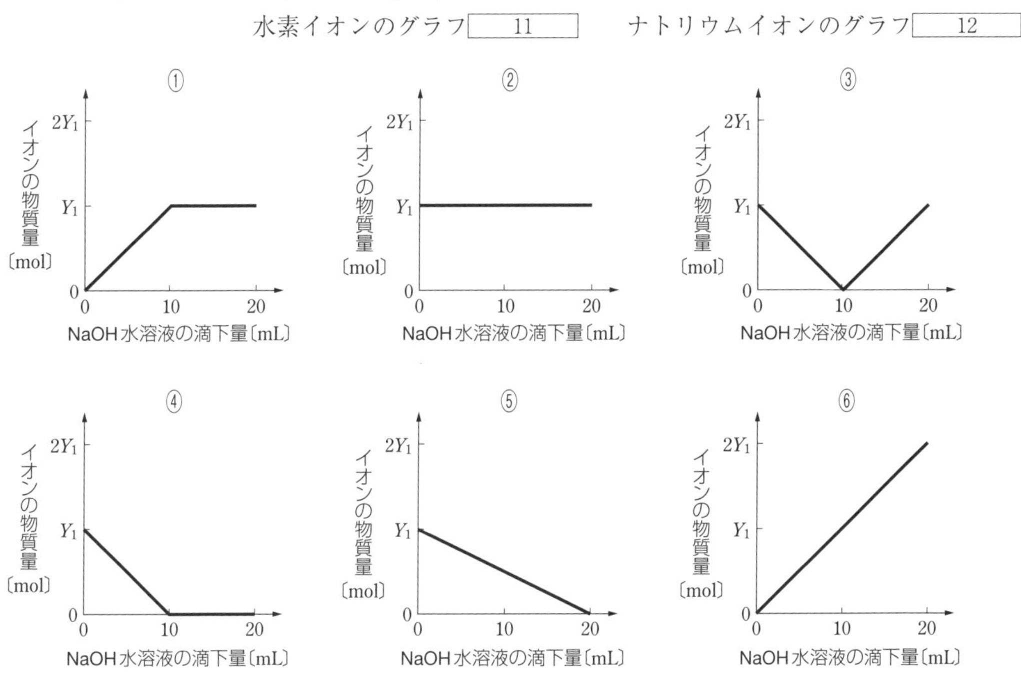

b　希塩酸 **2** のモル濃度を C_2〔mol/L〕，希塩酸 **3** のモル濃度を C_3〔mol/L〕とすると，$C_2 : C_3$ の比として最も適当なものを，次の①～⑥のうちから一つ選べ。［13］

①　1：1　②　1：2　③　1：3　④　2：1　⑤　2：3　⑥　3：2

c　次の記述①～⑤のうちから，**誤りを含むもの**を一つ選べ。［14］

①　0.1 mol/L の硫酸の pH は，0.1 mol/L の塩酸の pH よりも小さい。

②　強酸を強塩基で滴定するときには，指示薬としてフェノールフタレイン溶液を用いることができる。

③　水酸化ナトリウム水溶液を水で薄めると pH の値は小さくなるが，7 より小さくなることはない。

④　pH 3 の塩酸を水で 100 倍に薄めると，その溶液の pH は 5 となる。

⑤　酢酸水溶液に水酸化ナトリウム水溶液を加えると，溶液中の酢酸イオンの濃度が減少する。

問2 クロム酸カリウムと硝酸銀が反応するとクロム酸銀(Ag_2CrO_4)の沈殿が生成する。

$$K_2CrO_4 + 2AgNO_3 \longrightarrow Ag_2CrO_4 + 2KNO_3$$

この沈殿反応の量的関係を調べる実験を行った。この実験に関する次の問い(a・b)に答えよ。

a　6本の試験管**ア**～**カ**に各々0.10 mol/L のクロム酸カリウム水溶液と硝酸銀水溶液を表1に示した体積で混ぜ合わせた。このときに生じる沈殿の質量が最も多い試験管はどれか。適当なものを下の①～⑥のうちから一つ選べ。[15]

表1

試験管	クロム酸カリウム水溶液の体積〔mL〕	硝酸銀水溶液の体積〔mL〕
ア	3.0	9.0
イ	4.0	8.0
ウ	5.0	7.0
エ	6.0	6.0
オ	7.0	5.0
カ	8.0	4.0

①　試験管**ア**　②　試験管**イ**　③　試験管**ウ**
④　試験管**エ**　⑤　試験管**オ**　⑥　試験管**カ**

b　また，そのとき生じる沈殿の最大量〔g〕を次の形式で表すとき，[キ]，[ク]に当てはまる数字を，下の①～⓪のうちから一つずつ選べ。ただし，同じものを繰り返し選んでもよい。

0.[キ][ク] g　　[キ] [16]　[ク] [17]

①　1　②　2　③　3　④　4　⑤　5
⑥　6　⑦　7　⑧　8　⑨　9　⓪　0

問題タイプ別
大学入学共通テスト対策問題集
化学基礎

表紙・本文デザイン
難波邦夫

2025年 4 月20日　初版第 2 刷発行

●編　者 —— 実教出版編修部

●発行者 —— 小田　良次

●印刷所 —— 株式会社　太　洋　社

●発行所 —— 実教出版株式会社

〒102-8377
東京都千代田区五番町5
電　話　〈営業〉(03)3238-7777
　　　　〈編修〉(03)3238-7781
　　　　〈総務〉(03)3238-7700
https://www.jikkyo.co.jp/

002502020　ISBN 978-4-407-36327-2

模擬問題（第　　回）解答用紙

（大学入試センター HP 参考）

マーク例

良い例	悪い例
●	⊙ ⊗ ◓ ○

① 年・組・番を記入し，その下のマーク欄にマークしなさい。

年	組		番	
⓪	⓪	⓪	⓪	⓪
①	①	①	①	①
②	②	②	②	②
③	③	③	③	③
④	④	④	④	④
⑤	⑤	⑤	⑤	⑤
⑥	⑥	⑥	⑥	⑥
⑦	⑦	⑦	⑦	⑦
⑧	⑧	⑧	⑧	⑧
⑨	⑨	⑨	⑨	⑨

年・組・番チェック欄

② 氏名・フリガナを記入しなさい。

フリガナ	
氏　名	

氏名等チェック欄

③
・下の解答欄で解答する科目を，1科目だけマークしなさい。
・解答科目欄が無マーク又は複数マークの場合は，0点となります。

解答科目欄
物理基礎 ○
化学基礎 ○
生物基礎 ○
地学基礎 ○

解答科目チェック欄

注意事項
1　訂正は，消しゴムできれいに消し，消しくずを残してはいけません。
2　所定欄以外にはマークしたり，記入したりしてはいけません。
3　汚したり，折りまげたりしてはいけません。

解答番号	解				答					欄			解答番号	解				答					欄		
	1	2	3	4	5	6	7	8	9	0	a	b		1	2	3	4	5	6	7	8	9	0	a	b
1	①	②	③	④	⑤	⑥	⑦	⑧	⑨	⓪	ⓐ	ⓑ	16	①	②	③	④	⑤	⑥	⑦	⑧	⑨	⓪	ⓐ	ⓑ
2	①	②	③	④	⑤	⑥	⑦	⑧	⑨	⓪	ⓐ	ⓑ	17	①	②	③	④	⑤	⑥	⑦	⑧	⑨	⓪	ⓐ	ⓑ
3	①	②	③	④	⑤	⑥	⑦	⑧	⑨	⓪	ⓐ	ⓑ	18	①	②	③	④	⑤	⑥	⑦	⑧	⑨	⓪	ⓐ	ⓑ
4	①	②	③	④	⑤	⑥	⑦	⑧	⑨	⓪	ⓐ	ⓑ	19	①	②	③	④	⑤	⑥	⑦	⑧	⑨	⓪	ⓐ	ⓑ
5	①	②	③	④	⑤	⑥	⑦	⑧	⑨	⓪	ⓐ	ⓑ	20	①	②	③	④	⑤	⑥	⑦	⑧	⑨	⓪	ⓐ	ⓑ
6	①	②	③	④	⑤	⑥	⑦	⑧	⑨	⓪	ⓐ	ⓑ	21	①	②	③	④	⑤	⑥	⑦	⑧	⑨	⓪	ⓐ	ⓑ
7	①	②	③	④	⑤	⑥	⑦	⑧	⑨	⓪	ⓐ	ⓑ	22	①	②	③	④	⑤	⑥	⑦	⑧	⑨	⓪	ⓐ	ⓑ
8	①	②	③	④	⑤	⑥	⑦	⑧	⑨	⓪	ⓐ	ⓑ	23	①	②	③	④	⑤	⑥	⑦	⑧	⑨	⓪	ⓐ	ⓑ
9	①	②	③	④	⑤	⑥	⑦	⑧	⑨	⓪	ⓐ	ⓑ	24	①	②	③	④	⑤	⑥	⑦	⑧	⑨	⓪	ⓐ	ⓑ
10	①	②	③	④	⑤	⑥	⑦	⑧	⑨	⓪	ⓐ	ⓑ	25	①	②	③	④	⑤	⑥	⑦	⑧	⑨	⓪	ⓐ	ⓑ
11	①	②	③	④	⑤	⑥	⑦	⑧	⑨	⓪	ⓐ	ⓑ	26	①	②	③	④	⑤	⑥	⑦	⑧	⑨	⓪	ⓐ	ⓑ
12	①	②	③	④	⑤	⑥	⑦	⑧	⑨	⓪	ⓐ	ⓑ	27	①	②	③	④	⑤	⑥	⑦	⑧	⑨	⓪	ⓐ	ⓑ
13	①	②	③	④	⑤	⑥	⑦	⑧	⑨	⓪	ⓐ	ⓑ	28	①	②	③	④	⑤	⑥	⑦	⑧	⑨	⓪	ⓐ	ⓑ
14	①	②	③	④	⑤	⑥	⑦	⑧	⑨	⓪	ⓐ	ⓑ	29	①	②	③	④	⑤	⑥	⑦	⑧	⑨	⓪	ⓐ	ⓑ
15	①	②	③	④	⑤	⑥	⑦	⑧	⑨	⓪	ⓐ	ⓑ	30	①	②	③	④	⑤	⑥	⑦	⑧	⑨	⓪	ⓐ	ⓑ

模擬問題（第　　回）解答用紙

（大学入試センター HP 参考）

マーク例

良い例	悪い例
●	⊙ ⊗ ◓ ○

① 年・組・番を記入し，その下のマーク欄にマークしなさい。

年・組・番				
年	組		番	
⓪	⓪	⓪	⓪	⓪
①	①	①	①	①
②	②	②	②	②
③	③	③	③	③
④	④	④	④	④
⑤	⑤	⑤	⑤	⑤
⑥	⑥	⑥	⑥	⑥
⑦	⑦	⑦	⑦	⑦
⑧	⑧	⑧	⑧	⑧
⑨	⑨	⑨	⑨	⑨

年・組・番チェック欄

② 氏名・フリガナを記入しなさい。

フリガナ	
氏　名	

氏名等チェック欄

③
・下の解答欄で解答する科目を，1科目だけマークしなさい。
・解答科目欄が無マーク又は複数マークの場合は，0点となります。

解答科目欄	
物理基礎	○
化学基礎	○
生物基礎	○
地学基礎	○

解答科目チェック欄

注意事項
1　訂正は，消しゴムできれいに消し，消しくずを残してはいけません。
2　所定欄以外にはマークしたり，記入したりしてはいけません。
3　汚したり，折りまげたりしてはいけません。

解答番号	解答欄 1 2 3 4 5 6 7 8 9 0 a b	解答番号	解答欄 1 2 3 4 5 6 7 8 9 0 a b
1	①②③④⑤⑥⑦⑧⑨⓪ⓐⓑ	16	①②③④⑤⑥⑦⑧⑨⓪ⓐⓑ
2	①②③④⑤⑥⑦⑧⑨⓪ⓐⓑ	17	①②③④⑤⑥⑦⑧⑨⓪ⓐⓑ
3	①②③④⑤⑥⑦⑧⑨⓪ⓐⓑ	18	①②③④⑤⑥⑦⑧⑨⓪ⓐⓑ
4	①②③④⑤⑥⑦⑧⑨⓪ⓐⓑ	19	①②③④⑤⑥⑦⑧⑨⓪ⓐⓑ
5	①②③④⑤⑥⑦⑧⑨⓪ⓐⓑ	20	①②③④⑤⑥⑦⑧⑨⓪ⓐⓑ
6	①②③④⑤⑥⑦⑧⑨⓪ⓐⓑ	21	①②③④⑤⑥⑦⑧⑨⓪ⓐⓑ
7	①②③④⑤⑥⑦⑧⑨⓪ⓐⓑ	22	①②③④⑤⑥⑦⑧⑨⓪ⓐⓑ
8	①②③④⑤⑥⑦⑧⑨⓪ⓐⓑ	23	①②③④⑤⑥⑦⑧⑨⓪ⓐⓑ
9	①②③④⑤⑥⑦⑧⑨⓪ⓐⓑ	24	①②③④⑤⑥⑦⑧⑨⓪ⓐⓑ
10	①②③④⑤⑥⑦⑧⑨⓪ⓐⓑ	25	①②③④⑤⑥⑦⑧⑨⓪ⓐⓑ
11	①②③④⑤⑥⑦⑧⑨⓪ⓐⓑ	26	①②③④⑤⑥⑦⑧⑨⓪ⓐⓑ
12	①②③④⑤⑥⑦⑧⑨⓪ⓐⓑ	27	①②③④⑤⑥⑦⑧⑨⓪ⓐⓑ
13	①②③④⑤⑥⑦⑧⑨⓪ⓐⓑ	28	①②③④⑤⑥⑦⑧⑨⓪ⓐⓑ
14	①②③④⑤⑥⑦⑧⑨⓪ⓐⓑ	29	①②③④⑤⑥⑦⑧⑨⓪ⓐⓑ
15	①②③④⑤⑥⑦⑧⑨⓪ⓐⓑ	30	①②③④⑤⑥⑦⑧⑨⓪ⓐⓑ

化学基礎 チェックリスト　Check List

□純物質と混合物の違いがわかる。(→p.2)
□単体と化合物の違いがわかる。(→p.2)
□同素体と同位体の違いがわかる。(→p.2, 4)
□同素体をもつ元素を4つあげられる。(→p.2)
□炎色反応を示す元素とその色がわかる。(→p.2)
□物質の三態と状態変化の名称がそれぞれわかる。(→p.3)
□三態と熱運動の大きさの関係がわかる。(→p.3)
□$^{4}_{2}He$の陽子の数・電子の数・中性子の数がわかる。(→p.4)
□1族，2族，17族，18族の別称がわかる。(→p.5)
□元素記号を20番まで覚えている。(→p.5)
□Mg^{2+}の電子数がわかる。(→p.6)
□イオン化エネルギーと電子親和力の違いがわかる。(→p.6)
□イオン結合・共有結合・金属結合の違いがわかる。(→p.10, 11)
□窒素分子の電子式と構造式が書ける。(→p.11)
□水，メタンの分子の形がわかる。(→p.11)
□極性分子と無極性分子の違いがわかる。(→p.12)
□水素結合とファンデルワールス力の違いがわかる。(→p.13)
□物質量から質量，粒子数，体積を計算することができる。(→p.17)
□質量，粒子数，体積から物質量を計算することができる。(→p.17, 18)
□窒素と水素からアンモニアが生成する反応の化学反応式を書くことができる。(→p.18)
□質量パーセント濃度を計算することができる。(→p.18)
□モル濃度を計算することができる。(→p.18)
□アレニウスの定義とブレンステッドの定義の違いがわかる。(→p.22)
□$[H^{+}]=10^{-5}$のpHがわかる。(→p.22)
□中和反応の量的計算をすることができる。(→p.23)
□強酸と弱塩基の中和反応に用いる指示薬がわかる。(→p.23)
□共洗いが必要な器具がわかる。(→p.24)
□正塩・酸性塩・塩基性塩の違いがわかる。(→p.24)
□酸化と還元の定義がわかる。(→p.28)
□酸化数の計算をすることができる。(→p.28)
□酸化剤と還元剤の違いがわかる。(→p.29)
□金属のイオン化傾向を書くことができる。(→p.29)
□正極と負極の違いがわかる。(→p.30)
□一次電池と二次電池の違いがわかる。(→p.30)
□「金属結合からなる物質とその用途」が3つわかる。(→p.36)
□「イオン結合からなる物質とその用途」が3つわかる。(→p.37)
□「共有結合からなる物質とその用途」が6つわかる。(→p.37, 38)
□単量体(モノマー)と重合体(ポリマー)の違いがわかる。(→p.39)
□付加重合と縮合重合の違いがわかる。(→p.39)
□0.2 molのプロパンを完全燃焼したときに生成する水と二酸化炭素の物質量がわかる。(→p.44)
□pH 1の塩酸を100倍薄めたときのpHがわかる。(→p.46)
□過マンガン酸カリウムと過酸化水素の半反応式がそれぞれ書ける。(→p.49)
□過マンガン酸カリウムと過酸化水素を反応させたときの化学反応式が書ける。(→p.49)
□混合物の分離・精製法が5つわかる。(→p.52)
□下方置換および上方置換で捕集する気体がそれぞれわかる。(→p.57)
□塩化カルシウムで乾燥することができない気体がわかる。(→p.58)